꽃집에서 인기 있는 꽃 **469**종

꽃도감

MONCEAU FLEURS
몽소 플뢰르 감수 | 방현희 옮김

개정 증보판

한스미디어

프롤로그

수많은 꽃과 좀 더 친해져요

'꽃과 좀 더 친해지고 싶다'.
이 책은 그런 생각을 하고 있는 사람들을 위한 책입니다.
이번에 새로운 꽃과 그린 화재 등을
다수 추가한 개정판을 출간하게 되었습니다.
꽃집 앞이나 유리 진열장 안에는 사계절 내내
다종다양한 꽃이 자리 잡고 있지요.
장미나 튤립, 카네이션처럼 우리에게 익숙한 꽃 외에도
어릴 적 뛰어놀던 들판에서 자주 보았던 추억의 꽃,
누군가로부터 받은 꽃다발에 들어 있던 예쁜 꽃,
처음 보는 새로운 품종의 꽃 등
셀 수 없이 많은 꽃이 있습니다.
한 송이의 꽃이 우리의 마음을 편안하게 해주고
활력을 불어넣어 줄 때가 있습니다.
그러니 특별한 날만이 아닌, 일상생활에서
부담 없이 꽃을 즐겨보면 어떨까요?

첫걸음은 꽃의 이름을 익히고,
특성과 특징을 아는 것입니다.
꽃집에서 이름 모를 꽃을 발견했을 때
책장을 하나하나 넘겨가며 찾아보는 건 어떨까요.
이 책에서는 일반적인 식물도감에 나올 법한 학술적인 설명보다는
누구나 흥미를 느낄 만한 재미있는 일화나
다양한 플라워 어레인지먼트* 요령 등을 담았습니다.
꽃의 전체적인 형태와 부분을 잘 알 수 있도록
선명하고 자세하게 촬영한 사진은
꽃 그림을 그리거나 꽃 공예를 하는 분들에게도 도움이 될 거예요.
꽃을 장식하는 방법이나 즐기는 방법에는 특별한 규칙이 없습니다.
꽃꽂이나 플라워 어레인지먼트에 대한 이해가 없어도 괜찮습니다.
그저 '꽃을 좋아하는 마음'만 있다면
수많은 꽃과 더욱 친해질 수 있고
여러분만의 스타일이 담긴 꽃이 있는 생활을 즐길 수 있을 거예요.

* 플라워 어레인지먼트Flower Arrangement: 꽃꽂이를 의미하는 용어로 '플라워 디자인'이라고도 한다.
꽃과 다른 물체(화기, 바구니, 기타 소재 등)를 적절히 어우러지게 해 장식 효과를 내는 것을 뜻한다.

이 책의 구성

화재의 명칭
학술적인 정식 명칭이 아닌 꽃집에서 일반적으로 쓰는 명칭이다.

다른 이름
꽃집에서 쓰는 다른 이름이 있는 경우에는 화재의 명칭 아래에 병기했다.

꽃의 색상
일반적으로 유통되는 꽃 색상의 종류를 꽃 마크로 표시했다. 산지 생산량이 매우 적어 일반적으로 거의 구매할 수 없는 색상은 제외했다. 염색화의 색상은 넣지 않았다.
빨강　분홍　주황　노랑　흰색　보라
파랑　녹색　회색(은색)　갈색　검정
※색상의 농담 차이 등은 반영하지 않았다. 이를테면 진한 노란색이나 연한 크림색은 같은 색 마크로 표시했다.

화재의 사진
화재의 전체 형태를 파악할 수 있는 사진을 실었다. 화재에 따라서는 꽃이나 잎, 꽃봉오리 등 세부 형태를 알 수 있는 확대 사진도 실었다.

Data
식물 분류: 식물학적 분류에 의한 과명·속명.
원산지: 해당 식물(혹은 원종)이 처음 발견된 지역.
일반명: 한국 고유의 명칭이나 통칭.
개화기: 자연 상태에서의 개화 시기. 지역에 따라 다르다.
유통 길이: 시장에서 유통되는 길이의 표준치. 꽃집에서 판매될 때는 길이의 차이가 더 크다.
꽃(열매·잎) 크기: 꽃의 경우 지름이 약 2cm 미만이면 소륜, 5cm 미만은 중륜, 5cm 이상은 대륜으로 나뉜다. 품종·개체에 따라 다르므로 표준 크기로 참고한다.

꽃말
꽃의 형태나 색상, 향 등과 관련된 이미지나 종교적·역사적 의미 등에 의해 예로부터 전해 내려오는 꽃말을 모아 소개했다. 나라나 문화 등에 따라 다르기도 하다.

영명
미국이나 영국 등 영어권 나라에서 사용되는 명칭. 동양 고유의 식물 등 영명이 없는 경우는 발음을 살려 알파벳으로 표기했다.

화재 설명
화재의 성질 및 특성, 이름의 유래, 어레인지먼트에서의 사용 방법 등에 대해 설명해놓았다. 화재의 부위별 포인트 설명도 덧붙였다.

거베라
African daisy, Transvaal daisy

선명한 꽃의 색상과 윤곽이 뚜렷한 화형이 친근한 느낌을 준다. 예전에는 홑꽃형이 주류를 이루었으나 최근에는 꽃잎의 끝부분이 뾰족한 스파이더형이나 겹꽃형, 아네모네형 등의 화형도 있다. 꽃의 색상도 풍부하며 어레인지먼트에 적합한 다양한 품종이 유통되고 있다. 물올림은 좋은 편이지만, 줄기의 솜털이 물을 오염시키므로 자주 갈아준다.

뚜렷한 색상과 형태가 밝고 생기 넘치는 분위기를 연출한다.

꽃잎이 수평보다 위쪽으로 향한 것을 고른다.

Arrange memo
관상 기간: 4~10일
물올림: 물속 자르기, 열탕처리
주의 사항: 목굽음 현상이 쉽게 나타나는 것이 단점이다. 줄기에 철사를 끼우면 목굽음 현상을 보강할 수 있고 플로랄폼에 꽂기 편해진다.
잘 어울리는 화재:
레이스 플라워(49쪽)
히페리쿰(246쪽)

어레인지먼트

Data
식물 분류:
국화과 거베라속
원산지: 남아프리카
일반명: 거베라
개화기:
3~5월, 9~11월
유통 길이:
약 15~45cm
꽃 크기: 중륜
꽃말:
숭고한 아름다움, 신비, 희망, 찬란한 빛
유통 시기

중심부도 작은 꽃들의 집합체다. 바깥쪽부터 차례대로 핀다.

꽃받침과 줄기 모두 흰 솜털로 뒤덮여 있다.

줄기는 쉽게 변색되므로 얕은 물에 꽂는다.

세리나

링 형태의 화기에 3가지 색상의 거베라를 꽂은 다음 빈 부분은 파초일엽으로 채워 연출한다.

유통 시기
절화 시장에서 유통되고 꽃집에서 판매되는 시기를 말한다. 기후나 지역에 따라 차이가 있으며, 대부분의 경우 실제 개화기와는 다르다.

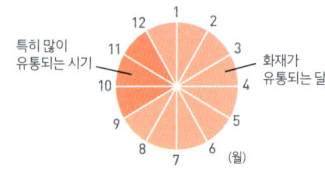

특히 많이 유통되는 시기
화재가 유통되는 달
(월)

이 책에서는 꽃집 등에서 유통되는 생화 화재를 꽃, 가지류, 열매류, 그린 4종류로 나누어 소개합니다.
'꽃'은 플라워 어레인지먼트의 주인공으로서 꽃의 색상과 형태를 즐기는 화재입니다.
'가지류'는 나무의 가지 부분을 자른 화재며, '열매류'는 과실이나 종자를 즐기는 화재를 말합니다.
'그린'은 플라워 어레인지먼트의 조연 역할을 하는 잎 종류 등의 화재입니다.

품종 카탈로그

스타라는 이름대로 맑고 깨끗한 흰색이다

연분홍색 '티아라'는 어떤 꽃과도 잘 어울린다.

분홍색이 사랑스러운 소네트는 중심부가 거무스름한 것이 특징이다.

인기 꽃 품종 카탈로그

절화 중에서도 특히 인기 많은 17가지 꽃은 1쪽 이상의 지면을 할애해 인기 품종 및 신품종 등을 카탈로그 형식으로 담았다. 꽃의 형태나 색상, 화형 등을 참고하면 된다.

- 거베라(12쪽)
- 국화(16쪽)
- 다알리아(31쪽)
- 델피니움(35쪽)
- 라넌큘러스(41쪽)
- 리시안서스(52쪽)
- 백합(71쪽)
- 수국(87쪽)
- 스타티스(97쪽)
- 스토크(100쪽)
- 아마릴리스(113쪽)
- 알스트로메리아(123쪽)
- 장미(147쪽)
- 카네이션(161쪽)
- 코스모스(169쪽)
- 튤립(180쪽)
- 해바라기(196쪽)

※ 꽃 품종은 유동적이므로 품종에 따라서는 향후 유통되지 않을 수도 있다.

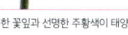

어레인지먼트

어레인지먼트

해당 화재를 사용해 실제로 장식해놓은 예시 작품을 사진으로 소개한다. 화기나 꽃을 꽂는 방법, 화재의 배합 등을 참고하면 좋다.

거베라처럼 꽃잎이 많은 리시안서스와 장미를 배합해 연출한 모습이다.

는 뾰족한 꽃잎과 선명한 주황색이 태양시킨다.

'포코로코'의 개성적인 녹색 꽃은 마리모를 연상시킨다.

Arrange memo

관상 기간: 꽃이나 열매, 잎 등을 즐길 수 있는 시기. 기후나 장소에 따라 차이가 있다.
물올림: 해당 식물에 적합한 물올림. 물올림에 대한 상세한 설명은 278쪽을 참고한다.
주의 사항: 꽃을 장식할 때 알아두어야 할 포인트.
잘 어울리는 화재: 배합해 장식하기 좋은 추천 화재.

압화나 압엽, 드라이플라워, 포푸리, 정유(에센셜 오일)의 원료가 되는 화재마다 해당 마크로 표시했다.

contents

프롤로그 …………………………………… 2	다알리아 …………………………………… 31
이 책의 구성 ……………………………… 4	대상화 ……………………………………… 33
부록 색상별·계절별·상황별 추천 화재 일람 …… 286	덴파레 ……………………………………… 34
	델피니움 …………………………………… 35
	도라지 ……………………………………… 37
	둥근풍선초 ………………………………… 38
	등골나물 …………………………………… 39

꽃 편

거베라 ……………………………………… 12	라구루스 …………………………………… 40
공작초 ……………………………………… 14	라넌큘러스 ………………………………… 41
구즈마니아 ………………………………… 15	라이스 플라워 ……………………………… 43
국화 ………………………………………… 16	라케날리아 ………………………………… 44
그린벨 ……………………………………… 18	락스퍼 ……………………………………… 45
글라디올러스 ……………………………… 19	러시아 공꽃 ………………………………… 46
글로리오사 ………………………………… 20	레우카덴드론 ……………………………… 47
금낭화 ……………………………………… 21	레우코코리네 ……………………………… 48
금어초 ……………………………………… 22	레이스 플라워 ……………………………… 49
길리아 ……………………………………… 23	루드베키아 ………………………………… 50
꼬리풀 ……………………………………… 24	루피너스 …………………………………… 51
꽃양배추 …………………………………… 25	리시안서스 ………………………………… 52
꽃창포 ……………………………………… 26	마거리트 …………………………………… 57
꿩의비름 …………………………………… 27	마타리 ……………………………………… 58
네리네 ……………………………………… 28	마트리카리아 ……………………………… 59
노랑코스모스 ……………………………… 29	매리골드 …………………………………… 60
니겔라 ……………………………………… 30	맨드라미 …………………………………… 61
	모나르다 …………………………………… 62

모카라	63	숙근 스위트피	91
무스카리	64	스노볼	92
물망초	65	스모크트리	93
미국수국 아나벨리	66	스위트피	94
미야코와스레	67	스카비오사	95
반다	68	스키미아	96
방크시아	69	스타티스	97
백일홍	70	스토케시아	99
백합	71	스토크	100
버질리아	74	스트렐리치아	102
버플레움	75	스트로베리 캔들	103
벨로페로네	76	스프레이 맘	104
보리	77	시네라리아	105
부바르디아	78	시클라멘	106
불비네라	79	시호	107
브루니아	80	심비디움	108
블루레이스 플라워	81	아가판서스	109
블루스타	82	아게라툼	110
산데르소니아	83	아네모네	111
세레네	84	아마란서스	112
세루리아	85	아마릴리스	113
솔리다고	86	아스터	115
수국	87	아스트란티아	116
수레국화	89	아스틸베	117
수선화	90	아이리스	118

contents

아이슬란드 포피	119	익소라 키넨시스	145
안개꽃	120	작약	146
안스리움	121	장미	147
알리움	122	재스민	155
알스트로메리아	123	조	156
알케밀라 몰리스	125	진저	157
억새	126	천일홍	158
엉겅퀴	127	초콜릿 코스모스	159
에레무루스	128	치자나무	160
에린기움	129	카네이션	161
에키나시아	130	카틀레야	165
에피덴드룸	131	칼라	166
오니소갈룸	132	캄파눌라	167
오이풀	133	캥거루 포	168
온시디움	134	코스모스	169
왁스플라워	135	쿠르쿠마	171
왓소니아	136	크라스페디아	172
용담	137	크리스마스로즈	173
윈터 코스모스	138	크리스마스부시	174
유채꽃	139	클레마티스	175
은방울꽃	140	키르탄서스	176
이베리스	141	털뻐꾹나리	177
이브닝 스타	142	투베로즈	178
이오노시디움	143	툴바기아	179
이테아 비르기니카	144	튤립	180

트라켈리움	184	나무딸기	208
트리토마	185	남천	209
파피오페딜룸	186	납매	210
팜파스	187	동백나무	211
패랭이꽃	188	라일락	212
패모	189	매실나무	213
팬지	190	미모사	214
프로테아	191	벚나무	215
프리지아	192	복사나무	216
플란넬 플라워	193	산당화	217
핀쿠션	194	산호말채나무	218
해바라기	195	세칸스기 삼나무	219
헬레니움	197	소나무	220
헬리코니아	198	소형화	222
호접란	199	스쿠아로사 화백	223
홍화	200	아오모지	224

가지류 편

		왕버들	225
		용버들	226
가는잎조팝나무	202	일본고광나무	227
개나리	203	일본전나무	228
겨우살이	204	페룰라투스 등대꽃나무	229
공작편백	205	황매화	230
공조팝나무	206		
구골나무	207		

contents

열매류 편

까치밥나무	232
노박덩굴	233
미니 파인애플	234
범부채	235
블랙베리	236
솔라눔	237
심포리카르포스	238
장미 열매	239
죽절초	240
청미래덩굴	241
코니컬 블랙	242
티누스 분꽃나무, 백당나무 콤팍툼	243
페퍼베리	244
폭스 페이스	245
히페리쿰	246

그린 편

갤럭스, 그린 네클리스	248
드라세나, 램스 이어	249
레더 펀, 레몬 잎	250
렉스 베고니아, 루스쿠스	251
맥문동, 몬스테라	252
민트, 백묘국	253

베어 그라스, 사라세니아	254
센티드 제라늄, 속새	255
슈가바인, 스마일락스	256
스모크 그라스, 스테모나 자포니카	257
스틸 그라스, 시계꽃	258
아레카 야자, 아스파라거스	259
아이비, 엄브렐러 펀	260
엽란, 오크롤레우카 아이리스	261
울리부시, 유칼립투스	262
잎새란, 줄고사리	263
진황정, 케일	264
코알라 펀, 코키아	265
쿠커버러, 크리핑 라즈베리	266
큰고랭이, 틸란드시아 우스네오이데스	267
파초일엽, 플렉시 그라스	268
피토스포룸, 필로덴드론	269
헬리크리섬, 호스타	270

꽃과 플라워 어레인지먼트의 기초 지식

lesson 1 화재 알고 선택하기	272
lesson 2 도구 다루는 방법	276
lesson 3 물올리기	278
lesson 4 플라워 어레인지먼트 만들기	280
lesson 5 꽃 선물하기	284

꽃 편

거베라

African daisy, Transvaal daisy

선명한 꽃의 색상과 윤곽이 뚜렷한 화형이 친근한 느낌을 준다. 예전에는 홑꽃형이 주류를 이루었으나 최근에는 꽃잎의 끝부분이 뾰족한 스파이더형이나 겹꽃형, 아네모네형 등의 화형도 있다. 꽃의 색상도 풍부하며 어레인지먼트에 적합한 다양한 품종이 유통되고 있다. 물올림은 좋은 편이지만, 줄기의 솜털이 물을 오염시키므로 자주 갈아준다.

뚜렷한 색상과 형태가 밝고 생기 넘치는 분위기를 연출한다.

꽃잎이 수평보다 위쪽으로 향한 것을 고른다.

중심부도 작은 꽃들의 집합체다. 바깥쪽부터 차례대로 핀다.

꽃받침과 줄기 모두 흰 솜털로 뒤덮여 있다.

줄기는 쉽게 변색되므로 얕은 물에 꽂는다.

Arrange memo

관상 기간: 4~10일
물올림: 물속 자르기, 열탕처리
주의 사항: 목굽음 현상이 쉽게 나타나는 것이 단점이다. 줄기에 철사를 끼우면 목굽음 현상을 보강할 수 있고 플로랄폼에 꽂기 편하다.
잘 어울리는 화재:
레이스 플라워(49쪽)
히페리쿰(246쪽)

어레인지먼트

링 형태의 화기에 3가지 색상의 거베라를 꽂은 다음 빈 부분은 파초일엽으로 채워 연출한다.

세리나

Data

식물 분류: 국화과 거버라속
원산지: 남아프리카
일반명: 거버라
개화기: 3~5월, 9~11월
유통 길이: 약 15~45cm
꽃 크기: 중륜
꽃말: 숭고한 아름다움, 신비, 희망, 찬란한 빛

유통 시기

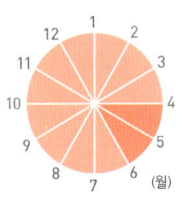

거베라 품종 카탈로그

'화이트 스타'라는 이름대로 맑고 깨끗한 흰색이 인상적이다.

연분홍색 '티아라'는 어떤 꽃과도 잘 어울린다.

분홍색이 사랑스러운 '소네트'는 중심부가 거무스름한 것이 특징이다.

'토마호크'는 뾰족한 꽃잎과 선명한 주황색이 태양을 연상시킨다.

'포코로코'의 개성적인 녹색 꽃은 마리모를 연상시킨다.

어레인지먼트

거베라처럼 꽃잎이 많은 리시안서스와 장미를 배합해 연출한 모습이다.

공작초 백공작

Frost aster

국화를 닮은 작고 귀여운 꽃들이 여러 갈래로 갈라진 줄기에 한가득 핀다. 꽃의 자태가 날개를 편 공작과 닮아 공작초라는 이름이 붙었다. 흰색이 대중적이기는 하지만 분홍색이나 파란색, 보라색 등도 있다. 어떤 꽃과도 잘 어울리며 필러플라워로 어레인지인먼트에 양감을 더하고 싶을 때 유용하다.

한 그루 전체에 퍼져 피는 앙증맞은 꽃들이 어레인지먼트의 조연으로 제격이다.

시든 꽃을 수시로 제거하면 봉오리 상태인 것도 개화한다.

Arrange memo

관상 기간: 3~5일
물올림: 물속 자르기
주의 사항: 습도가 높으면 꽃이 쉽게 시드니 건조한 곳에 장식한다.
잘 어울리는 화재:
백합(71쪽)
스프레이 맘(104쪽)

압화

어레인지먼트

줄기가 꺾이거나 화재를 정리하며 잘라낸 잔가지를 챙겨두었다가 유리 화기에 꽂는다. 청초한 꽃의 정취를 즐길 수 있다.

자잘한 잎을 제거하면 귀여운 꽃 모양이 돋보인다.

Data
식물 분류:
국화과 참취속
원산지: 북아메리카
일반명:
미국쑥부쟁이
개화기: 8~11월
유통 길이:
약 60~150cm
꽃 크기: 소륜
꽃말
첫눈에 반함, 귀여움, 기분 좋음, 천진난만, 풍부한 상상력
유통 시기

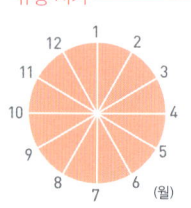

구즈마니아

Guzmania

반들반들한 질감과 화려한 색채가 개성이 강해서 인기다.

전체적으로 반들반들한 질감과 화려한 색이 특징인 열대식물로, 인기 있는 화재다. 중남미의 열대우림 지역이 원산지인 파인애플과 식물이다. 중앙에 꽃잎처럼 보이는 붉게 물든 부분은 포엽이다. 잘 보이지는 않지만, 중심부에 작은 꽃이 핀다. 같은 열대성 꽃이나 그린 화재와 함께 배합해 풍성하고 개성적인 어레인지먼트를 연출해보자.

꽃의 수명이 길어서 오랫동안 즐길 수 있다.

잎이 포개져서 통 모양이 된다.

화려하게 물들어 꽃처럼 보이는 부분은 꽃을 감싸고 있는 포엽이다.

Arrange memo

관상 기간: 7~10일
물올림: 물속 자르기
주의 사항: 고온다습한 곳을 좋아하므로 추운 장소는 피한다.
잘 어울리는 화재:
- **모카라**(63쪽)
- **방크시아**(69쪽)
- **안스리움**(121쪽)

Data

식물 분류: 파인애플과 구즈마니아속
원산지: 중앙아메리카, 남아메리카
개화기: 4~6월
유통 길이: 약 30~50㎝
꽃 크기: 대륜(포엽 부분)

꽃말
완벽한 당신, 정열, 이상적인 부부

유통 시기
(월) 5, 6, 7, 8, 9, 10, 11

국화
Mum

'국화'라고 하면 장례식 등의 이미지가 강하지만 최근에는 유럽 등지에서 개량된 품종인 다알리아형을 중심으로 다양한 화형의 품종이 유통되고 있어 어레인지먼트나 부케 등에 사용한다. 어레인지먼트를 만들 때는 짤막하게 잘라 꽃의 얼굴이 잘 보이게 연출하면 서양풍 이미지가 강해진다. 풋풋한 향이 있다.

꽃은 하늘을 향해 핀다.

기존의 이미지를 새롭게 바꾼 멋스러운 품종이 최근에 등장했다.

중심부가 단단하게 오므라진 것을 고르면 오랫동안 관상할 수 있다.

Arrange memo

관상 기간: 5~7일
물올림: 물속 꺾기
주의 사항: 가윗날이 직접 닿는 것을 싫어하므로 물올림을 할 때는 물속에서 줄기를 손으로 꺾어 자른다.
잘 어울리는 화재:
백합(71쪽)
심비디움(108쪽)

Data

식물 분류: 국화과 쑥갓속
원산지: 중국
일반명: 국화
개화기: 9~11월
유통 길이: 약 30~100cm
꽃 크기: 소륜·중륜·대륜
꽃말: 고귀, 고결, 청정, 신중, 일말의 사랑
유통 시기

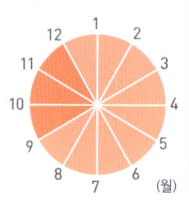

잎의 앞면과 뒷면이다. 잎은 줄기에 좌우로 어긋나며 달린다.

꽃보다 잎이 먼저 시드니 적당히 솎아낸다.

세이 오페라 핑크

국화 품종 카탈로그

아나스타샤 시리즈의 '핑크'는 색상에 따라 인상이 달라진다.

아나스타샤 시리즈의 '브론즈'는 국화의 이미지를 새롭게 바꾸었다.

'아나스타샤 디 라임'은 가는 꽃잎이 하늘로 치솟듯이 핀다.

'슈퍼 핑퐁'은 폼폰형으로 피며 하얀 공처럼 생겼다.

폼폰형으로 피는 '피아제 옐로'는 밝은 노란색이 활기찬 인상을 준다.

진홍색 '비로도'는 꽃잎이 촘촘하게 달려 다알리아처럼 핀다.

베이지색이 감도는 '세이 오페라 베이지'도 인기가 있다.

그린벨

Bladder campion

종처럼 볼록하며 연녹색 열매처럼 보이는 부분은 자루 모양의 꽃받침이다. 가는 줄기에 매달려 하늘하늘 흔들리는 모습이 경쾌한 느낌을 준다.
꽃받침 끝에 달리는 작은 꽃들도 앙증맞다. 부드러운 색조를 띠므로 어레인지먼트를 만들 때 다른 화재에 묻히지 않도록 줄기를 길게 꽂아 돋보이게 하는 등 아이디어를 발휘해보자.

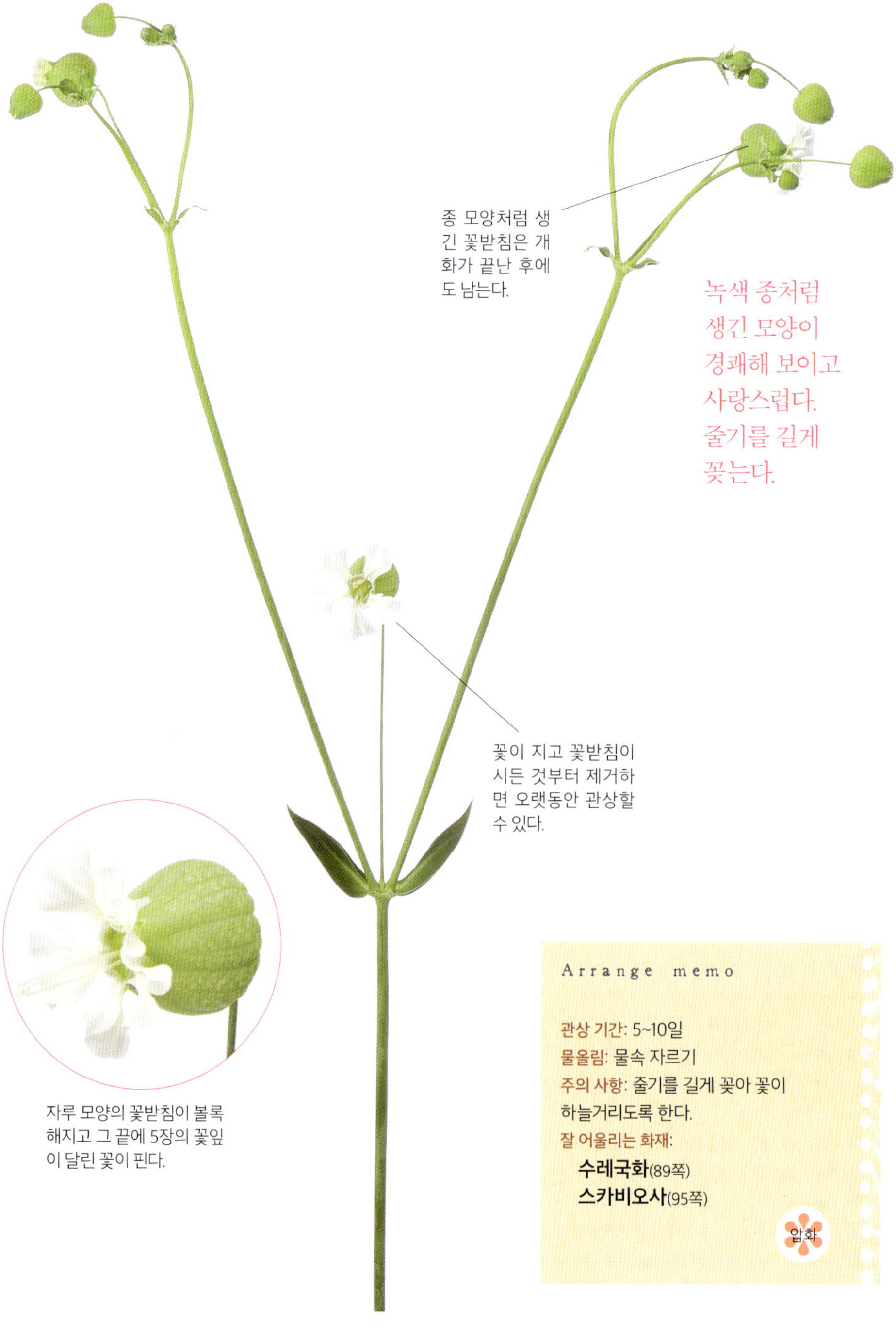

종 모양처럼 생긴 꽃받침은 개화가 끝난 후에도 남는다.
꽃이 지고 꽃받침이 시든 것부터 제거하면 오랫동안 관상할 수 있다.

녹색 종처럼 생긴 모양이 경쾌해 보이고 사랑스럽다. 줄기를 길게 꽂는다.

자루 모양의 꽃받침이 볼록해지고 그 끝에 5장의 꽃잎이 달린 꽃이 핀다.

Data

식물 분류: 석죽과 끈끈이장구채속
원산지: 지중해 연안
일반명: -
개화기: 6~7월
유통 길이: 약 60~80cm
꽃 크기: 중륜

꽃말

거짓 사랑

유통 시기

1
2
3
4
5
6
7
8
9
10
11
12
(월)

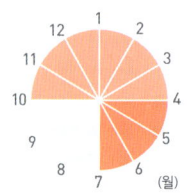

Arrange memo

관상 기간: 5~10일
물올림: 물속 자르기
주의 사항: 줄기를 길게 꽂아 꽃이 하늘거리도록 한다.
잘 어울리는 화재:
 수레국화(89쪽)
 스카비오사(95쪽)

압화

글라디올러스

Corn flag, Sword lily

예로부터 여름 화단을 대표하는 꽃이다. 절화는 인기가 많은 편은 아니지만, 최근에는 결혼식 같은 화려한 자리에서 주목을 받고 있다. 투명하면서도 아름다운 꽃잎이 나풀나풀 줄기를 따라 올라가며 다양한 표정을 연출한다.

여름에 피는 호화로운 대륜형도 꾸준한 인기를 끌지만 품종 개량으로 더 작은 봄 꽃도 등장했다. 꽃 색도 다양해 어레인지먼트의 폭이 꽤 넓다. 긴 줄기를 그대로 사용해도 좋고, 잘라도 나무랄 데 없다. 꽃만 잘라내 장식하는 경우도 있다.

인기 급상승! 어레인지먼트 전체에 화사함을 선사한다.

봉오리 상태에서는 꽃 색을 구별하기 어려우므로 개화가 시작한 것을 고른다.

Arrange memo

관상 기간: 3~10일
물올림: 물속 자르기
주의 사항: 꽃잎이 쉽게 손상되므로 다룰 때 주의한다.
잘 어울리는 화재:
리시안서스(52쪽)
백합(71쪽)

어레인지먼트

글라디올러스는 긴 줄기를 그대로 사용하기도 하고 짧게 잘라 나누어 봉긋하게 꽂기도 한다.

얕은 물에 꽂으면 개화를 늦출 수 있다.

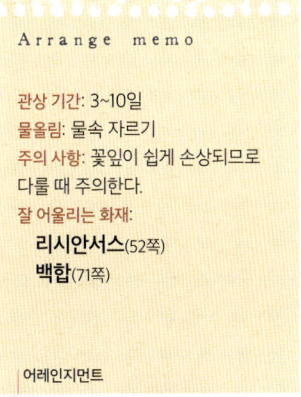

켈리

제시카

프린세스 서머옐로

Data

식물 분류:
붓꽃과 글라디올러스속
원산지:
지중해 연안, 서아시아, 아프리카
일반명:
층층붓꽃, 좀나비꽃
개화기:
봄 개화종 3~5월,
여름 개화종 6~11월
유통 길이:
약 60~100cm
꽃 크기: 중륜·대륜

꽃말
흔하지 않은 사랑,
승리, 밀회, 조심, 견고,
정열적인 사랑,
꾸준한 노력

유통 시기

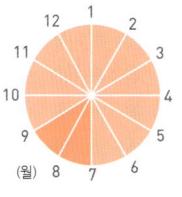

글로리오사 글로리오사 릴리

Gloriosa lily, Glory lily, Fame lily

글로리오사는 라틴어로 '멋진'이라는 의미다. 이름대로 꽃의 크기나 산뜻한 색채, 생동감 넘치는 꽃잎 등이 눈길을 사로잡는 개성 있는 꽃이다. 타오르는 불꽃처럼 산뜻한 빨간색 계열이 대중적이지만 노란색이나 주황색, 분홍색도 있다. 처음 필 때는 노란색이었다가 점차 빨간색으로 변하는 종류도 있다. 잎끝에서 수염이 자라 주위에 감겨 붙으려는 성질이 있으므로 잡아당겨 수염이 잘리지 않도록 주의한다. 부케나 행사장 꽃장식에도 적합하다.

생동감 넘치는 꽃잎이 호화로운 존재감을 연출한다. 행사장 꽃장식에도 적합한 꽃이다.

물올림이 충분하면 봉오리 상태인 것도 개화한다.

라임

펄 화이트

꽃잎이 쉽게 꺾이므로 다룰 때 주의한다.

Data

식물 분류: 백합과 글로리오사속
원산지: 아프리카, 남아시아
일반명: -
개화기: 6~7월
유통 길이: 약 50~80cm
꽃 크기: 중륜
꽃말: 영광에 찬 세상, 화려함
유통 시기:

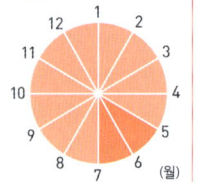

Arrange memo

관상 기간: 약 7일
물올림: 물속 자르기, 탄화처리
주의 사항: 꽃잎이 쉽게 꺾이므로 다룰 때 주의한다.
잘 어울리는 화재:
　장미(147쪽)
　해바라기(195쪽)

어레인지먼트

로스차일드

한여름의 태양을 연상시키는 주황색과 노란색 꽃을 한데 모아 꽂는다. 중앙의 녹색 꽃도 글로리오사다.

금낭화
Bleeding heart

꽃은 하트 모양의 봉오리 아래쪽이 갈라지며 피고, 가늘고 긴 줄기에 매달려 가지런히 한 줄로 달린다. 이 사랑스러운 라인은 동서양풍 어레인지먼트에 모두 잘 어울린다. 서양에서는 금낭화꽃을 심장에 비유해 부활절 장식으로 사용하기도 한다.

한 줄로 가지런히 달린 하트 모양의 앙증맞은 모습을 어레인지먼트에 살린다.

봉오리일 때는 하트 모양이다.

개화하면 하트 모양의 아래쪽이 갈라진다.

유독 성분이 있으므로 어린아이들이 실수로 삼키는 일이 없도록 주의한다.

줄기나 잎은 다육성이다. 싱싱한 것을 고른다.

Arrange memo
관상 기간: 5~6일
물올림: 물속 자르기, 탄화처리
주의 사항: 잎이나 줄기의 절단면에서 흰 유액이 나오므로 주의한다.
잘 어울리는 화재:
 베어 그라스 (254쪽)
 스모크 그라스 (257쪽)

Data
식물 분류: 현호색과 금낭화속
원산지: 동아시아, 북아메리카
일반명: 금낭화, 등모란, 며느리주머니
개화기: 4~5월
유통 길이: 약 30~80cm
꽃 크기: 소륜
꽃말: 실연, 당신을 따라가겠어요
유통 시기

금어초 스냅드래곤

Snapdragon, Common snapdragon

금붕어를 연상시키는 풍성한 꽃은 색상도 풍부하다.

꽃이 촘촘히 달린 것을 고른다.

줄기가 긴 것은 대형 어레인지먼트를 만들 때 유용하다.

금붕어처럼 볼록하게 생긴 수많은 꽃이 이삭 형태를 이루며 달린다. 꽃 모양이 용의 입처럼 보여 '스냅드래곤(물려고 덤벼드는 용)'이라고도 한다.

꽃의 색상이 매우 풍부한데 선명한 비타민컬러나 부드러운 파스텔컬러, 와인레드 등 어두운 색감의 꽃도 있다. 품종 개량으로 홑꽃형 외에 겹꽃형, 변이화 등 꽃의 형태가 다채롭다.

Data

식물 분류: 현삼과 금어초속
원산지: 지중해 연안
일반명: 금어초, 참깨풀, 비어초
개화기: 4~6월
유통 길이: 약 15~100cm
꽃 크기: 소륜
꽃말: 예지, 뻔뻔함, 청순한 마음
유통 시기

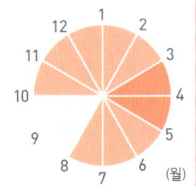

Arrange memo

관상 기간: 5~10일
물올림: 물속 자르기, 열탕처리
주의 사항: 개화가 끝난 꽃을 제거하면 봉오리까지 개화한다.
잘 어울리는 화재:
　버플레움(75쪽)
　장미(147쪽)

버터플라이 핑크

토센　버터플라이 화이트　버터플라이 옐로

길리아

Globe gilia, Bird's-eyes

완만한 곡선을 그리며 뻗어 나간 줄기에 공 모양의 귀여운 청보라색 꽃이 달린다. 자세히 보면 별 모양의 작은 꽃들이 50~100개 정도가 모여 둥근 공 모양을 이룬다. 들에 피는 꽃처럼 수수한 자태가 내추럴한 인상을 준다.
주로 유통되는 것은 '길리아 레프탄타'와 조금 더 작은 꽃이 달리는 '길리아 카피타타'다. '트리콜로르'라는 흑자색 꽃술이 돋보이는 품종도 있다.

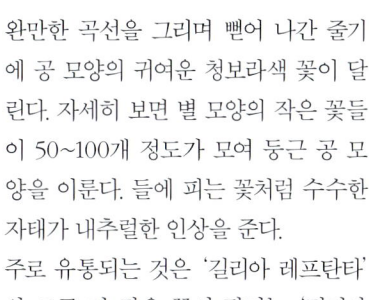

작은 꽃들이 모여 둥근 공 형태를 이루며 핀다.

줄기 끝에 달리는 동글동글한 꽃! 들풀처럼 내추럴하다.

잎은 깃털 모양으로 가늘게 갈라진다.

길리아 레프탄타

Arrange memo

관상 기간: 3~5일
물올림: 물속 자르기
주의 사항: 줄기가 쉽게 꺾이므로 다룰 때 조심해야 한다.
잘 어울리는 화재:
니겔라(30쪽)
스위트피(94쪽)

어레인지먼트

그린 화재나 녹색 열매류 등과 배합해 내추럴하게 연출한다. 흰 화기에 꽂으면 화재들이 돋보인다.

Data

식물 분류: 꽃고비과 길리아속
원산지: 남·북아메리카
일반명: -
개화기: 6~7월
유통 길이: 약 30~80cm
꽃 크기: 소륜

꽃말
변덕스런 사랑, 여기로 와요, 마음속에 흐르는 눈물

유통 시기

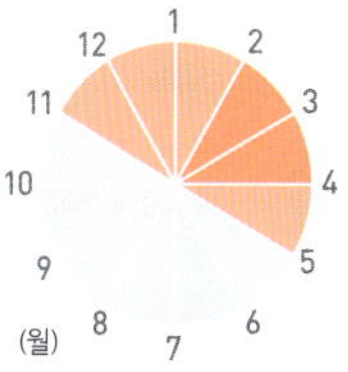

꼬리풀 베로니카

Speed well

꽃줄기 끝에 범의 꼬리를 연상시키는 10~20cm의 꽃이삭이 달린다. 여름 들판에서 바람에 흔들리는 모습이 떠오르는 내추럴한 분위기의 풀꽃이다. 같은 계통의 풀꽃과 배합해 바구니 등에 꽂으면 마치 들판의 일부분을 옮겨놓은 듯한 인상을 준다. 물론 동양풍으로도 연출이 가능하다. 부케에 넣어도 생동감이 느껴져 아름답다. 가을이 되어 꽃이 지면 잎이 아름답게 물든다.

흰색 꽃이 달리는 '흰꼬리풀'

꽃이삭이 완만한 곡선을 이루며, 작은 꽃이 아래쪽부터 차례대로 피어 올라간다.
타원형 잎은 가장자리에 톱니가 있다.

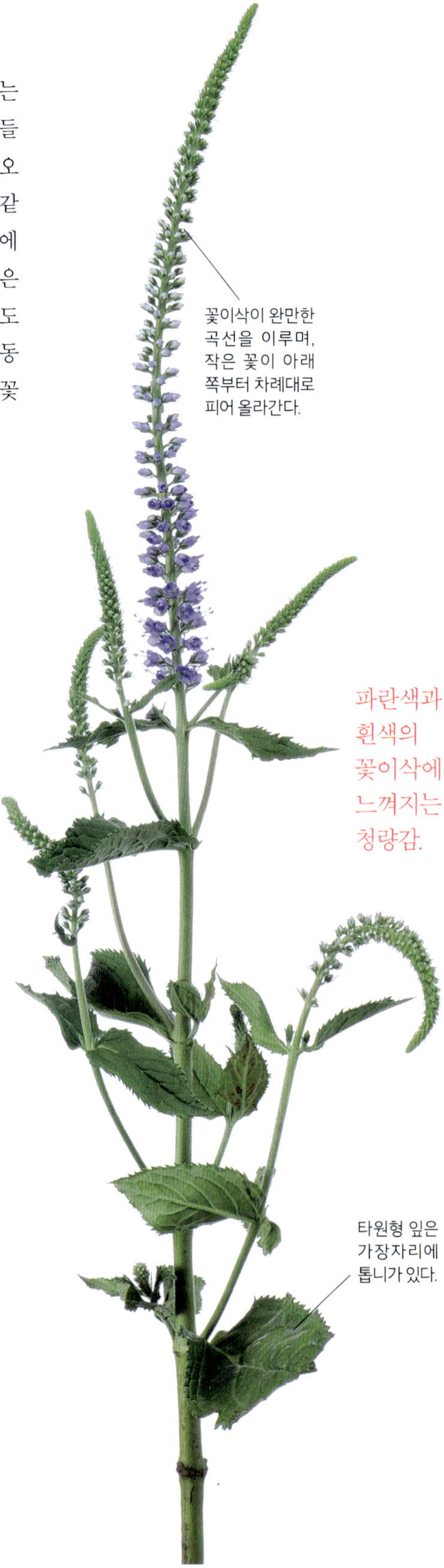

파란색과 흰색의 꽃이삭에서 느껴지는 청량감.

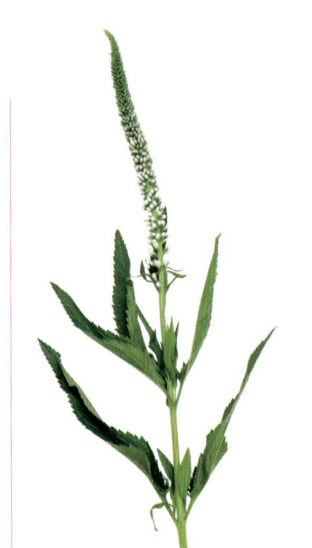

Data

식물 분류: 현삼과 개불알풀속

원산지: 동아시아

일반명: 꼬리풀

개화기: 6~8월

유통 길이: 약 40~100cm

꽃 크기: 소륜

꽃말: 달성, 신뢰, 성실, 당신께 내 마음을 바칩니다

유통 시기

1
2
3
4
5
6
7
8
9
10
11
12
(월)

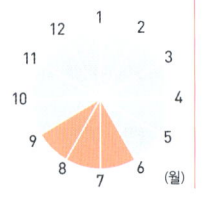

Arrange memo

관상 기간: 약 5일

물올림: 물속 자르기, 열탕처리

주의 사항: 탈수 현상이 나타나면 자주 재절단한다.

잘 어울리는 화재:

러시아 공꽃(46쪽)

오이풀(133쪽)

꽃양배추

Flowering cabbage

꽃이 적은 겨울 화단에 색채를 더해주는 식물로 인기 있는 '꽃양배추'. 최근에는 절화 형태로도 유통된다. 중앙의 분홍색과 흰색 부분은 잎인데, 마치 큰 꽃송이처럼 보여 '꽃양배추'라는 이름이 붙었다.

원예종에 비해 줄기가 길어 꽂기 편한 점도 특징적이다. 소나무나 죽절초와 배합해 신년의 어레인지먼트를 만들 때도 자주 찾는 화재다.

꽃잎처럼 보이는 것은 잎이다.

새해의 어레인지먼트 화재로도 인기!
꽃이 적은 겨울철 지원군으로 활약한다.

원예종에 비해 줄기가 길어 꽂기 편하다.

Arrange memo

관상 기간: 약 14일
물올림: 물속 자르기
주의 사항: 줄기가 보이지 않도록 낮게 꽂는다.
잘 어울리는 화재:
- **소나무**(220쪽)
- **죽절초**(240쪽)
- **청미래덩굴**(241쪽)

어레인지먼트

청미래덩굴의 빨간 열매와 스테모나 자포니카를 배합한 신년 어레인지먼트다.

Data

식물 분류: 십자화과 배추속
원산지: 유럽
일반명: 꽃양배추
개화기: 1~3월
유통 길이: 약 20~80cm
꽃 크기: 대륜

꽃말
축복, 이익

유통 시기

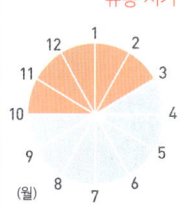

꽃창포

Japanese iris

단오를 대표하는 꽃이다. 일반적으로 절화로 유통되는 것은 원예종인 '꽃창포'다. 꽃봉오리 상태로 출하되며, 간혹 개화하지 않는 것도 있다. 꼬투리 안에는 두 번째 꽃봉오리도 있으므로, 첫 번째 꽃이 시든 후에 시든 꽃잎을 제거하면 두 번째 꽃이 나온다.

5월 5일 즈음에는 '창포' 잎이 유통되기도 한다. '꽃창포'는 붓꽃과, 목욕물에 사용하는 '창포'는 천남성과로 각각 다른 식물이다.

존재감 있는 큰 꽃송이가 주인공 역할을 한다. 자태를 살려 심플하게 연출해보자.

붓꽃과 식물 중에 꽃이 가장 크다. 꽃잎의 밑부분이 노란색을 띠는 것이 특징이다.

하나의 꽃대에 2개의 꽃봉오리가 있고, 두 번째 꽃봉오리는 꼬투리 안에 숨어 있다.

목욕물에 사용하는 '창포'는 '꽃창포'가 아닌 다른 식물이다.

Data

식물 분류:
붓꽃과 붓꽃속
원산지:
한국~동시베리아, 일본
일반명:
꽃창포, 들꽃창포
개화기: 6~7월
유통 길이:
약 50~80㎝
꽃 크기: 대륜
꽃말
기쁜 소식, 착한 마음, 적극적인 마음가짐
유통 시기

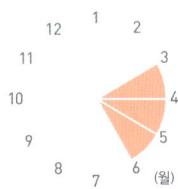

Arrange memo

관상 기간: 5~7일
물올림: 물속 자르기
주의 사항: 다소 온도가 낮고 통풍이 잘되는 장소에 장식한다.
잘 어울리는 화재:
　스프레이 맘(104쪽)
　아이리스(118쪽)

꿩의비름 세덤
Livefover

절화 시장에서는 '불로초'라고도 한다. 선인장 같은 다육식물의 일종답게 건조한 환경에 강하고 튼튼하며 수명이 길다. 더위에도 강해 꽃이 적은 여름철 어레인지먼트에 유용하다. 별 모양의 작은 꽃들이 모여 피면 더욱 풍성해진다. 작게 나누어 어레인지먼트의 빈 공간을 메우는 용도로도 사용할 수 있다.

개화하기 전 상태로 유통된다.

건조한 환경에 강하며 튼튼하고 수명이 길다. 어레인지먼트의 빈 공간을 메우는 화재로도 좋다.

잎과 줄기는 다육식물만의 독특한 질감이 있다.

Arrange memo
관상 기간: 7~14일
물올림: 물속 자르기, 열탕처리
주의 사항: 습기에 약하므로 통풍이 잘되는 장소에 둔다.
잘 어울리는 화재:
리시안서스(52쪽)
클레마티스(175쪽)

Data
식물 분류: 돌나물과 꿩의비름속
원산지: 유럽, 시베리아, 한국, 중국, 몽골, 일본
일반명: 꿩의비름, 큰꿩의비름
개화기: 7~10월
유통 길이: 약 30~60cm
꽃 크기: 소륜
꽃말: 강한 마음, 신념, 평온, 한가로움
유통 시기

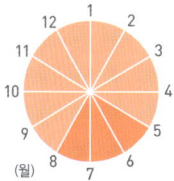
(월)

네리네 다이아몬드 릴리

Nerine, Diamond lily

가늘고 튼튼한 꽃줄기 끝에 8~10개 정도의 꽃이 핀다. 밖으로 말린 꽃잎에 광택이 있어 반짝거리는 종류는 '다이아몬드 릴리'라는 별칭으로 불린다. 꽃잎이 가늘고 작은 꽃이 달리는 품종이나 석산(꽃무릇)과 비슷한 빨간색 품종 등도 유통된다.

물올림이 좋고 꽃의 수명까지 길어 손질을 많이 하지 않아도 오랫동안 즐길 수 있다. 얇은 종이 같은 갈색 꽃받침을 제거한 후 꽂으면 꽃이 돋보인다. 모든 꽃과 잘 어울리지만, 일종꽃이해도 근사하다.

꽃잎이 쉽게 꺾이므로 다룰 때 주의한다.

가는 꽃줄기 끝에 꽃잎이 밖으로 말린 꽃이 여러 개 달린다.

밖으로 말린 귀여운 꽃잎! 갈색 꽃받침을 제거해주면 꽃이 돋보인다.

Arrange memo

관상 기간: 5~7일
물올림: 물속 자르기
주의 사항: 꽃잎이 쉽게 꺾이므로 다룰 때 주의한다.
잘 어울리는 화재:
스카비오사(95쪽)
안스리움 잎(121쪽)

어레인지먼트

Data

식물 분류: 수선화과 네리네속
원산지: 남아프리카
일반명: -
개화기: 9~11월
유통 길이: 약 20~50cm
꽃 크기: 중륜

꽃말
다시 만날 날까지, 행복한 추억, 귀여움, 빛남, 귀한 딸, 인내

유통 시기

꽃잎과 수술이 섬세한 품종이다.

네리네 2대를 높낮이를 달리해 꽂은 후 화기 입구에 안스리움 잎과 잎새란을 꽂는다.

노랑코스모스

Orange cosmos, Yellow cosmos

코스모스(169쪽)의 근연종이며 노란색이나 주황색 등의 꽃이 달린다. 원산지는 멕시코지만, 품종 개량이 활발해지면서 빨간색 꽃이 피는 '선셋'이라는 원예 품종도 있다.
일반적인 코스모스에 비해 잎의 갈라짐이 적고 전체적인 길이도 짧다. 꽃이 피는 기간도 길어 한여름부터 유통된다.

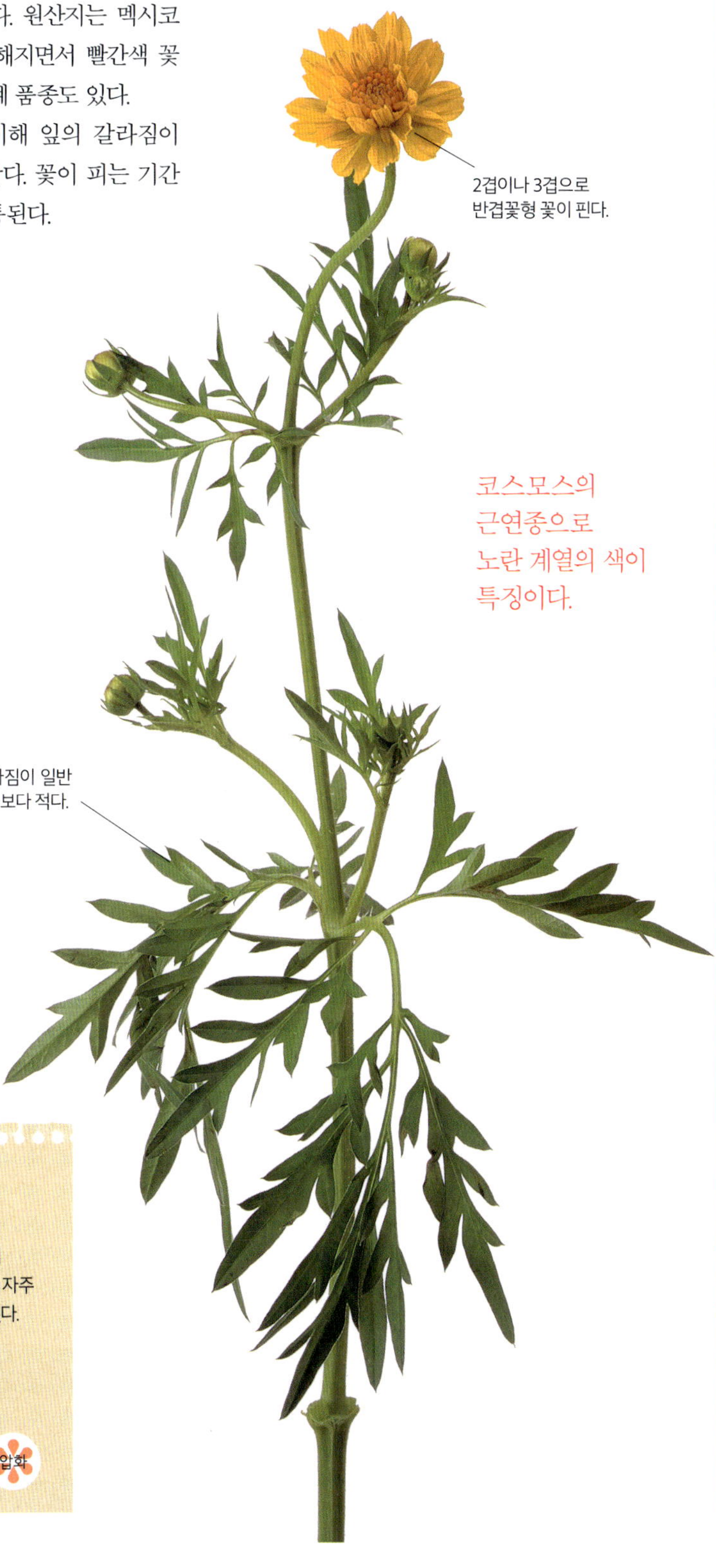

2겹이나 3겹으로
반겹꽃형 꽃이 핀다.
잎의 갈라짐이 일반
코스모스보다 적다.

코스모스의
근연종으로
노란 계열의 색이
특징이다.

Arrange memo

관상 기간: 5~10일
물올림: 물속 자르기, 열탕처리
주의 사항: 물갈이와 재절단을 자주 해주면 오랫동안 관상할 수 있다.
잘 어울리는 화재:
마타리(58쪽)
오이풀(133쪽)

압화

Data

식물 분류: 국화과 코스모스속
원산지: 멕시코
일반명: 노랑코스모스
개화기: 7~10월
유통 길이: 약 30~100cm
꽃 크기: 중륜

꽃말

야성미, 덧없는 연정

유통 시기

1
2
3
4
5
6
7
8
9
10
11
12
(월)

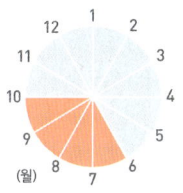

니겔라

Fennel flower, Love-in-a-mist

꽃잎처럼 보이는 것은 꽃받침이다. 실 모양으로 갈라진 포엽에 싸여 독특한 분위기를 풍기는 꽃이다. 깃털 모양으로 가늘게 갈라진 잎도 부드러운 인상을 주며 전체적으로 청초하고 가녀린 분위기다.

물올림이 좋고 꽃의 수명이 길어 어레인지먼트에 사용하기 편리하다는 것도 특징이다. 일종꽃이로 유리 화기 등에 가볍게 꽂아도 청량감이 느껴진다. 꽃이 진 후에는 볼록하게 공 모양으로 달리는 열매도 즐길 수 있다.

꽃잎처럼 보이지만 꽃받침이다.

가녀린 분위기를 자아내는 풀꽃이다. 인상이 부드러운 잎을 돋보이게 연출한다.

Data
식물 분류: 미나리아재비과 니겔라속
원산지: 유럽, 서아시아
일반명: 흑종초
개화기: 5~6월
유통 길이: 약 40~80cm
꽃 크기: 중륜
꽃말: 꿈속의 사랑, 미래, 은근한 기쁨, 당혹
유통 시기

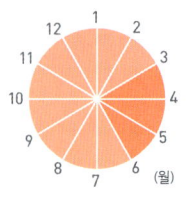

Arrange memo
관상 기간: 5~7일
물올림: 물속 자르기
주의 사항: 작은 봉오리는 개화하지 않으므로 제거한 후 꽂는다.
잘 어울리는 화재:
민트(253쪽)
장미(147쪽)

드라이플라워

절화는 겹꽃 품종이 주류를 이룬다. 꽃받침이 떨어지기 쉬우니 주의한다.

물에 잠기는 잎은 제거한 후 꽂는다.

다알리아

Dahlia

예전부터 있던 꽃이지만, 최근 절화용으로 인기가 높아졌다. 서양풍인 듯하면서도 어딘가 동양적인, 향수가 어린 듯하면서도 현대적인 자태가 인기 비결이다. 신품종이 잇따라 등장하고 있으며, 혀 모양의 넓은 꽃잎이 겹겹이 피는 종류부터 둥근 공 형태의 볼형이나 폼폰형, 홑꽃형 등 꽃의 색상도 형태도 각양각색이다. 대륜 종류는 압도적인 존재감을 자랑한다.

가장 다알리아다운 형태는 혀 모양의 넓은 꽃잎이 겹쳐 피는 종류다.

개성 강한 검붉은 꽃이 인기가 있다.

줄기는 속이 비어 있어 쉽게 꺾이므로 다룰 때 주의한다.

코쿠초

Arrange memo

- 관상 기간: 5~7일
- 물올림: 물속 자르기, 열탕처리
- 주의 사항: 꽃잎과 잎은 쉽게 손상되고, 줄기는 쉽게 꺾이므로 다룰 때 각별히 주의한다.
- 잘 어울리는 화재:
  국화(16쪽)
  맨드라미(61쪽)

어레인지먼트

화려하고 존재감이 있는 꽃이므로 한 송이만 꽂아도 멋스럽다. 유리 찻잔에 꽂아 연출한 모습이다.

Data

- 식물 분류: 국화과 다알리아속
- 원산지: 멕시코, 과테말라
- 일반명: 다알리아, 달리아
- 개화기: 5~11월
- 유통 길이: 약 30~120cm
- 꽃 크기: 중륜·대륜

꽃말
화려함, 우아함, 변덕, 위엄

유통 시기

품종 카탈로그

다알리아 품종 카탈로그

'라라라'는 꽃잎의 끝부분이 안쪽으로 말려 공 모양으로 핀다.

'넷쇼'는 넓은 혀 모양의 꽃잎이 무수히 겹쳐져 화려하다.

'쿠로이이나즈마'는 시크한 색감의 검붉은 꽃이 아주 개성적이며 줄기가 굵다.

'브리스틀 스트라이프'는 꽃잎의 끝부분이 꼬이면서 핀다.

대상화

Japanese anemone

대상화는 '추면국'이라고도 하는데 국화라는 한자가 붙어 있지만, 아네모네(111쪽)의 근연종이다.

청초한 자태의 홑꽃형은 일본에서 가을철 다화茶花(차를 마시는 다실에 꽂는 꽃)나 분화로 선호하는 꽃이다. 가녀리게 뻗어 나간 라인과 줄기 끝에 달린 사랑스러운 꽃봉오리가 어레인지먼트에 리듬감을 더해준다. 부드러운 이미지를 살린다.

가녀리고 가는 줄기가 눈길을 사로잡는 꽃이다.

- 가는 줄기 끝에 달리는 구슬 같은 꽃봉오리가 사랑스럽다.
- 꽃이 쉽게 떨어지므로 다룰 때 주의한다.

Arrange memo

- 관상 기간: 5~7일
- 물올림: 열탕처리, 탄화처리
- 주의 사항: 바람에 노출되면 탈수 현상이 일어나므로 놓는 장소에 유의한다.
- 잘 어울리는 화재:
  - **등골나물**(39쪽)
  - **용담**(137쪽)

Data

- 식물 분류: 미나리아재비과 바람꽃속
- 원산지: 중국
- 일반명: 대상화, 가을모란, 추면국
- 개화기: 9~10월
- 유통 길이: 약 60~120cm
- 꽃 크기: 중륜

꽃말
희미해지는 사랑, 인내

유통 시기

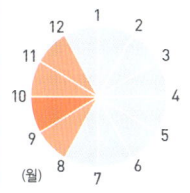

덴파레

Denphalae

수많은 난 중에서도 가격이 부담 없는 편이며, 꽃도 지나치게 크지 않아 사용하기 편한 것이 매력적이다. 물올림이 좋고 꽃의 수명도 길어 가정에서도 개화가 끝난 꽃을 제거해가며 오랫동안 즐길 수 있다. 남국풍의 그린 화재와 배합해 동양풍으로 연출해도 좋다.
흰색 품종은 결혼식에도 잘 어울린다. 그 밖에 행사에서도 격식을 갖춘 인상을 준다.

전 세계 난 유통량 1위! 물올림이 좋고 꽃의 수명이 길어 결혼식에도 애용되는 화재다.

꽃은 아래쪽부터 차례대로 피어 올라간다.

빅 화이트

소냐

Data
식물 분류: 난초과 석곡속
원산지: 티무르 제국
일반명: -
개화기: 8~9월
유통 길이: 약 40~70cm
꽃 크기: 중륜
꽃말: 잘 어울림, 유능함, 유혹에 굴하지 않음, 이기적인 미인

유통 시기

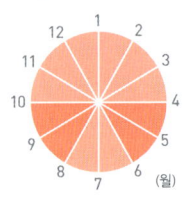

어레인지먼트

꽃을 한 송이씩 잘라 속새와 레더 펀을 배합해 검정색 화기에 꽂는다. 동양적인 분위기로 연출한다.

Arrange memo
관상 기간: 7~10일
물올림: 물속 자르기
주의 사항: 개화가 끝난 꽃을 제거하면 봉오리가 개화하는 데 도움을 준다.
잘 어울리는 화재:
　속새(255쪽)
　칼라(166쪽)

굵고 긴 줄기에 겹꽃이 빽빽이 달리는 퍼시픽 자이언트 계열은 양감이 있어서 호화로운 어레인지먼트에 안성맞춤이다. 가는 줄기에 홑꽃이 달리는 벨라도나 계열은 우아한 분위기로 모든 어레인지먼트에 잘 어울린다. 그 밖에 스프레이 형태로 피는 품종도 있다.

모든 품종에 투명감이 있으며, 파란색 계열의 풍부한 색채가 특징이다. 분홍색 계열이나 보라색 계열 등의 짙은 색상도 있다. 꽃을 하나씩 잘라 수반에 띄워도 시원해 보인다.

델피니움

Delphinium

> 투명감 있는
> 파란 빛깔이
> 매력적이다.
> 꽃만 써도 좋다.

Arrange memo

- 관상 기간: 5~7일
- 물올림: 물속 자르기
- 주의 사항: 개화가 끝난 꽃을 제거하면 오랫동안 관상할 수 있다.
- 잘 어울리는 화재:
  - **블루레이스 플라워**(81쪽)
  - **스테모나 자포니카**(257쪽)

시간이 지나면 꽃잎이 투명해진다.

개화하지 않을 것 같은 꽃봉오리는 잘라낸다.

잎은 제거한 후 꽂는 것이 좋다.

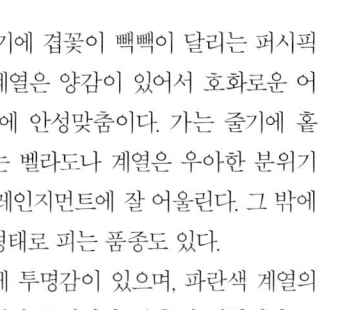

볼커프리든(벨라도나 계열)

Data

- **식물 분류**: 미나리아재비과 제비고깔속
- **원산지**: 유럽, 아시아, 북아메리카, 아프리카
- **일반명**: 제비고깔
- **개화기**: 6~8월
- **유통 길이**: 약 50~100cm
- **꽃 크기**: 중륜

꽃말
청명, 고귀, 자비, 오만, 경박, 변덕

유통 시기

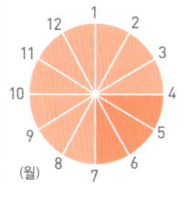

품종 카탈로그

35

델피니움 품종 카탈로그

스프레이형 '펄 블루'는 이 꽃 특유의 투명감 있는 하늘색이 아름답다.

퍼시픽 자이언트 계열은 긴 줄기에 겹꽃이 호화롭게 달린다.

스프레이 형태의 '슈거 핑크'는 꽃과 줄기가 섬세한 인상을 준다. 가지를 자른 다음 나누어 사용한다.

가을을 대표하는 초화류 중 하나로 청초한 별 모양의 꽃은 동양화적인 분위기를 풍긴다.
일종꽃이나 바구니에 소량을 꽂아 장식하면 수수한 동양적인 분위기를 연출할 수 있다. 개화한 도라지꽃 몇 송이를 한데 모아 돋보이게 꽂으면 화려한 서양풍 어레인지먼트에도 활용할 수 있다.

도라지

Balloon flower

봉오리가 풍선처럼 부푼다.

별 모양의 꽃에 동양의 정취가 가득하다. 장식하기에 따라 서양풍으로도 연출할 수 있다.

줄기와 잎의 절단면에서 흰 유액이 나오므로 꼼꼼하게 씻는다.

Arrange memo

- **관상 기간**: 3~5일
- **물올림**: 열탕처리
- **주의 사항**: 물올림이 좋지 않은 편이므로 절화보존제 등을 사용한다.
- **잘 어울리는 화재**:
  - **마타리**(58쪽)
  - **억새**(126쪽)

Data

- **식물 분류**: 초롱꽃과 도라지속
- **원산지**: 한국, 중국, 일본
- **일반명**: 도라지, 길경
- **개화기**: 6~8월
- **유통 길이**: 약 40~100cm
- **꽃 크기**: 중륜

꽃말
변함없는 사랑, 성실

유통 시기
(월) 5, 6, 7, 8, 9, 10, 11

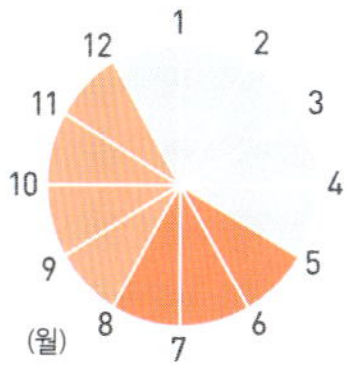

둥근풍선초

Milkweed, Wind cotton

개화가 끝난 후에 풍선처럼 생긴 대과袋果(열매가 주머니 모양이며 익으면 여러 갈래로 갈라진다)가 달린 상태로 출하되는 독특한 화재다. 대과의 표면 전체에는 가시가 있지만, 날카롭지 않은 부드러운 돌기다. 대과는 황록색에서 차츰 보라색으로 물든다. 대과의 봉긋하고 둥근 모양은 어레인지먼트에 생동감을 더해준다. 동서양풍 어레인지먼트에 모두 어울리며, 흰 꽃이나 짙은 색 꽃과 배합하면 더욱 돋보인다.

줄기를 자르면 흰 액체가 나온다. 이 액체가 절단면을 막으면 물올림이 잘되지 않으므로 물로 씻어낸 후에 꽂는다. 독성이 있으므로 만진 후에는 손을 씻는다.

잎은 빨리 시들므로 제거하고 꽂는다.

안에 솜털에 싸인 씨가 들어 있는 대과. 표면에는 부드러운 가시가 있다.

줄기에 상처가 나면 흰 액체가 나온다. 절단면에서 굳으면 물올림이 나빠진다.

절화로 유통되는 것은 꽃이 아닌 대과 상태다. 어레인지먼트에 생동감을 더한다.

Data

식물 분류: 협죽도과 곰포카르푸스속
원산지: 남아프리카
일반명: 둥근풍선초
개화기: 7~8월
유통 길이: 약 50~80㎝
꽃 크기: 중륜
꽃말: 감춰진 능력, 많은 꿈
유통 시기:

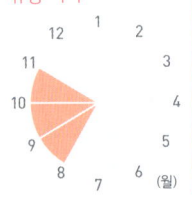

Arrange memo

관상 기간: 5~7일
물올림: 물속 자르기
주의 사항: 탈수 현상이 나타나면 줄기 끝을 재절단한다.
잘 어울리는 화재:
　글로리오사(20쪽)
　칼라(166쪽)
　해바라기(195쪽)

드라이플라워

등골나물
Thoroughwort

가을을 대표하는 초화류 중 하나로 손꼽히며 예전에는 강가나 제방 등지에 흔히 피어 있던 꽃이지만 최근에는 좀처럼 볼 수 없다. 꽃집에서 '등골나물'로 판매하는 것은 대부분 절화용으로 개량된 것이다.

꽃의 자태가 가련하고 쓸쓸한 풍치가 느껴진다. 고대 문학에도 등장하며 오늘날까지 사랑받는 꽃이다. 말린 잎에서 향이 나 중국에서는 오래전부터 향초香草로 사용하며 잎을 따뜻한 물에 담그거나 옷이나 머리에 달기도 했다. 참억새와 함께 추석 달맞이용 어레인지먼트에 추천할 만한 화재다.

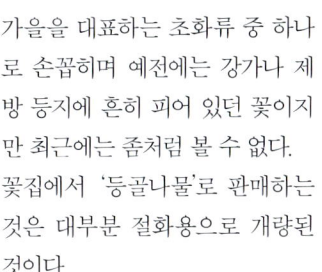

연한 자홍색을 띤 작은 꽃들이 수없이 달린다.

가을을 대표하는 초화류로 예로부터 사랑받아온 꽃이다.

자연 그대로의 줄기와 잎은 향이 없으나 건조하면 향이 난다.

Arrange memo
- 관상 기간: 5~7일
- 물올림: 물속 자르기
- 주의 사항: 탈수 현상이 쉽게 나타나므로 줄기를 자주 재절단한다.
- 잘 어울리는 화재:
  - **대상화**(33쪽)
  - **도라지**(37쪽)

Data
- **식물 분류**: 국화과 등골나물속
- **원산지**: 동아시아
- **일반명**: 등골나물
- **개화기**: 8~10월
- **유통 길이**: 약 40~100cm
- **꽃 크기**: 소륜

꽃말
망설임, 주저, 지연, 그날을 회상함

유통 시기: 9~11월

라구루스

Rabittail grass

래빗테일 / 바니테일

'라구루스'는 그리스어로 산토끼의 꼬리를 의미한다. 같은 뜻으로 '래빗 테일'이나 '토끼꼬리풀'이라고 부른다. 봉긋하고 둥근 이삭이 사랑스러운 볏과 식물이다. 이삭의 움직임을 살려서 어레인지먼트나 부케에 악센트를 더해보자.

봄의 첫 출하 시기에는 이삭이 연녹색을 띠고 광택이 있는데, 차츰 흑갈색의 큰 이삭이 유통된다.

잘 자라고 물올림이 잘되는 것이 특징이다. 그대로 두면 드라이플라워가 된다. 가는 줄기는 쉽게 꺾이고, 이삭에 달린 씨가 뚝뚝 떨어지므로 다룰 때 주의한다.

봉긋하고 둥근 복슬복슬한 이삭은 토끼꼬리를 닮았다.

줄기는 가늘어서 쉽게 꺾이므로 다룰 때 주의한다.

잎은 누렇게 변하므로 가능한 한 제거한다.

그리스어로 '토끼꼬리'를 의미한다. 복슬복슬한 이삭 모양을 살려서 움직임 있는 디자인을 연출해보자.

Data

식물 분류: 볏과 라구루스속
원산지: 지중해 연안
일반명: 토끼꼬리풀
개화기: 4~7월
유통 길이: 약 20~50cm
꽃이삭 크기: 중형
꽃말: 감사, 저를 믿어요
유통 시기

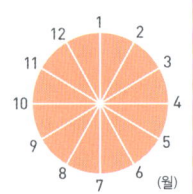

Arrange memo

관상 기간: 5~7일
물올림: 물속 자르기
주의 사항: 줄기가 쉽게 꺾이고 씨도 쉽게 떨어지므로 다룰 때 주의한다.
잘 어울리는 화재:
루피너스(51쪽)
스위트피(94쪽)
아네모네(111쪽)

드라이플라워

라넌큘러스

Persian buttercup, Garden ranunculus

하늘거리는 얇은 꽃잎이 겹겹이 겹쳐 피는 자태가 호화롭다. 최근에는 봄을 장식하는 꽃의 주연급으로 인기가 정착되었다. 색상 수도 많으며 꽃잎 전체에 그라데이션이 있거나 꽃잎 가장자리에 테두리를 두른 것도 있다. 꽃의 형태도 꽃술이 보이는 반겹꽃형이나 카네이션형 등 아주 다양하다.

봉오리가 살짝 벌어지기 시작한 것을 고르는 것이 좋다. 작고 단단한 봉오리는 개화하지 않은 채 지는 경우가 많으므로 꽃을 때 제거한다. 물속에서 줄기가 쉽게 부패하므로 얕은 물에 꽂아야 한다.

한 대의 줄기에 꽃이 여러 송이 달린다. 작고 단단한 봉오리는 제거한다.

봄의 주인공!
나풀거리며
겹쳐진 꽃잎이
아름답다.

손가락으로 줄기를 살짝 잡았을 때 물렁하면 탈수 상태라는 신호다.

Arrange memo

관상 기간: 3~4일
물올림: 물속 자르기, 열탕처리
주의 사항: 줄기가 부드러워 꺾이기 쉬운 것은 다룰 때 주의한다. 얕은 물에 꽂는다.
잘 어울리는 화재:
  레이스 플라워(49쪽)
  장미(147쪽)

어레인지먼트

둥그런 화기에 아름답게 핀 연한 색 라넌큘러스 2종을 짧게 잘라 꽂는다.

Data
식물 분류: 미나리아재비과 미나리아재비속
원산지: 남서아시아, 유럽
일반명: 미나리아재비
개화기: 3~4월
유통 길이: 약 40~60cm
꽃 크기: 중륜·대륜

꽃말
화사한 매력, 명성, 많은

유통 시기
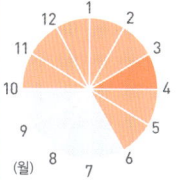

품종 카탈로그

라넌큘러스 품종 카탈로그

티 없이 맑은 노란색에서 봄기운이 느껴진다. 밝은 녹색을 더해주면 좋다.

흰색 꽃잎이 벌어지면 대륜이 되는 품종이다. 다른 종류의 흰색 꽃과 배합해도 근사하다.

녹색 꽃이 피는 '엠 그린'은 독특한 꽃 모양이 마치 채소 같다.

깊이감이 있는 빨간색 라넌큘러스도 인기가 좋다. 한 송이만 꽂아도 강한 인상을 준다.

흰색 꽃잎 윗부분이 연분홍색으로 물드는 품종이다. 줄기가 굵고 초장이 짧다.

오스트레일리아가 원산지이며, 야생화의 일종으로 현지에서는 무려 3m 높이로 자란다고 한다. 빽빽이 모여 핀 작은 꽃봉오리가 쌀알 모양이어서 붙여진 이름이다. 꽃봉오리 상태로 유통되는데, 흔들면 뚝뚝 떨어지므로 다룰 때 주의한다. 잘라 나눠서 어레인지하면 풍성함을 더할 수 있다.

꽃이 피면 보송보송하고 부드러운 분위기로 변한다. 라벤더나 장미를 연상시키는 개성적인 향기도 특징이다. 꽃봉오리 상태 그대로 드라이플라워를 만들어도 오래 즐길 수 있다.

쌀알 모양의 꽃봉오리가 모여 달리고 꽃이 피면 부드러운 분위기로 변한다. 풍성함을 더할 때 매우 좋은 화재다.

라이스플라워

Rice flower

건조한 질감의 쌀알 모양 꽃봉오리가 빽빽이 달린다.

물에 잠기는 잎은 제거하고, 얕은 물에 꽂는다.

Arrange memo

관상 기간: 약 7일
물올림: 물속 자르기
주의 사항: 줄기가 물에 잠기면 쉽게 손상되므로 얕은 물에 꽂는다.
잘 어울리는 화재:
　레우카덴드론(47쪽)
　방크시아(69쪽)
　유칼립투스(262쪽)

드라이플라워

Data

식물 분류: 국화과 오조탐누스속
원산지: 오스트레일리아
일반명: 밥꽃풀
개화기: 4~5월
유통 길이: 약 50~70cm
꽃 크기: 소륜

꽃말
풍요로운 결실

유통 시기

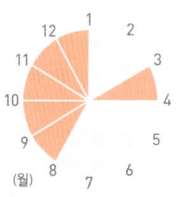

43

라케날리아 아프리칸 히아신스

Cape cowslips

'아프리칸 히아신스'라는 별칭을 지닌 구근 식물이다. 종 모양이나 통 모양의 작은 꽃들이 이삭처럼 나란히 줄지어 피며 향이 좋은 품종도 있다.

종류가 매우 많으며 꽃의 색상이 다양하다. 아름다운 하늘색이나 이중색 등 복색 종류가 특히 인기가 많다.

절화로 유통되는 것은 초장이 짧으며 잎이 없고 꽃과 줄기만 있는 것이 일반적이다. 작은 유리 화기 등에 여러 대를 꽂아 보석 같은 꽃빛깔의 아름다움을 즐겨보자.

종 모양이나 통 모양의 작은 꽃들이 이삭 형태를 이루며 나란히 줄지어 핀다. 향이 좋은 품종도 있다.

작은 종 모양이나 통 모양의 꽃은 아래쪽부터 차례대로 피기 시작한다.

무타빌리스

아우레아

Data
식물 분류: 백합과 라케날리아속
원산지: 남아프리카
일반명: -
개화기: 2~4월
유통 길이: 약 10~30cm
꽃 크기: 소륜
꽃말 지속적인 사랑, 변덕, 바람피우지 말아요
유통 시기

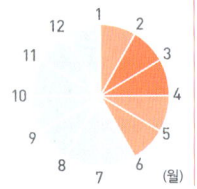

Arrange memo
관상 기간: 3~5일
물올림: 물속 자르기
주의 사항: 개화가 끝난 꽃을 제거하면 오랫동안 관상할 수 있다.
잘 어울리는 화재:
레우코코리네(48쪽)
패모(189쪽)

락스퍼
Larkspur

길게 뻗은 가는 줄기의 윗부분에 2~3cm 크기의 작은 꽃이 많이 달린다. 5장의 큰 꽃잎처럼 보이는 것은 포엽이며, 가운데에 한데 붙어 있는 2장이 실제 꽃잎이다. '락스퍼'는 종달새의 며느리발톱을 의미한다. 윗부분의 포엽 뒤에 달린 '꽃뿔'이라고 불리는 긴 대롱 모양이 종달새의 며느리발톱과 비슷하게 생겨서 붙여진 이름이다. 라인을 살려서 꽂거나 필요한 길이로 잘라 나누어 필러플라워(274쪽)로 쓴다.

꽃잎처럼 보이는 것은 포엽. 윗부분의 포엽 뒤에서 긴 대롱 모양의 '꽃뿔'이 길게 나와 있다.

꽃봉오리는 잘 벌어지지 않으므로 햇빛을 자주 보여준다. 절화보존제를 사용해도 좋다.

홑꽃형 외에 겹꽃형도 있다.

새를 연상시키는 꽃이 앙증맞다. 짧게 잘라 나눠서 어레인지먼트의 빈 공간을 메운다.

Arrange memo
관상 기간: 5~7일
물올림: 물속 자르기
주의 사항: 물올림을 충분히 한 후에 꽂는다.
잘 어울리는 화재:
  레이스 플라워(49쪽)
  버플레움(75쪽)
드라이플라워
압화

Data
식물 분류: 미나리아재비과 콘솔리다속
원산지: 남유럽, 북아메리카, 아시아, 아프리카
일반명: 비연초
개화기: 5~7월
유통 길이: 약 50~60cm
꽃 크기: 소륜
꽃말: 명랑, 쾌활, 발랄
유통 시기

러시아 공꽃

Small globe thistle

봉오리 상태일 때는 은색을 띠며 전체적으로 가시 모양인데 작은 꽃들이 조밀하게 피면서 점차 청보라색으로 변한다. 여름에 어울리는 청량감 있는 이미지로 어레인지먼트에 사용하면 경쾌한 리듬감이 생긴다.
잎에는 가시가 있어 찔리면 통증을 유발할 수 있으니 주의한다. 잎 뒷면과 줄기에는 솜털이 촘촘하게 나 있어 흰빛을 띤다. 그대로 드라이플라워가 되기도 한다.

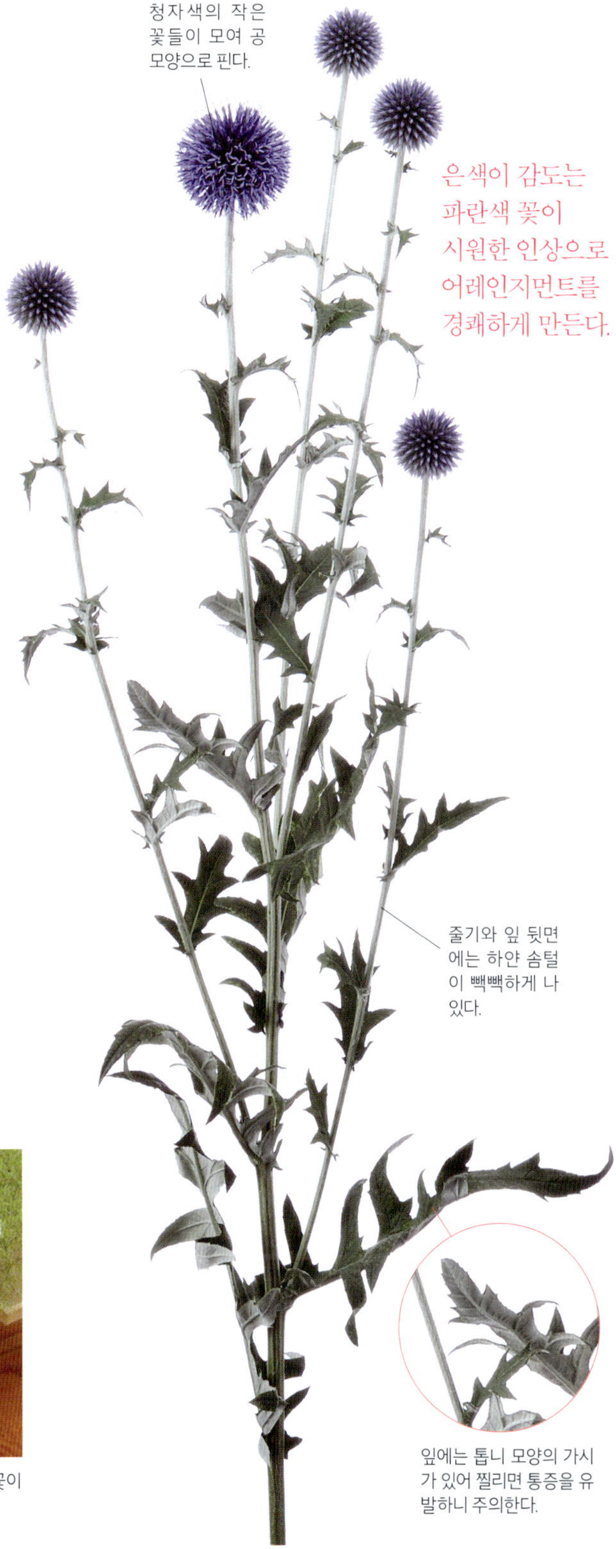
청자색의 작은 꽃들이 모여 공 모양으로 핀다.
은색이 감도는 파란색 꽃이 시원한 인상으로 어레인지먼트를 경쾌하게 만든다.
줄기와 잎 뒷면에는 하얀 솜털이 빽빽하게 나 있다.
잎에는 톱니 모양의 가시가 있어 찔리면 통증을 유발하니 주의한다.

Data

식물 분류: 국화과 절굿대속
원산지: 서아시아, 유럽 동남부
일반명: 리트로절굿대, 러시아 공꽃
개화기: 6~7월
유통 길이: 약 70~100cm
꽃 크기: 소륜
꽃말
예민, 의심, 권위, 독립
유통 시기

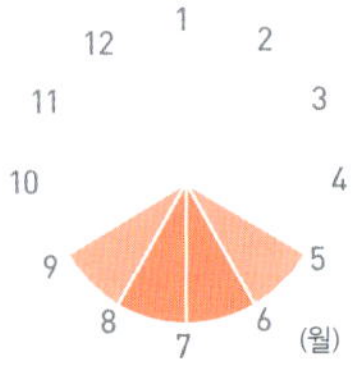
1
2
3
4
5
6
7
8
9
10
11
12
(월)

Arrange memo

관상 기간: 약 7일
물올림: 물속 자르기, 탄화처리
주의 사항: 목굽음 현상이 나타나기 쉬우므로 물올림을 충분히 해준다. 잎에 난 가시에 주의한다.
잘 어울리는 화재:
수국(87쪽)
용담(137쪽)

드라이플라워

어레인지먼트

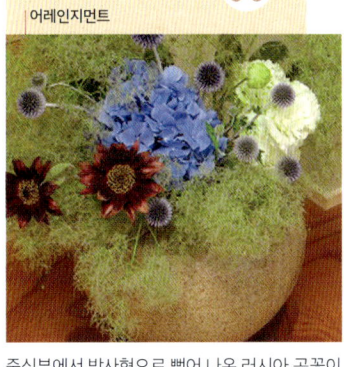

중심부에서 방사형으로 뻗어 나온 러시아 공꽃이 어레인지먼트의 악센트를 준다.

레우카덴드론

Leucadendron

남아프리카 원산의 이국적인 식물이다. 수많은 품종이 유통되며 색상이나 형태가 다양하다. 전체적으로 가늘고 긴 잎으로 뒤덮여 있으며 줄기 끝에 물든 꽃잎처럼 보이는 부분은 포엽이다. 이 포엽 중심부에 머리 모양처럼 보이는 둥근 부분이 꽃이다. 잎과 포엽은 광택이 있고 단단하며 수명이 긴 것도 특징적이다. 가지를 여러 개로 잘라 나눈 다음 연출한다.

중심부의 솔방울처럼 생긴 부분이 꽃이다.

꽃잎처럼 물든 부분은 포엽이다.

> 아름답게 물든 포엽이 마치 꽃잎 같다. 수명이 긴 것도 마음에 든다.

Arrange memo

- **관상 기간**: 약 14일
- **물올림**: 물속 자르기, 탄화처리
- **주의 사항**: 꽃을 때는 줄기를 자른 다음 나누어 사용한다.
- **잘 어울리는 화재**:
  - **리시안서스**(52쪽)
  - **프로테아**(191쪽)

드라이플라워

어레인지먼트

리시안서스와 장미 어레인지먼트에 포엽이 녹색인 레우카덴드론을 더한다.

실버스타

옐로

Data

- **식물 분류**: 프로테아과 레우카덴드론속
- **원산지**: 남아프리카
- **일반명**: -
- **개화기**: 연중
- **유통 길이**: 약 50~100cm
- **꽃 크기**: 중륜·대륜

꽃말
침묵의 사랑, 닫힌 마음을 열어주세요

유통 시기

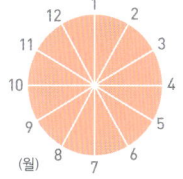
(월)

레우코코리네

Glory of the sun

가늘고 긴 유연한 줄기 끝에 별 모양의 귀여운 꽃이 방사형으로 여러 송이 달린다. 절화 형태로 유통된 시기는 1990년대로 비교적 새로운 꽃이다. 청아하고 기품 있는 자태로 인기를 끌고 있다. 꽃잎이 흰색과 청보라색으로 그라데이션된 품종을 비롯해 파란색과 보라색 계열, 최근에는 분홍색과 흰색 꽃도 유통되고 있다. 물올림이 좋으며 봉오리도 쉽게 개화한다. 달콤하고 강한 향기가 나는 품종과 그렇지 않은 품종으로 나뉜다.

흰색, 연분홍색, 청보라색 등 꽃의 색상이 다양하다.

줄기 끝에 별 모양의 꽃이 방사형으로 달린다.

Arrange memo

관상 기간: 3~5일
물올림: 물속 자르기
주의 사항: 개화가 끝난 꽃을 제거해 주면 봉오리도 쉽게 개화한다.
잘 어울리는 화재:
델피니움(35쪽)
아가판서스(109쪽)

어레인지먼트

큰 잎을 레우코코리네 뒤에 넣어주면 섬세한 꽃의 색상과 형태가 돋보인다.

꽃잎이 흰색과 청보라색으로 그라데이션되어 있다.

청아하고 기품 있는 자태와 달콤하고 강한 향기로 인기!

Data

식물 분류: 백합과 레우코코리네속
원산지: 남아메리카
일반명: -
개화기: 3~4월
유통 길이: 약 30~60cm
꽃 크기: 중륜
꽃말: 따뜻한 마음
유통 시기:

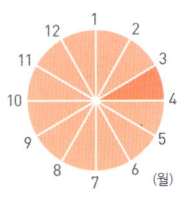

레이스 플라워

Bishop's weed

화이트 레이스 플라워

10~20개의 하얗고 작은 꽃들이 둥글게 모여 피는데, 줄기 끝에서 갈라져 나가 우산 형태로 펼쳐지는 모습은 마치 섬세한 레이스를 짜놓은 것 같다. 주화재가 되는 꽃은 아니지만, 어레인지먼트나 부케에 더하면 청량감 있고 로맨틱한 인상을 연출할 수 있다.
가지를 잘라 나눈 다음 길이를 일정하게 맞춰 꽂으면 아름답다. 잎은 탈수 현상이 쉽게 나타나므로 미리 제거한 후 꽂는다.

하얗고 작은 꽃들이 모여 줄기 끝에서 넓게 퍼져 핀다.

레이스를 짜놓은 듯한 흰색 꽃으로 로맨틱한 어레인지먼트를 연출하자.

잎이나 새순은 탈수 현상이 쉽게 나타나므로 꽂기 전에 제거한다.

가지를 잘라 나눈 레이스 플라워를 꽂을 때는 전체적으로 길이를 일정하게 맞춰야 아름답다.

Arrange memo

관상 기간: 3~7일
물올림: 물속 자르기, 열탕처리
주의 사항: 꽃가루가 떨어지기 쉬우므로 장식할 장소에 유의한다. 잎은 미리 제거한다.
잘 어울리는 화재:
아네모네(111쪽)
장미(147쪽)

드라이플라워

어레인지먼트

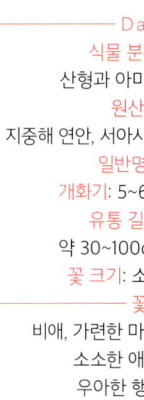

Data

식물 분류: 산형과 아미속
원산지: 지중해 연안, 서아시아
일반명: -
개화기: 5~6월
유통 길이: 약 30~100cm
꽃 크기: 소륜

꽃말
비애, 가련한 마음, 소소한 애정, 우아한 행동

유통 시기

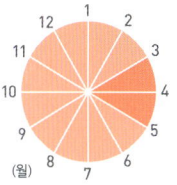

루드베키아

Cornflower

북아메리카가 원산지인 국화과 식물이다. 이름은 '루드베크Rudbeck'라는 스웨덴 식물학자의 이름에서 유래되었다. 한여름 무더위를 잘 견디며 들판이나 길가에서 노란색과 주황색 꽃을 피우고, 다양한 품종이 절화로 유통된다.

꽃 모양과 분위기가 비슷한 같은 국화과의 해바라기나 백일홍과 배합해 여름 분위기의 어레인지먼트나 부케를 만든다. 꽃 색과 모양이 조금씩 다른 루드베키아만 섞어서 꽃병이나 바구니에 자연스럽게 꽂아도 근사하다. 탈수 현상이 나타나면 깊게 담그기를 해야 생기를 되찾는다.

분위기가 비슷한 해바라기나 백일홍과 배합해 여름 분위기의 어레인지먼트를 만들어보자.

Arrange memo

- **관상 기간**: 약 7일
- **물올림**: 물속 자르기
- **주의 사항**: 탈수 현상이 나타나면 신문지로 싸서 깊게 담그기를 한다.
- **잘 어울리는 화재**:
  - **백일홍**(70쪽)
  - **해바라기**(195쪽)

드라이플라워 압화

국화과 식물 특유의 대롱꽃. 대개 중심부가 크고 봉긋하게 솟아오른다.

작은 꽃봉오리는 대개 피지 않으므로 제거하고 꽂는다.

Data

- **식물 분류**: 국화과 원추천인국속
- **원산지**: 북아메리카
- **일반명**: 원추천인국
- **개화기**: 7~10월
- **유통 길이**: 약 20~100㎝
- **꽃 크기**: 중륜
- **꽃말**: 공평, 정의, 분명한 태도

유통 시기

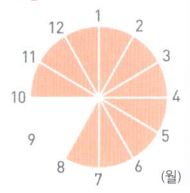

루 피 너 스
Lupine

정원화로 친숙했던 루피너스가 최근 절화로도 인기다. 콩과 식물을 연상시키는 등나무 꽃과 닮은 작은 꽃이 이삭 형태를 이루며 핀다. 등나무 꽃은 위에서 아래로 늘어져 피는 것에 비해 루피너스는 밑에서 위로 피어 올라간다. 형형색색의 루피너스만 혼합해 미니 부케를 만들어도 좋다. 물론 일종꽃이로 화기에 꽂아도 근사하다. 꽃이 잇따라 떨어지므로 개화가 끝난 꽃은 바로 제거한다.

정원화로 친숙한 꽃이다. 형형색색의 꽃으로 미니 부케를.

등나무 꽃과 닮은 작은 꽃이 아래쪽부터 차례대로 피어 올라간다.

줄기와 잎은 희고 부드러운 털로 뒤덮여 있다.

어레인지먼트

Arrange memo
관상 기간: 5~7일
물올림: 물속 자르기, 깊게 담그기, 열탕처리
주의 사항: 탈수 현상이 쉽게 나타나므로 물올림을 충분히 한다.
잘 어울리는 화재:
블루스타(82쪽)
스카비오사(95쪽)

클래식한 모양의 물통에 노란색 루피너스를 꽂는다. 앞쪽의 그린 화재는 레몬 잎이다.

Data
식물 분류: 콩과 가는잎미선콩속
원산지: 남북아메리카, 지중해 연안, 남아프리카
일반명: 층층이부채꽃
개화기: 5~6월
유통 길이: 약 20~50cm
꽃 크기: 소륜
꽃말: 많은 동료, 모성애
유통 시기

리시안서스

Prairie gentian

리시안서스는 품종 개량으로 수많은 종류가 1년 내내 유통된다. 꽃 색이 풍부하고 하늘하늘한 꽃잎이 사랑스럽다. 장미형이나 프린지형 등 화려한 품종이 많은 것이 매력적이다. 게다가 물올림이 좋고 꽃의 수명도 길며 가격까지 저렴한 편이어서 인기가 좋다.
주로 스프레이 형태로 유통되므로 줄기를 잘라 나누어서 사용하면 어레인지먼트에 양감을 더할 수 있다. 꽃줄기를 중간에 절단한 부분은 개화 가능성이 없는 봉오리를 미리 제거한 것이다.

꽃봉오리도 귀엽다. 꽃 색이 보이기 시작한 봉오리는 대부분 개화한다.

개화하면서 꽃술이 보이기 시작한다.

가장 바깥쪽 꽃잎에 주름이 없는 것을 고르면 신선도가 높다.

어떤 어레인지먼트에도 잘 어울리는 다채로운 색상과 종류가 매력적이다.

Arrange memo

관상 기간: 약 5일
물올림: 물속 자르기
주의 사항: 잎의 밑부분이 쉽게 꺾이므로 다룰 때 조심한다.
잘 어울리는 화재:
　버플레움(75쪽)
　장미(147쪽)

| 어레인지먼트

Data

식물 분류: 용담과 유스토마속
원산지: 북아메리카
일반명: 꽃도라지
개화기: 6~8월
유통 길이: 약 20~90cm
꽃 크기: 중륜
꽃말: 우아하고 아름다움, 즐거운 대화, 희망, 싱그러운 아름다움
유통 시기:

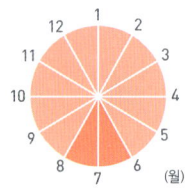
(월)

형형색색의 리시안서스를 한데 모아 묶은 후 바구니 안에 놓은 작은 화기에 꽂는다.

아이스크림처럼 돌돌 말린 꽃봉오리가 앙증맞다.

곁가지를 미리 절단한 경우도 많다.

에클레어

리시안서스 품종 카탈로그

'유키보탄'은 겹꽃형 흰색 꽃이 많이 달린다.

'실크 라벤더'는 부드러운 라벤더색이며 장미 형태로 핀다.

겹꽃형 '무스 그린'은 꽃잎에 자잘한 톱니가 있다.

'보이지 옐로'는 밝은 크림색을 띤다.

리시안서스 품종 카탈로그

'무스 아프리콧'은 살구빛 꽃잎에 자꾸 눈길이 간다.

화려한 '무스 티아라 핑크'는 어레인지먼트의 주인공으로 손색없다.

최근 가장 인기 좋은 리시안서스는 바로 '클라리스 핑크'다.

'무스 망고'는 카네이션 형태로 호화롭게 핀다.

'카르멘 루즈'는 봉오리가 벌어지면 색이 짙어진다.

'마호로바 블루 플래시'는 흰색과 보라색의 이중색이 아름답다.

'마호로바 라벤더'는 흰색과 라벤더색의 이중색을 띤다.

어레인지먼트

녹색 리시안서스는 아스터나 스위트피 등의 흰색 꽃과 배합해 꽂는다.

리시안서스 품종 카탈로그

'앰버 더블 마롱'은 꽃잎의 앞뒷면 색상이 다르다.

'피코로사 그린'은 꽃이 피면 녹색에서 흰색으로 변한다.

'더블 와인'은 꽃잎 안쪽이 짙은 와인색을 띤다.

'무스 블루'는 겹꽃형으로 화려하다.

마거리트

Paris daisy, Marguerite

꽃 이름을 잘 모르는 사람이라도 꽃잎을 하나씩 떼어 점을 치는 사랑점 꽃이라고 하면 생각날 것이다. 정원화나 분화로 인기가 높다. 청초한 흰색 꽃이 만인에게 사랑받는 것 같다.

홑꽃형 흰색 꽃이 일반적이지만, 품종 개량도 활발해 겹꽃형이나 분홍색, 주황색, 노란색 등의 꽃이 속속 등장하고 있다. 꽃이 많이 달리며 송이가 작은 종류도 인기가 있다.

불필요한 잎을 솎아내고 물올림을 충분히 해주면 작은 봉오리도 꽃을 피운다.

홑꽃형 흰색 꽃이 일반적이다.

Arrange memo

관상 기간: 7~10일
물올림: 물속 자르기, 열탕처리, 탄화처리
주의 사항: 잎을 적당히 제거해주면 물올림이 좋아진다.
잘 어울리는 화재:
숙근 스위트피(91쪽)
튤립(180쪽)

어레인지먼트

심플한 유리 화기에 마거리트를 꽂아 햇빛이 잘 드는 창가에 장식한다.

잎은 깊게 갈라져 있다.

청초한 흰색 꽃이 만인에게 사랑받는다. 품종 개량도 활발하다.

Data
식물 분류: 국화과 쑥갓속
원산지: 카나리아 제도
일반명: 나무쑥갓
개화기: 3~4월
유통 길이: 약 30~60cm
꽃 크기: 중륜

꽃말
사랑점, 사랑의 행방, 성실, 진실한 우정, 마음속에 간직한 사랑

유통 시기

마타리

Patrinia

가을을 대표하는 초화류 중 하나로 일본에서는 고대 시가집 인《만엽집》에도 등장할 만큼 예로부터 친숙한 식물이다. 줄기 끝에 달린 노란색의 작은 꽃들은 조의 낟알처럼 보이기도 한다. 동양 꽃이라는 이미지가 강하지만, 서양풍으로 사용할 수 있다. 독특한 냄새가 나므로 과도하게 사용하지 않도록 주의한다.

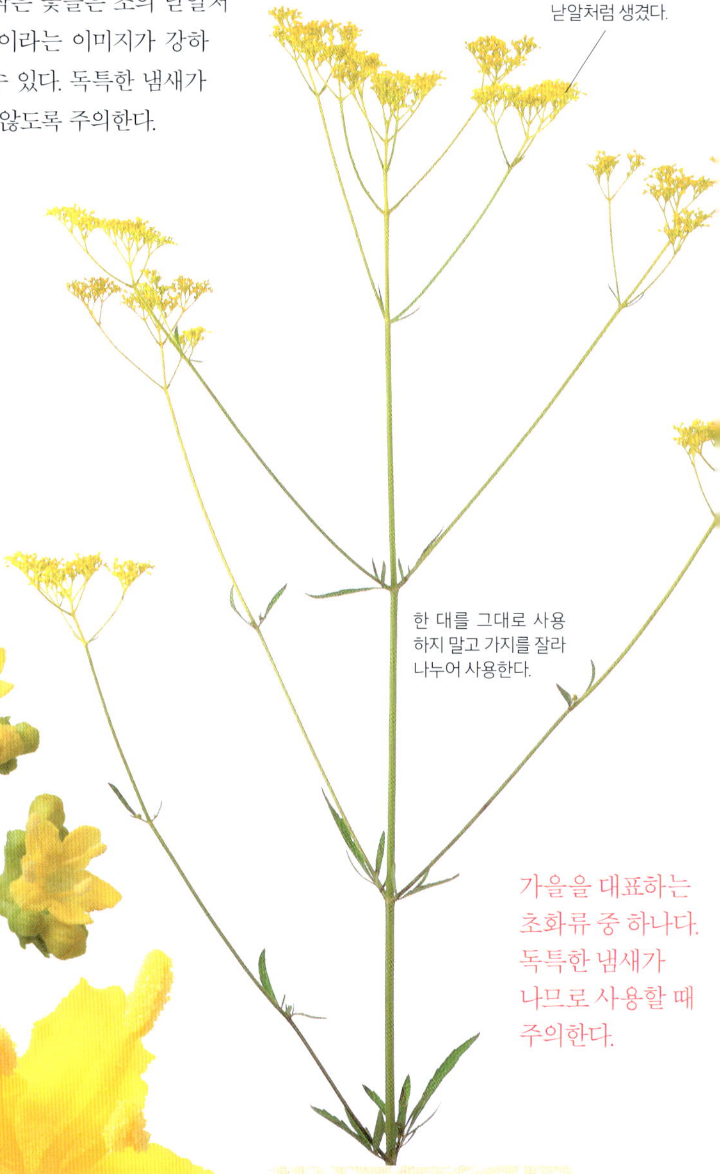

노란색 꽃이 조의 낟알처럼 생겼다.
한 대를 그대로 사용하지 말고 가지를 잘라 나누어 사용한다.

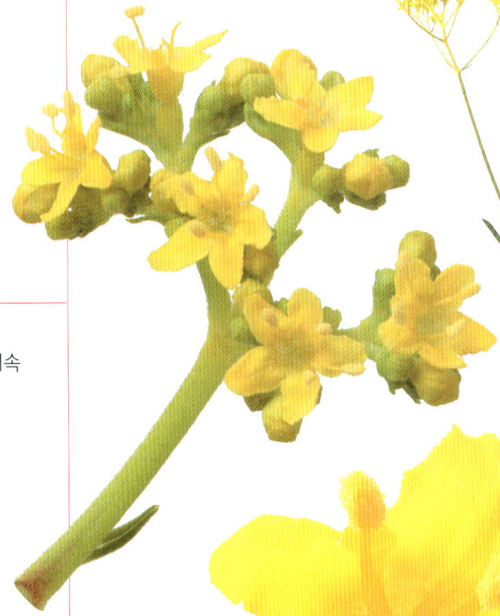

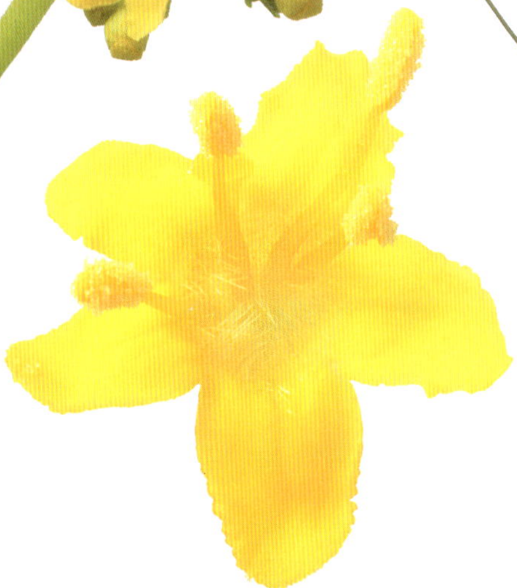

가을을 대표하는 초화류 중 하나다. 독특한 냄새가 나므로 사용할 때 주의한다.

Data

식물 분류:
마타리과 마타리속

원산지:
일본, 동아시아

일반명:
마타리, 가양취

개화기: 8~10월

유통 길이:
약 60~100cm

꽃 크기: 소륜

꽃말
친절, 미인, 덧없는 사랑, 영원, 인내, 약속

유통 시기

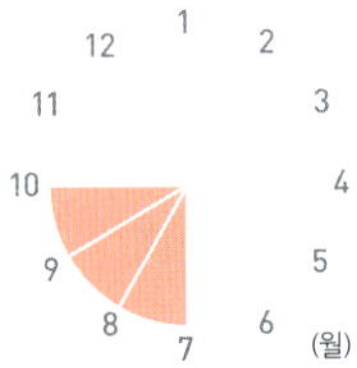

1
2
3
4
5
6
7
8
9
10
11
12
(월)

Arrange memo

관상 기간: 5~7일

물올림: 물속 자르기, 열탕처리

주의 사항: 물에서 냄새가 나므로 매일 갈아준다.

잘 어울리는 화재:

도라지(37쪽)

홍화(200쪽)

마트리카리아 피버퓨

Feverfew

지름 1~2cm 크기의 수많은 작은 꽃이 가지가 갈라진 가는 줄기 끝에 달린다. 홑꽃형 흰색 꽃이 대중적이며, 반겹꽃형이나 겹꽃형, 폼폰형, 노란색 꽃이 달리는 품종 등도 있다. 홑꽃형 꽃은 허브인 캐모마일(카밀레)과 흡사하지만, 잎 모양이 다르다. 귀엽고 분위기가 있어 가지를 잘라 나누어서 어레인지먼트나 부케의 빈 공간을 메우기에 적합하다. 탈수 현상이 쉽게 나타나므로 불필요한 잎을 제거하고 물올림을 충분히 한 후에 사용한다. 꽃에서는 국화와 비슷한 강한 향이 난다.

작은 꽃에서 강한 향이 난다.

잎은 깊게 갈라져 있다.

귀여운 흰색 꽃이 스프레이 형태로 달리는 마트리카리아!

어레인지먼트

입구가 넓은 유리잔에 소량을 꽂을 때는 꽃을 한쪽으로 모아주면 균형이 잡힌다.

Arrange memo

관상 기간: 3~7일
물올림: 물속 자르기, 열탕처리
주의 사항: 줄기는 쉽게 꺾이고 잎은 쉽게 손상되므로 다룰 때 주의한다. 불필요한 잎은 제거하고 물올림을 충분히 해준다.
잘 어울리는 화재:
루피너스(51쪽)
스트로베리 캔들(103쪽)

Data

식물 분류: 국화과 쑥국화속
원산지: 지중해 연안, 서아시아
일반명: 화란국화
개화기: 5~7월
유통 길이: 약 30~90cm
꽃 크기: 소륜

꽃말
연정, 인내, 관용, 한자리에 모인 기쁨, 즐거움

유통 시기

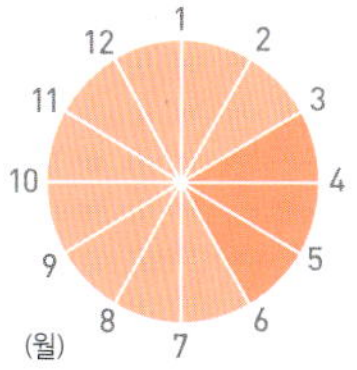

매리골드
Marigold

노란색이나 주황색의 비비드컬러로 화단을 물들이는 꽃으로 절화도 유통되고 있다. 길이가 길고 꽃도 큰 아프리카 계열과 길이가 짧고 송이가 작은 프렌치 계열 2종류가 있다. 최근에는 흰색이나 크림색 같은 연한 색상의 꽃이나 홑꽃형 같은 희귀한 품종도 나온다.

대형 꽃이 달리는 아프리카 계열은 줄기 속이 비어 있어 꽃잎 밑부분이 쉽게 꺾이므로 다룰 때 주의한다. 독특하면서도 강한 향을 풍기므로 과도하게 쓰지 않는다.

> 비비드컬러가 인상적이다.
> 향이 강하므로 과도하게
> 사용하지 않는다.

겹꽃형으로 둥글게 피는 종류가 주류를 이룬다.

잎에서 강한 향이 난다.

Data
- 식물 분류: 국화과 천수국속
- 원산지: 멕시코
- 일반명: 만수국, 천수국
- 개화기: 4~10월
- 유통 길이: 약 15~80cm
- 꽃 크기: 중륜·대륜
- 꽃말: 가련한 애정, 우정, 용감한 사람, 예언, 건강, 질투, 절망
- 유통 시기

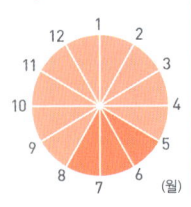

Arrange memo
- 관상 기간: 5~10일
- 물올림: 물속 자르기, 열탕처리
- 주의 사항: 향이 강하므로 과도하게 사용하지 않는다.
- 잘 어울리는 화재:
  칼라(166쪽)
  해바라기(195쪽)

드라이플라워

어레인지먼트

동색인 노란색 칼라와 헬레니움을 배합한 부케다. 밝은 그린 화재를 더한다.

맨드라미

Cockscomb, Wool flower

원예용으로 오랫동안 사랑받아온 꽃이지만 최근에는 절화용으로 인기가 있다. 꽃의 색상도 풍부해져 각종 어레인지먼트에 애용되는 화재다.
형태나 크기가 다양하다. 크게 4가지 계통으로 나눌 수 있는데, 벨벳 같은 질감의 꽃이 밀집해 공 형태를 이루는 쿠루메 계통이나 닭 볏 같은 형태를 이루는 크리스타타 계통, 송이 형태로 꽃이 달리는 플루모사 계통, 이삭 형태를 이루는 칠드시 계통이다. 아마란서스(112쪽)는 칠드시 계통의 일종이다.

꽃은 곰팡이가 쉽게 생기므로 물이 닿지 않도록 주의한다.

벨벳 같은 질감의 꽃이 닭 볏 형태로 달린다.

깃털맨드라미(플루모사 계통)

봄베이 그린(크리스타타 계통)

어레인지먼트

Arrange memo

관상 기간: 5~7일
물올림: 물속 자르기
주의 사항: 꽃은 젖거나 습하면 곰팡이가 쉽게 생기므로 주의한다.
잘 어울리는 화재:
다알리아(31쪽)
장미(147쪽)

드라이플라워

클래식한 분위기가 나는 화기에 맨드라미와 다알리아를 꽂는다. 잎은 조금만 남겨 꽃의 얼굴이 돋보이도록 한다.

따스함이 느껴지는 독특한 질감이 인기다. 개성적인 어레인지먼트에도 잘 어울린다.

봄베이 레드 (크리스타타 계통)

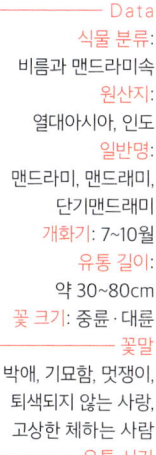

Data
식물 분류:
비름과 맨드라미속
원산지:
열대아시아, 인도
일반명:
맨드라미, 맨드래미, 단기맨드라미
개화기: 7~10월
유통 길이:
약 30~80cm
꽃 크기: 중륜·대륜

꽃말
박애, 기묘함, 멋쟁이, 퇴색되지 않는 사랑, 고상한 체하는 사람

유통 시기

모나르다 베르가못
Monarda, wild bergamot

모나르다는 여름에 붉은색, 분홍색, 보라색 등의 꽃을 피운다. 향이 상큼한 품종이 있는데 그 향이 감귤류의 베르가못 향과 비슷해 '베르가못'이라고도 부른다.
꽃잎처럼 보이는 것은 포엽이다. 방사형으로 퍼지면서 안에서 꽃술이 튀어나온다. 허브 종류와 배합한 자연스러운 분위기의 어레인지먼트가 어울린다. 탈수 현상이 나타나기 쉬우므로 시들면 열탕처리를 한다.

꽃잎처럼 보이는 것은 포엽이다. 그 안에서 꽃술이 튀어나온다.

감귤류의 향을 지닌 품종이 인기다. 자연 그대로 소박한 분위기의 어레인지먼트에 좋다.

잎이 싱싱한 것을 고른다.

Data
식물 분류: 꿀풀과 모나르다속
원산지: 북아메리카
일반명: -
개화기: 6~9월
유통 길이: 약 50~70㎝
꽃 크기: 중륜
꽃말: 타오르는 그리움, 평온함, 풍부한 감수성
유통 시기

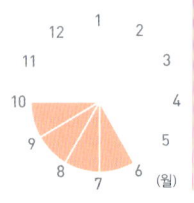

Arrange memo
관상 기간: 5~7일
물올림: 물속 자르기, 열탕처리
주의 사항: 탈수 현상이 나타나면 열탕처리를 해 물올림을 수월하게 한다.
잘 어울리는 화재:
 맨드라미(61쪽)
 민트(253쪽)
 센티드 제라늄(255쪽)

드라이플라워 포푸리 정유

모카라
Mokara

품종이 다양한 난 중에서도 최근 인기를 끄는 것은 '모카라'다. 반다속, 아라크니스속, 아스코센트룸속의 난 3종을 교잡해 만든 인공종으로 주로 동남아시아에서 절화 상태로 수입된다. 노란색이나 오렌지색, 보라색, 핑크색 등 선명한 색상이 많고 꽃의 수명이 길며 가격도 부담 없는 편이다. 그대로 꽂아 화려함을 연출하거나 꽃 몇 송이를 물에 띄워도 멋스럽다. 물을 자주 갈아주고 줄기를 재절단하면 오랫동안 관상할 수 있다.

색상이 선명하고 수명이 긴 꽃이다. 가격도 부담이 없어 가볍게 즐길 수 있는 난이다.

Arrange memo

관상 기간: 7~14일
물올림: 물속 자르기, 열탕처리
주의 사항: 추위에 약하므로 겨울철에는 따뜻한 장소에 둔다. 건조해지지 않도록 꽃 뒤쪽에서 분무기로 수분을 보충한다.
잘 어울리는 화재:
거베라(12쪽)
반다(68쪽)

어레인지먼트

잎끝을 말아 넣은 드라세나에 2가지 색상의 모카라와 나무딸기 잎을 꽂아 연출한 모습이다.

한 대의 줄기에 많은 꽃이 달린다.

꽃은 건조한 환경에 약하므로 분무기로 수분을 보충한다.

꽃의 중심부에 난 특유의 작은 입술꽃잎이 있다.

Data

식물 분류: 난초과 모카라속
원산지: 열대아시아, 오스트레일리아
일반명: -
개화기: 7~11월
유통 길이: 약 20~30cm
꽃 크기: 중륜

꽃말
우아하고 아름다움, 우아함, 기품, 미인

유통 시기

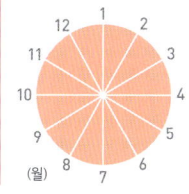
(월)

무스카리 포도히아신스

Grape hyacinth

작은 포도송이처럼 귀여운 꽃들이 줄기 끝에 달린다. 히아신스의 근연종인 구근식물로 영명은 '그레이프 히아신스'다. 무스카리라는 이름은 사향과 비슷해 붙여진 듯하다. 꽃이 산뜻하고 강한 향을 지닌 품종도 있다. 파란색 계열이나 흰색, 녹색에 가까운 색상도 유통되지만, 가장 무스카리다운 색상을 꼽으라면 역시 파란색이다. 색조도 다양해 달콤한 분위기 나는 봄빛 부케 등에 악센트가 된다.

초봄을 알리는 구근식물로, 파란색 빛깔이 아름다우며 강한 향을 지닌 품종도 있다.

Arrange memo

관상 기간: 5~7일
물올림: 물속 자르기
주의 사항: 꽃과 꽃 사이에 빈틈이 없는 신선한 것을 고른다.
잘 어울리는 화재:
수선화(90쪽)
아네모네(111쪽)

Data

식물 분류:
백합과 무스카리속
원산지:
지중해 연안, 남서아시아
일반명: -
개화기: 3~4월
유통 길이:
약 10~30cm
꽃 크기: 소륜
꽃말
관대한 사랑, 실망, 말하지 않아도 통함, 나의 마음, 실의

유통 시기

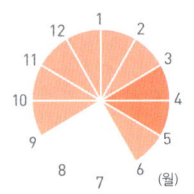

3~5mm 되는 작은 꽃들이 줄기 끝에서 나란히 핀다.

녹색이 감도는 색상도 인기다.

물망초

Forget me not

영명인 '포겟 미 낫(나를 잊지 말아요)'은 연인을 위해 이 꽃을 꺾으려다 도나우강 급류에 휘말린 청년이 마지막으로 이 말을 남겼다는 전설에서 유래되었다. 그것이 그대로 우리말로 번역되어 '물망초'가 되었다. 꽃잎의 투명한 파란색과 꽃 중앙의 노란색이 이루는 조화가 인상적이다. 밝은 녹색 잎과도 잘 어울린다. 작은 봄꽃들을 모아놓은 소형 어레인지먼트의 포인트 색으로 사용한다. 탈수 현상이 쉽게 나타나므로 열탕처리하는 것이 좋다.

하늘처럼 파란 빛깔이 인상적이다.
귀여운 꽃을 부각시켜
소형 어레인지먼트에
포인트 색으로!

꽃잎의 투명한 하늘색과 중심부의 노란색이 인상적이다.

꽃이 잎에 묻히기 쉬우므로 잎을 정리한 후 사용한다.

Arrange memo

- 관상 기간: 2~5일
- 물올림: 열탕처리
- 주의 사항: 꽃이 지면 잇따라 떨어지므로 시든 꽃은 수시로 떼어낸다. 탈수 현상이 쉽게 나타나므로 물올림을 충분히 한다.
- 잘 어울리는 화재:
  - **무스카리**(64쪽)
  - **스트로베리 캔들**(103쪽)

Data

- 식물 분류: 지칫과 개꽃마리속
- 원산지: 유럽, 아시아
- 일반명: 물망초
- 개화기: 3~6월
- 유통 길이: 약 15~30cm
- 꽃 크기: 소륜
- 꽃말: 나를 잊지 말아요, 진실한 사랑
- 유통 시기: (월)

미국수국 아나벨리

Hydrangea 'Annabelle'

수국(87쪽)의 근연종이며 일반 수국에 비해 꽃 하나하나가 작고 잎과 줄기도 가녀린 인상을 준다. 작은 꽃들이 모여 15cm 정도 크기의 둥근 공 모양으로 핀다. 개화하면서 녹색에서 연녹색, 크림색, 순백색으로 변해가는 모습이 형용할 수 없는 기품을 자아낸다.

수국 중에서 드물게 '한결같은 사랑'이라는 꽃말을 갖고 있어서 선물용 부케로도 사랑받는다.

개화하면서 녹색에서 연녹색, 흰색으로 점차 변한다.

일반 수국보다 잎이 얇고 작다.

개화하면서 꽃이 녹색에서 순백색으로 변해간다.

Data

식물 분류: 범의귀과 수국속
원산지: 북아메리카
일반명: 미국수국
개화기: 5~7월
유통 길이: 약 40~80cm
꽃 크기: 소륜 (꽃송이는 대륜)
꽃말: 한결같은 사랑
유통 시기

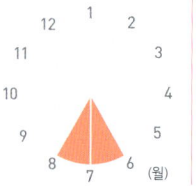

Arrange memo

관상 기간: 5~7일
물올림: 물속 자르기, 탄화처리, 줄기 쪼개기
주의 사항: 탈수 현상이 쉽게 나타나므로 물올림을 충분히 한 후 꽂는다.
잘 어울리는 화재:
에린기움(129쪽)
페룰라투스 등대꽃나무(229쪽)

미야코와스레

Gymnaster

13세기 무렵 조큐의 난에서 패해 사도로 유배된 준토 쿠인이 이 꽃을 보고 위안을 받아 고향을 잊겠다고 다짐했다는 설이 있다. 이후 고향을 잊는다는 의미의 '미야코와스레'라는 이름이 붙었다.
단아한 자태에 기품이 있으므로 꽃의 색상과 형태를 살려 깔끔하게 연출해야 어울린다. 가지류나 들풀 같은 화재와도 잘 어울린다.
튼튼하고 물올림이 좋다. 작은 봉오리를 제거한 후 꽂으면 꽃 색이 보이기 시작한 봉오리까지 개화한다.

> 단아한 자태에 기품이 있으며 튼튼하고 물올림도 좋다. 깔끔하고 청초한 분위기로 연출하자.

꽃이 줄기 끝에 여러 개 달린다.

잎의 가장자리는 톱니 모양으로 돌출되어 있다.

Arrange memo

- 관상 기간: 3~5일
- 물올림: 물속 자르기, 열탕처리
- 주의 사항: 줄기가 튼튼한 것을 고르면 오랫동안 관상할 수 있다. 불필요한 잎과 단단하고 작은 봉오리는 제거한다.
- 잘 어울리는 화재:
  - **공조팝나무**(206쪽)
  - **물망초**(65쪽)

Data

- 식물 분류: 국화과 참취속
- 원산지: 일본
- 일반명: -
- 개화기: 4~6월
- 유통 길이: 약 20~50cm
- 꽃 크기: 중륜

꽃말
이별, 잠깐의 휴식, 강한 의지

유통 시기

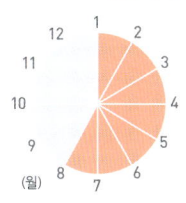

반다

Vanda

'반다'라는 이름은 산스크리트 '반다카Vandaka'에서 유래되었다. '휘감겨 붙다'라는 뜻이다. 동남아시아 등지에서는 높은 나무에 휘감겨 붙어 생식해 그렇게 불리게 된 듯하다.
품종이 다양하지만, 보라색의 그물코 무늬가 있는 품종이 절화로 주로 유통된다. 난 종류 가운데 보기 드문 청색이 감도는 보라색이 인기다. 열대성 그린 화재를 더해 심플하고 개성적인 어레인지먼트를 즐겨보자.

두껍고 큰 꽃이 잇따라 핀다.

보라색의 그물코 무늬가 특징이다.

난 종류 가운데 보기 드문 꽃 색과 그물코 무늬가 인기!

Arrange memo

관상 기간: 10~15일
물올림: 물속 자르기
주의 사항: 개화가 끝난 꽃을 수시로 제거하면 오랫동안 관상할 수 있다.
잘 어울리는 화재:
수국(87쪽)
스틸 그라스(258쪽)

어레인지먼트

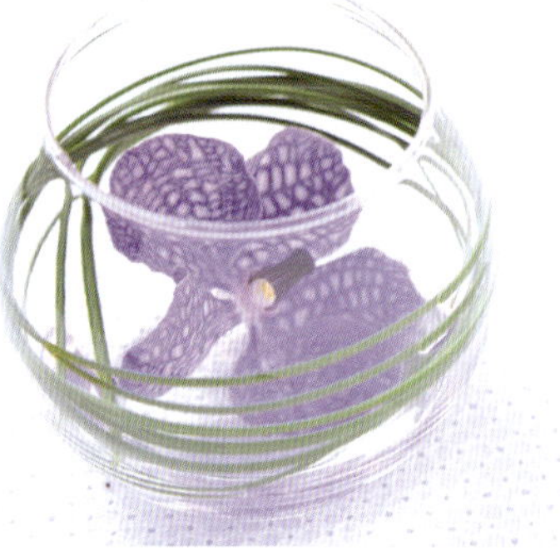

Data

식물 분류:
난초과 반다속
원산지:
열대아시아, 오스트레일리아
일반명: -
개화기: 6~7월
유통 길이:
약 15~100cm
꽃 크기: 중륜·대륜
꽃말
우아함,
품격 있는 아름다움
유통 시기

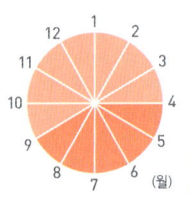

유리 화기의 안쪽 벽면을 따라 스틸 그라스를 넣은 후 반다 한 송이를 물에 띄운다.

꽃잎은 가늘고 길며 꽃은 조금 작은 품종이다.

방크시아

Banksia

오스트레일리아가 원산지로 야생화의 아름다움을 느낄 수 있는 식물이다. 대부분 오스트레일리아나 남아프리카 등에서 수입한 것이 유통된다. 방크시아속은 70~80종이나 되는데, 주로 사진의 '방크시아 프리오노트'나 두상 화서가 브러시처럼 생긴 '방크시아 코키네아'가 유통된다.

작은 꽃이 모여서 큰 두상 화서를 이룬다. 한 대만 장식해도 근사하지만, 열대 분위기의 어레인지먼트나 부케에도 잘 어울린다. 원래 수분이 적어서 그대로 드라이플라워가 된다. 오랫동안 즐길 수 있는 절화다.

작은 꽃이 모여서 돔 형태나 타원형의 커다란 머리 모양꽃차례를 이룬다.

가는 잎의 가장자리는 들쑥날쑥하고 뾰족하다.

어레인지먼트를 만들 때 줄기를 짧게 자르면 잘 고정된다.

개성이 강한 오스트레일리아 원산의 야성적인 꽃.

방크시아 프리오노트

Arrange memo

관상 기간: 약 14일
물올림: 물속 자르기, 탄화처리
주의 사항: 어레인지먼트를 만들 때 줄기를 짧게 잘라서 사용하면 잘 고정된다.
잘 어울리는 화재:
레우카덴드론(47쪽)
스트렐리치아(102쪽)

드라이플라워

Data

식물 분류: 프로테아과 방크시아속
원산지: 오스트레일리아
개화기: 연중
유통 길이: 약 30~80cm
꽃 크기: 대륜

꽃말
기분 좋은 고독, 용기 있는 사랑

유통 시기
(월)

백일홍 지니아

Common zinnia

여름철 뜨거운 햇볕 아래에서 오랜 기간 꽃이 피어서 '백일홍'이라고 부른다. 최근 품종이나 꽃 색이 다양해졌으며, 꽃잎의 끝부분이 뾰족한 것부터 폼폰형, 겹꽃형 등 종류도 다양하다. 채도가 낮은 연한 색이나 복합색 등은 세련된 분위기의 절화로 인기가 많다.

색과 화형이 다양하다. 꽃의 수명이 길어서 '백일홍'이라고 부른다.

줄기 속이 비어서 잘 꺾이고, 탈수 현상이 나타나기 쉽다.

불필요한 잎은 떼어내고, 얕은 물에 꽂는다.

페르시안카페트

캔디 팝

Data
- **식물 분류:** 국화과 백일홍속
- **원산지:** 멕시코, 남아메리카, 북아메리카
- **일반명:** 백일초, 백일홍
- **개화기:** 7~10월
- **유통 길이:** 약 50~70cm
- **꽃 크기:** 중륜
- **꽃말:** 인연, 멀리 있는 벗을 그리워한다, 변하지 않는 마음

유통 시기

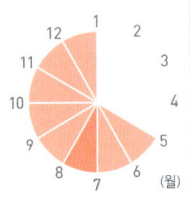
(월)

Arrange memo
- 관상 기간: 5~10일
- 물올림: 물속 자르기
- 주의 사항: 물올림이 나쁜 편이므로 물속 자르기를 하고 깊게 담그기를 한 후에 꽂는다.
- 잘 어울리는 화재:
  - **안스리움**(121쪽)
  - **에키나시아**(130쪽)

드라이플라워

백합

Lily

예로부터 미인의 자태를 형용하는 꽃으로도 유명하다. 절화로 유통되는 것은 사방으로 넓게 피는 대륜종인 오리엔탈하이브리드 계통, 튼튼하고 성장이 빠른 LA하이브리드 계통, 노란색과 주황색 대륜이 많은 OT하이브리드 계통, 헨리백합, 산나리, 나팔나리 등 원종 계통으로 크게 나뉜다. 향이 강하고 우아하고 화려하며 순백색의 큰 꽃이 달리는 '카사블랑카'나 '콘스탄스'는 오리엔탈하이브리드 계열의 대표종이다.

신부 부케의 화재로도 인기 있다. 부케에 사용할 때는 꽃가루가 꽃잎에 묻지 않도록 꽃밥을 미리 제거한다. 개화할 때까지 시간이 걸리므로 당일에 꽃이 벌어지도록 시간을 잘 조절한다.

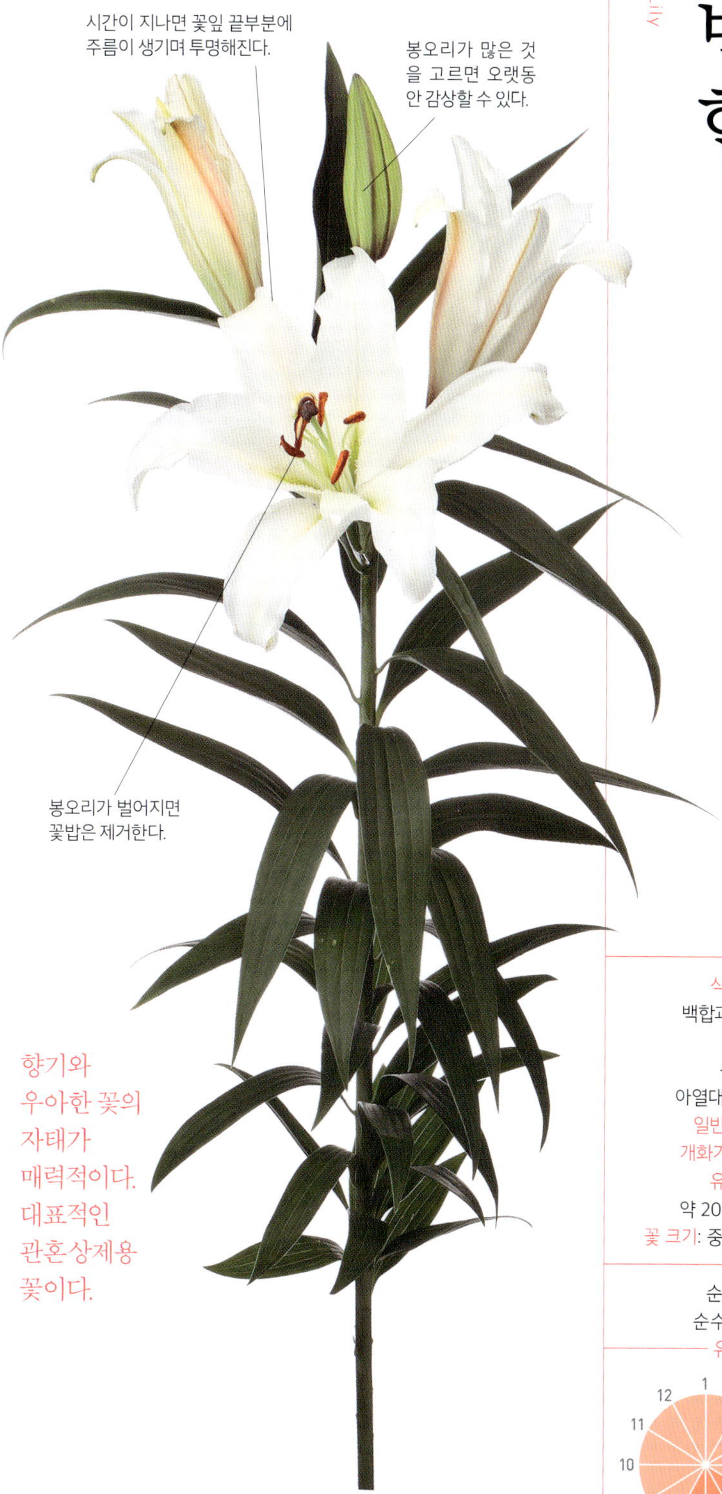

시간이 지나면 꽃잎 끝부분에 주름이 생기며 투명해진다.
봉오리가 많은 것을 고르면 오랫동안 감상할 수 있다.
봉오리가 벌어지면 꽃밥은 제거한다.

콘스탄스
(오리엔탈하이브리드 계통)

향기와 우아한 꽃의 자태가 매력적이다. 대표적인 관혼상제용 꽃이다.

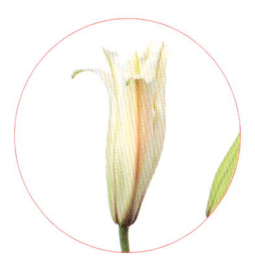

대부분의 봉오리가 개화하므로 봉오리가 많은 것을 고른다.

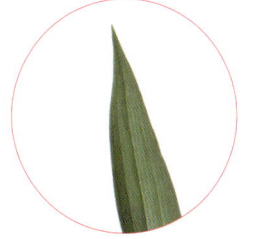

잎의 끝부분까지 탄력이 있고 생기 있는 것이 신선하다.

Data

식물 분류: 백합과 백합속

원산지: 북반구의 아열대~아한대

일반명: 백합

개화기: 5~8월

유통 길이: 약 20~100cm

꽃 크기: 중륜 · 대륜

꽃말

순결, 위엄, 순수, 자존심

유통 시기

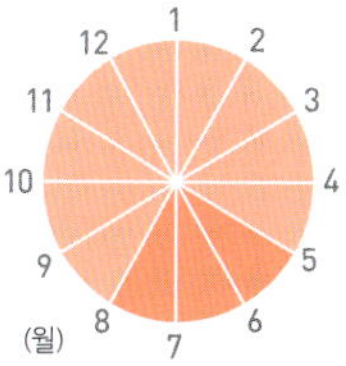

1
2
3
4
5
6
7
8
9
10
11
12
(월)

품종 카탈로그

백합 품종 카탈로그

오리엔탈 하이브리드 계통

꽃잎 가장자리의 흰색이 중심부의 빨간색을 부각시키는 '파라데로'는 양감이 좋다.

'월케어 베르디'는 분홍색과 흰색의 그라데이션이 아름답다.

'카사블랑카'에 필적하는 '크리스탈 블랑카'는 고급스러운 흰 백합이다.

진분홍색 꽃이 위를 향해 피는 '타란고'는 꽃잎이 단단하다.

분홍색에 흰색이 약간 들어간 '로비나'는 꽃이 대형이고 우아하다.

흰 바탕에 연분홍색이 들어간 '소르본느'는 존재감이 있고 화려하다.

Arrange memo

- 관상 기간: 7~10일
- 물올림: 물속 자르기
- 주의 사항: 꽃밥은 옷에 묻으면 잘 지워지지 않으므로 미리 제거해둔다.
- 잘 어울리는 화재:
  하이브리드 계통
  다알리아(31쪽)
  리시안서스(52쪽)
  원종 계통
  꼬리풀(24쪽)
  페룰라투스 등대꽃나무(229쪽)

어레인지먼트

분홍색 백합이 주연이다. 봉오리는 높게, 꽃은 낮게 꽂으면 균형이 잡힌다. 삼각형으로 꽂아야 한다.

원종 계통

나팔처럼 생긴 흰 꽃이 옆을 향해 피는 '나팔나리'는 청초함이 매력적이다.

OT 하이브리드 계통

노란색 대륜 '옐로 윈'은 결혼식 등에서도 인기가 많다.

LA 하이브리드 계통

오렌지색 '로열 트리니티'는 꽃잎이 크게 벌어지지 않는다.

'나팔나리 두산'은 녹색과 흰색 잎, 봉오리가 개성적이다.

흰색과 노란색의 대비가 아름다운 대륜 '셰르부르'도 인기 품종이다.

분홍색 계열의 '사무르'는 꽃이 크게 벌어지지 않아 다른 화재와 배합하기 쉽다.

소륜으로 오렌지색 꽃의 인상이 귀여운 '하늘나리'는 내추럴한 어레인지먼트에 사용한다.

겹꽃형 신품종

'노블 릴리'는 희귀한 겹꽃형이며 일본 고치 현에서만 생산된다. 가운데 부분은 이대로 개화하지 않는다.

| 어레인지먼트

꽃 색과 같은 흰색 화기를 나란히 놓은 다음 나팔나리와 나팔나리 두산을 꽂아 연출한 모습이다.

버질리아

Berzelia

크리스마스가 다가오면 꽃집 앞을 장식하는 소재다. 가지 끝에 둥근 열매가 가득 달린 것처럼 보이는 것이 꽃이다. 물이 닿으면 검게 변하므로 다룰 때 주의해야 한다.

꽃과 가까운 위치에 있는 자잘한 잎을 제거한 후, 낮게 꽂으면 꽃의 둥근 형태나 색을 강조할 수 있다. 색상도 크기도 다양한 종류가 유통되므로 용도에 맞게 사용하면 된다.

꽃을 확대한 모습. 작은 꽃들이 무수히 달려 있다.

공 모양의 꽃은 지름이 0.5~2cm 정도 된다. 봉오리일 때는 녹색이지만, 꽃이 피면 색이 변한다.

잎은 삼나무와 비슷한 짧은 바늘 모양이다.

Arrange memo

- 관상 기간: 10~14일
- 물올림: 물속 자르기, 줄기 쪼개기
- 주의 사항: 꽃에 물이 닿으면 검게 변하므로 주의한다.
- 잘 어울리는 화재:
  공작편백(205쪽)
  플란넬 플라워(193쪽)

드라이플라워

어레인지먼트

Data

- 식물 분류: 브루니아과 베르젤리아속
- 원산지: 남아프리카
- 일반명: -
- 개화기: 연중
- 유통 길이: 약 50~60cm
- 꽃 크기: 소륜
- 꽃말: 정열, 작은 용기
- 유통 시기

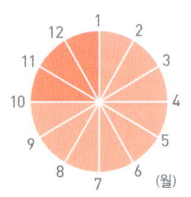

크리스마스 시즌을 중심으로 유통된다. 둥근 열매처럼 생긴 꽃은 오랫동안 관상할 수 있다.

공작편백이나 플란넬 플라워 등과 함께 봉긋한 형태로 연출한다.

가지가 갈라진 줄기 끝에 별 모양의 꽃이 달리는데 실제 꽃은 중심부의 아주 작은 노란색 부분이다. 그것을 둘러싸고 있는 녹색 부분이 포엽이다. 둥그스름한 잎을 가늘고 유연한 줄기가 관통한 형태가 독특하며 밝은 녹색의 전체적인 색감과 어우러져 부드러운 인상을 준다.
어떤 화재와도 잘 어우러지며 어레인지먼트나 부케를 만들 때 사용하면 양감을 더할 수 있다. 그린 화재처럼 사용해도 좋다.

버플레움 부프레우룸

Hare's ear

별 모양으로 펼쳐지는 포엽이 꽃을 둘러싸고 있다.

2~3cm의 작은 노란색 부분이 본래의 꽃이다.

어레인지먼트나 부케에 양감을 더할 때 편리하다. 그린 화재처럼 사용할 수도 있다.

줄기가 잎의 면을 관통하는 듯한 형태로 자란다.

Arrange memo

관상 기간: 약 7일
물올림: 물속 자르기, 열탕처리
주의 사항: 줄기의 끝부분은 가늘어서 쉽게 꺾이므로 다룰 때 주의한다.
잘 어울리는 화재:
  거베라(12쪽)
  마트리카리아(59쪽)

드라이플라워

Data

식물 분류: 산형과 시호속
원산지: 유럽, 아시아
일반명: -
개화기: 6~8월
유통 길이: 약 70~100cm
꽃 크기: 소륜

꽃말
첫 키스

유통 시기
(월)

벨로페로네

Shrimp bush

꽃잎처럼 보이는 부분은 포엽이다. 비늘 모양으로 겹쳐져 굽은 모습이 새우의 등부터 꼬리 부분을 닮아 '새우풀'이라고 하며 영명으로도 '쉬림프 부시'라고 한다. 녹색 포엽은 차츰 붉게 물들어간다.
꽃 화재로도 그린 화재로도 활용도가 높으며 어레인지먼트가 약간 허전할 때나 양감을 주고 싶을 때 상당히 유용하다. 가지는 잘라 나누어서 사용한다.

포엽이 겹쳐져 꽃이삭이 굽은 형태다.

꽃 화재로도 그린 화재로도 활용도가 높아 유용하다.

시간이 지나면 꽃과 잎이 검게 변한다.

Data
- 식물 분류: 쥐꼬리망초과 쥐꼬리망초속
- 원산지: 멕시코
- 일반명: 새우풀
- 개화기: 6~7월
- 유통 길이: 약 50~100cm
- 꽃 크기: 중륜
- 꽃말: 말괄량이, 기지가 넘침
- 유통 시기: 7~12월

Arrange memo
- 관상 기간: 약 5일
- 물올림: 열탕처리, 탄화처리
- 주의 사항: 줄기가 쉽게 꺾이므로 다룰 때 주의한다.
- 잘 어울리는 화재:
  - **국화**(16쪽)
  - **윈터 코스모스**(138쪽)

보리는 종류가 다양하지만, 절화로 유통되는 것은 주로 대맥이다. 초록색 이삭이 달린 것은 봄 분위기 나는 화재와 배합해 부케 등에 주로 사용한다. 산뜻한 녹색 잎은 얼마 지나지 않아 누렇게 변색되므로 부케나 어레인지먼트 등에 사용할 때는 처음부터 제거해도 좋다. 가을이 되면 황금색으로 물든 것도 유통된다. 결실의 계절 가을이 연상되는 어레인지먼트 등에 추천한다.

보리

Barley

초록색 이삭은 봄 화재로 제격이다. 캐주얼한 부케에 주로 사용한다.

이삭과 줄기의 직선적인 라인을 살린다.

Arrange memo

관상 기간: 5~7일
물올림: 물속 자르기
주의 사항: 잎은 쉽게 변색되므로 제거해도 좋다.
잘 어울리는 화재:
　유채꽃(139쪽)
　튤립(180쪽)

드라이플라워

Data

식물 분류: 볏과 겉보리속
원산지: 중동
일반명: 보리
개화기: 4~6월
유통 길이: 약 60cm
꽃 크기: 중형
꽃말: 부유함, 번영, 희망, 풍작
유통 시기

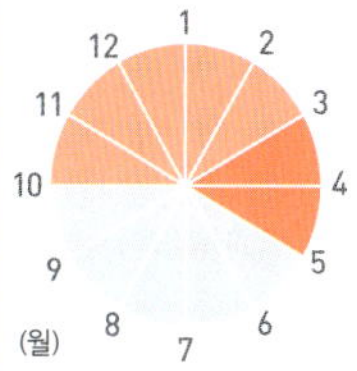

부바르디아 Bouvardia

부바리아

꽃부리 끝이 4갈래로 갈라진 지름 1cm 정도의 작은 꽃은 청초한 분위기로 인기가 좋다. 은은하게 달콤한 향도 감돈다.

대중적인 흰색 외에 최근에는 빨간색이나 보라색 등 짙은 색상이나 연분홍색 겹꽃형 등의 품종도 유통된다.

네모난 형태로 봉긋하게 부푼 꽃봉오리는 사랑스럽고 내추럴한 부케에도 잘 어울리지만, 쉽게 탈수 현상이 나타나는 것이 단점이다. 물속 자르기를 한 후에는 깊은 물에 담가둔다. 짧게 사용해야 물올림이 좋다.

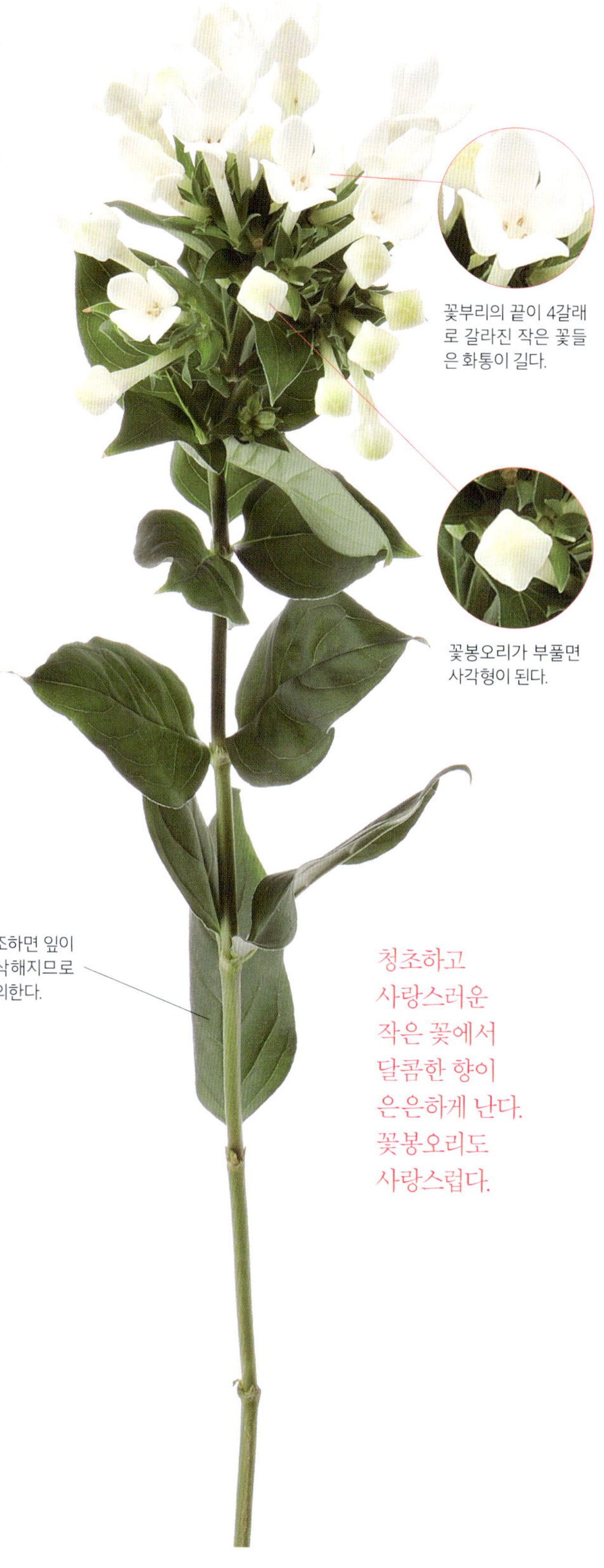

꽃부리의 끝이 4갈래로 갈라진 작은 꽃들은 화통이 길다.
꽃봉오리가 부풀면 사각형이 된다.
건조하면 잎이 파삭해지므로 주의한다.

청초하고 사랑스러운 작은 꽃에서 달콤한 향이 은은하게 난다. 꽃봉오리도 사랑스럽다.

Data

식물 분류: 꼭두서니과 부바르디아속

원산지: 중앙아메리카, 남아메리카

일반명: -

개화기: 5~6월

유통 길이: 약 50~80cm

꽃 크기: 소륜

꽃말

성실한 사랑, 선망, 청초, 교제, 꿈

유통 시기

1
2
3
4
5
6
7
8
9
10
12
(월)

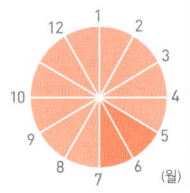

Arrange memo

관상 기간: 5~7일

물올림: 물속 자르기, 깊게 담그기

주의 사항: 여름철에는 꽃의 수명이 단축되므로 자주 물을 교체한다. 쉽게 탈수 현상이 나타나므로 물속 자르기를 한 후 깊은 물에 담가둔다.

잘 어울리는 화재:

블루스타(82쪽)

장미(147쪽)

불비네라

Cat's tail

줄기 끝에 양초 같은 이삭 모양을 이루며 꽃이 달린다. 영명은 '고양이 꼬리'다. 3mm 정도의 작은 별 모양 꽃이 아래쪽부터 차례대로 서서히 피어 올라가며, 줄기 끝까지 필 즈음에는 처음에 핀 아래쪽 꽃은 시들어버리므로 수시로 제거한다. 선명한 주황색과 노란색 꽃은 보는 이에게 활력을 준다.

줄기가 불규칙하게 굽어 있어 표정이 풍부하다. 줄기의 라인을 살려 어레인지먼트를 연출하면 근사하다. 동양 꽃꽂이에도 사용된다.

별 모양의 작은 꽃이 아래쪽부터 차례대로 피어 올라간다.

작은 꽃잎 5장으로 이루어진 꽃이 아래쪽부터 차례대로 피어 올라간다.

불규칙하게 굽은 줄기의 라인을 살려 어레인지먼트를 연출한다.

Arrange memo

관상 기간: 약 7일
물올림: 물속 자르기
주의 사항: 개화가 끝난 꽃을 수시로 제거하면 오랫동안 관상할 수 있다.
잘 어울리는 화재:
  튤립(180쪽)
  프리지아(192쪽)

Data

식물 분류: 백합과 불비넬라속
원산지: 남아프리카
일반명: -
개화기: 11~3월
유통 길이: 약 50~100cm
꽃 크기: 중륜
꽃말: 휴식
유통 시기: (월)

브루니아
Brunia
실버 브루니아

줄기에 바늘 모양의 삼나무처럼 생긴 잎이 빽빽이 달리며 줄기 끝에는 둥근 열매처럼 생긴 꽃이 달린다. '버질리아'(74쪽)와 매우 흡사하지만, 브루니아가 길이가 짧고 꽃이 큰 것이 특징이다.

꽃의 색상은 대부분 은색 계열이다. 겨울에 많이 유통되며 성숙미가 느껴지는 크리스마스 어레인지먼트나 리스 등에 자주 사용된다. 리스에 넣으면 그대로 드라이플라워가 되기도 한다.

은색은 크리스마스 어레인지먼트에 적합하다.

작은 꽃들이 둥근 열매 형태로 모여 핀다.

세련되고 멋스러운 은색 계열의 색감으로 크리스마스에 잘 어울린다.

줄기에는 바늘 모양의 가는 잎이 조밀하게 달린다.

Data
- **식물 분류:** 브루니아과 브루니아속
- **원산지:** 남아프리카
- **일반명:** -
- **개화기:** 연중
- **유통 길이:** 약 40~50cm
- **꽃 크기:** 중륜
- **꽃말:** 불변

유통 시기

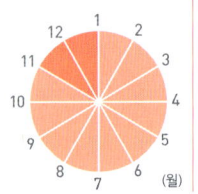

Arrange memo
- **관상 기간:** 7~14일
- **물올림:** 물속 자르기
- **주의 사항:** 꽃에 물이 닿으면 검게 변하므로 주의한다.
- **잘 어울리는 화재:** 일본전나무(228쪽), 플란넬 플라워(193쪽)

드라이플라워

블루레이스 플라워

Blue lace flower

구불구불하게 굽은 가는 줄기 끝에 연한 파란색 계열의 작은 꽃들이 우산 모양으로 모여 핀다. 흰색 꽃이 달리는 '레이스 플라워'(49쪽)와 이름은 비슷하지만 다른 품종이다. '블루레이스 플라워'도 흰색 꽃이 달리는 종류가 있으므로 구별하도록 한다.

꽃봉오리도 사랑스러우니 가지를 잘라 나누어서 사용한다. 들에 피는 내추럴한 분위기의 꽃과 잘 어울리며 어레인지먼트나 부케에 넣으면 부드러운 분위기를 연출할 수 있다.

연한 파란색 계열의 작은 꽃들과 구불구불하게 굽은 줄기가 부드러운 이미지를 풍긴다.

작은 꽃들이 모여 우산 모양으로 핀다.

줄기는 가지가 갈라져 곡선을 그리며 자란다.

Arrange memo

관상 기간: 5~7일
물올림: 물속 자르기
주의 사항: 개화가 끝나면 꽃이 힘없이 떨어지므로 장식할 장소에 유의한다.
잘 어울리는 화재:
스카비오사(95쪽)
장미(147쪽)

어레인지먼트

블루레이스 플라워의 줄기 라인을 살려 유리 화기에 가볍게 꽂는다.

Data

식물 분류: 산형과 트라키메네속
원산지: 오스트레일리아, 남태평양
일반명: -
개화기: 5~6월
유통 길이: 약 50~80cm
꽃 크기: 소륜

꽃말
우아한 자태, 신중한 사람, 무언의 사랑

유통 시기

블루스타 옥시페탈룸

Tweedia

투명감이 느껴지는 하늘색은 블루스타만의 독특한 색상이다. 분홍색 꽃이 피는 품종은 '핑크스타', 흰색 꽃은 '화이트스타'라는 이름으로 각각 유통된다.

부드러운 질감의 꽃과 온화한 이미지의 잎 덕분에 내추럴한 분위기의 어레인지먼트나 부케의 악센트가 된다. 절단면에서는 하얀 점액이 나오므로 줄기를 자른 후 즉시 물로 씻는다. 물올림이 그다지 좋지 않은 것이 단점이다. 잎은 쉽게 시들므로 조금 솎아낸 후 꽂는다.

투명감 있는 하늘색이 독특하다. 절단면에서 나오는 하얀 점액에 주의한다.

Arrange memo

관상 기간: 5~7일
물올림: 물속 자르기, 열탕처리, 탄화처리
주의 사항: 절단면에서 하얀 점액이 나오므로 물로 씻어낸 후 사용한다. 잎은 솎아내고 꽂는다.
잘 어울리는 화재:
레우코코리네(48쪽)
키르탄서스(176쪽)

파란색 꽃은 퇴색하면 분홍색으로 변한다.

절단면에서 하얀 점액이 나오므로 씻어낸 후 꽂는다.

어레인지먼트

블루스타와 화이트스타를 입구가 넓은 화기에 낮게 꽂는다. 산뜻한 하늘색과 흰색의 조합이 아름답다.

Data

식물 분류: 박주가리과 트위디아속
원산지: 중앙·남아메리카
일반명: -
개화기: 5~10월
유통 길이: 약 30~50cm
꽃 크기: 소륜
꽃말: 서로 믿는 마음, 행복한 사랑, 망향
유통 시기:

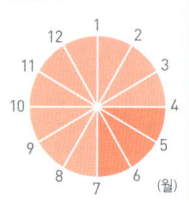

산데르소니아

Chinese lantern lily, Christmasbells

바람이 불면 딸랑딸랑 종소리가 들릴 것 같은 종 모양의 꽃이다. 하나의 꽃줄기에 7~10개의 주황색 꽃이 달린다. 잎 끝부분에는 덩굴손이 있으므로 어레인지먼트를 만들 때 다른 꽃의 지지대로 활용할 수 있다.

원산지인 남아프리카에서는 12월경에 꽃이 핀다고 '크리스마스 벨'이라는 별칭을 붙여준 꽃이다. 꽃 모양이 초롱처럼 생겨 '차이니즈 랜턴'이라고도 부른다.

종 모양의 꽃과 잎 끝부분의 덩굴손이 매력적이다.

잎 끝이 둥글게 말리며 덩굴손이 자란다.

종 또는 초롱 모양의 꽃이 아래쪽부터 차례대로 핀다.

줄기가 튼튼한 것을 고른다.

Arrange memo

관상 기간: 7~10일
물올림: 물속 자르기
주의 사항: 개화가 끝난 꽃을 제거하면 줄기 끝 봉오리까지 개화한다.
잘 어울리는 화재:
글로리오사(20쪽)
불비네라(79쪽)

압화 드라이플라워

어레인지먼트

줄기 한 대를 짧게 잘라 나눈 후 얕은 화기에 꽂는다. 마치 작은 등불이 켜진 것 같다.

Data

식물 분류: 백합과 산데르소니아속
원산지: 남아프리카
일반명: -
개화기: 6~7월
유통 길이: 약 30~80cm
꽃 크기: 중륜

꽃말
망향, 공감, 축복, 기도, 순수한 사랑, 복음, 애교

유통 시기
(월)

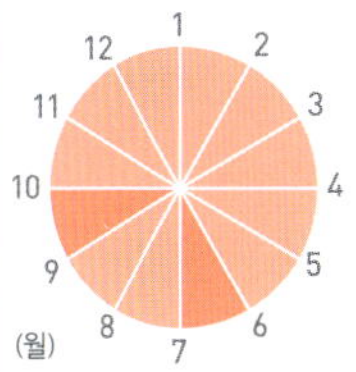

세레네
Garden catchfly

세레네는 다종다양한데, '그린벨'(18쪽)도 세레네의 근연종이다. 바람에 나부끼는 들꽃풍의 분위기가 특유의 매력이다. 내추럴한 어레인지먼트나 부케 등에 적합하다.

줄기 끝에 작은 꽃들이 모여 핀다.

들꽃풍 어레인지먼트가 어울리는 화재다.

꽃 밑과 마디 밑 줄기에서 점액이 나온다.

Data
- **식물 분류:** 석죽과 끈끈이장구채속
- **원산지:** 유럽 중남부
- **일반명:** 끈끈이대나물
- **개화기:** 5~7월
- **유통 길이:** 약 30~40cm
- **꽃 크기:** 소륜
- **꽃말:** 청춘의 사랑, 미련, 집요함, 배신, 함정, 기만당한 사람
- **유통 시기:**

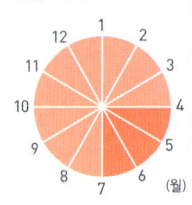

Arrange memo
- **관상 기간:** 5~7일
- **물올림:** 물속 자르기
- **주의 사항:** 꽃의 밑부분과 줄기에서 점액이 나와 끈적이므로 주의한다.
- **잘 어울리는 화재:**
  - 이베리스(141쪽)
  - 클레마티스(175쪽)

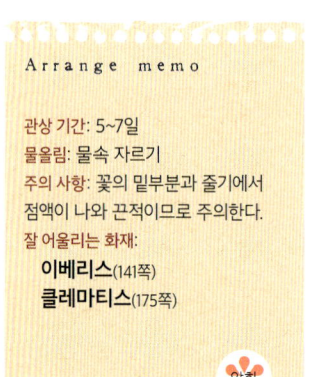

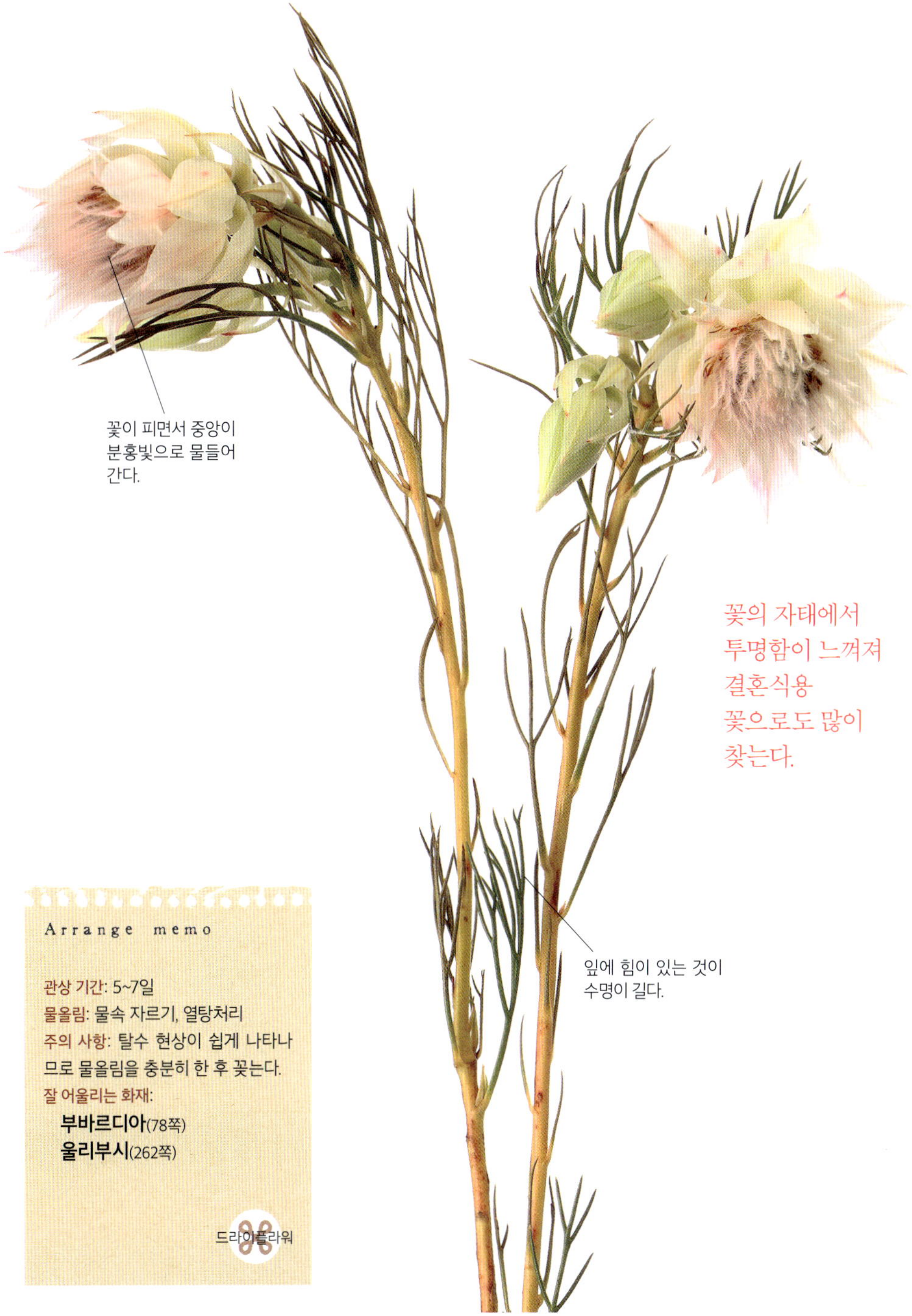

세루리아 블러싱브라이드

Blushingbride

하얗고 투명한 꽃잎이 겹겹이 겹친 것처럼 보이는 것은 포엽이다. 꽃의 바깥쪽은 만져보면 뻣뻣하지만, 안쪽은 감촉이 보들보들하다. 시간이 지나면서 크림색 포엽 중앙이 분홍빛으로 물들어가는 점이 독특하다. 그래서 영명은 블러싱브라이드(볼이 발그레한 신부)라고 한다. 결혼식용 꽃으로 인기가 있다.

꽃이 피면서 중앙이 분홍빛으로 물들어 간다.
잎에 힘이 있는 것이 수명이 길다.

꽃의 자태에서 투명함이 느껴져 결혼식용 꽃으로도 많이 찾는다.

Arrange memo

관상 기간: 5~7일
물올림: 물속 자르기, 열탕처리
주의 사항: 탈수 현상이 쉽게 나타나므로 물올림을 충분히 한 후 꽂는다.
잘 어울리는 화재:
부바르디아(78쪽)
울리부시(262쪽)

드라이플라워

Data

식물 분류: 프로테아과 세루리아속
원산지: 남아프리카
일반명: -
개화기: 4~6월
유통 길이: 약 30~40cm
꽃 크기: 대륜

꽃말

아련한 그리움, 가련한 마음, 뛰어난 지식

유통 시기

1
2
3
4
5
6
7
8
9
10
11
12
(월)

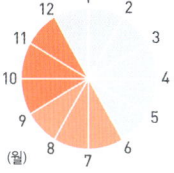

솔리다고

Goldenrod, Woundwort

'미역취'라고 불리기도 하는 가을꽃이다. 예전에는 비슷하게 생긴 '솔리다스터 Solidaster'도 많이 유통되었지만 최근에는 보기 드물다. 줄기 상부에서 가지가 여러 갈래로 갈라지고 거기에서 노란색 작은 꽃들이 핀다. 가지를 나누면 사용하기 편하며, 어떤 꽃과도 잘 어울리는 것이 특징이다. 부케나 어레인지먼트 등의 빈 공간을 메워주는 조연으로 사랑받는 화재다. 수명이 짧은 잎은 미리 제거한 후 꽂는다.

Data
식물 분류: 국화과 미역취속
원산지: 북아메리카
일반명: 미국미역취
개화기: 7~10월
유통 길이: 약 50~100cm
꽃 크기: 소륜
꽃말: 주의, 경계, 예방, 저를 돌아보세요
유통 시기

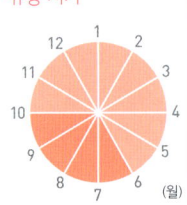

Arrange memo
관상 기간: 5~7일
물올림: 물속 자르기
주의 사항: 바람에 노출되면 쉽게 탈수 현상이 나타나므로 주의한다.
잘 어울리는 화재:
백합(71쪽)
해바라기(195쪽)

드라이플라워

어레인지먼트 
자연 소재로 짠 바구니 안에 병을 넣은 다음 솔리다고를 한쪽으로 모아 꽂는다.

작은 노란색 꽃은 동양적인 이미지를 떠올리게 한다.

수명이 짧은 잎은 물속 자르기를 하기 전에 제거한다.

활력을 주는 노란색의 작은 꽃들은 어레인지먼트의 명조연이다.

수국
Hydrangea

수국이라고 하면 장마철에 피는 꽃이라는 이미지가 떠오르지만, 최근에는 다양한 색상과 종류가 1년 내내 유통된다. 파란색 계열과 분홍색 계열이 많은 '서양수국' 외에도 고사한 상태로 유통되는 앤티크컬러의 '추색수국(품종명이 아니라 꽃이 변색되거나 색감이 시크한 수국)', 피라미드 형태로 꽃이 달리는 '큰나무수국' 등이 널리 알려져 있다. 작은 꽃들이 모여 피는데 실은 꽃처럼 보이는 것이 꽃받침이다. 어레인지먼트나 꽃다발의 주인공으로도, 꽃과 꽃 사이를 메우는 조연으로도 활약한다. 물올림이 나쁜 편이므로 절단면을 불에 태우거나, 절단면에 칼집을 낸다.

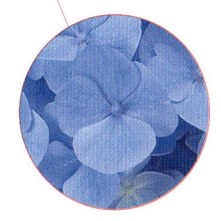

꽃처럼 보이는 것은 꽃받침이다.

물올림이 나쁜 편이므로 물올림 작업을 꼼꼼히 한다.

꽃처럼 보이는 것은 꽃받침이다. 어레인지먼트의 주인공으로도 조연으로도 손색이 없다.

Data
식물 분류: 범의귀과 수국속
원산지: 동아시아, 일본
일반명: 수국, 분수국
개화기: 5~7월
유통 길이: 약 40~80cm
꽃 크기: 소륜 (꽃송이는 대륜)

꽃말
변덕, 바람기, 냉혹함, 배반, 냉정한 당신

유통 시기
12 1 2 3 4 5 6 7 8 9 10 11 (월)

어레인지먼트

Arrange memo

관상 기간: 5~14일
물올림: 물속 자르기, 탄화처리, 줄기 쪼개기
주의 사항: 탈수 현상이 쉽게 나타나므로 물올림을 충분히 한 후에 꽂는다.
잘 어울리는 화재:
　리시안서스(52쪽)
　칼라(166쪽)

드라이플라워

유리 화기에 물을 얕게 채우고 짧게 자른 추색수국을 띄워 오묘한 색감을 즐긴다.

품종 카탈로그

수국 품종 카탈로그

고사한 상태로 유통되는 '추색수국'은 녹색에서 보라색으로의 색상 변화가 오묘하다.

| 어레인지먼트

어두운 색감의 칼라나 리시안서스 등과 함께 둥근 모양으로 꽂는다. 가늘고 긴 그린 화재로 움직임을 연출한다.

녹색과 분홍색의 오묘한 색상 변화가 매력적인 '추색수국'은 세련된 분위기의 어레인지먼트에 좋다.

연한 녹색이 산뜻한 인상을 주는 '추색수국'은 흰색 꽃을 배합해도 아름답다.

약품 처리로 노란색 꽃이 된 염색화다. 잎은 자연 그대로 달려 있다.

최근에는 오렌지색으로 착색된 염색화도 유통되고 있다.

수레국화

Bachelor's button, Bluebottle

꽃 전체의 형태가 화살을 방사형으로 둥글게 배열한 '시차矢車'라는 옛 문양과 비슷해 붙여진 이름이다. 추운 겨울부터 유통되는 이른 봄꽃이다. 짙은 파란색 꽃은 고대 이집트의 투탕카멘왕 묘의 출토품에서도 볼 수 있다. 독일의 국화이며, 독신자가 옷깃에 다는 꽃으로 이용되는 등 전 세계적으로 친숙한 꽃이다. 깊게 갈라진 가는 꽃잎이 섬세한 인상을 준다. 가는 줄기의 라인을 살려 부드러운 분위기의 들꽃풍 어레인지먼트에 사용해보자.

깊게 갈라진 가는 꽃잎이 섬세한 인상을 준다. 줄기의 라인을 살린 어레인지먼트를 연출해보자.

줄기와 잎은 흰 솜털로 뒤덮여 있다.

사랑스러운 봉오리는 물올림을 해주면 개화한다.

이렇게 단단하고 작은 봉오리는 개화하기 어려우므로 잘라낸다.

Arrange memo

관상 기간: 5~7일
물올림: 물속 자르기
주의 사항: 줄기는 쉽게 부패하므로 매일 자주 잘라준다.
잘 어울리는 화재:
그린벨(18쪽)
버플레움(75쪽)

Data

식물 분류: 국화과 수레국화속
원산지: 유럽 동남부, 소아시아
일반명: 수레국화
개화기: 4~6월
유통 길이: 약 30~60cm
꽃 크기: 중륜

꽃말
행복, 행운, 교육, 신뢰, 세심함, 우아함, 섬세함, 독신 생활

유통 시기

수선화

Narcissus, Daffodil

학명인 '나르키소스'는 그리스 신화에 나오는 미소년의 이름이다. '나르시시스트'의 어원으로도 유명하다. 꽃잎을 펼쳐 위풍 있는 자태로 피는 수선화는 유럽에서 품종 개량을 했는데 오늘날에는 2만여 종에 달한다.
'설중화'라고도 불리는 수선화는 겨울에 피는 귀한 꽃으로 신년 꽃꽂이에 자주 사용한다. 동양적인 분위기가 강한 꽃이지만, 많은 양을 한데 모아 줄기를 라피아 끈으로 묶는 등 서양풍으로 연출해도 근사하다.

기품 있는 자태와 달콤한 향기. 서양풍으로 연출해도 근사하다.

중심부가 나팔 모양으로 피는 종류가 대중적이다.

절단면에서 점액이 나오므로 깨끗이 씻어낸 후 꽂는다.

포춘

Arrange memo

관상 기간: 3~7일
물올림: 물속 자르기
주의 사항: 절단면에서 점액이 나오므로 꼼꼼히 씻어낸 후 꽂는다.
잘 어울리는 화재:
아이리스(118쪽)
용버들(226쪽)

Data

식물 분류: 수선화과 수선화속
원산지: 유럽, 지중해 연안
일반명: 수선화, 수선
개화기: 11~4월
유통 길이: 약 20~40cm
꽃 크기: 중륜
꽃말: 자기애, 자존심, 자부심, 고상함, 사랑을 다시 한 번
유통 시기

숙근 스위트피 서머 스위트피

Sweet pea

다년초로 여름에 꽃이 피는 '숙근 스위트피'는 '서머 스위트피'라는 이름으로도 불린다. 이름대로 달콤한 향이 나는 것이 특징이다.

꽃잎은 콩과 특유의 나비 모양으로 생겼으며, 서양란처럼 조금은 화려하기도 하다. 줄기는 길고 잎과 덩굴손이 달린 모습도 특징이다. '새 출발'이라는 꽃말과 하얀 꽃 색 덕분에 부케로 쓰인다.

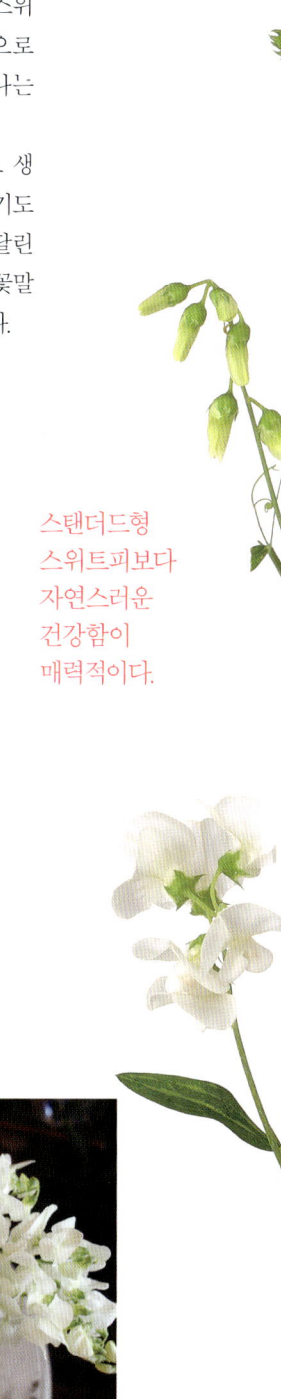

덩굴손이 달린 것도 많다.

하늘거리는 둥그스름한 꽃잎이 마치 나비 같다.

스탠더드형 스위트피보다 자연스러운 건강함이 매력적이다.

길고 튼튼한 줄기는 부케에도 안성맞춤이다.

Arrange memo

관상 기간: 3~7일
물올림: 물속 자르기
주의 사항: 덩굴손의 끝부분이 잘리지 않도록 주의한다.
잘 어울리는 화재:
　마거리트(57쪽)
　천일홍(158쪽)

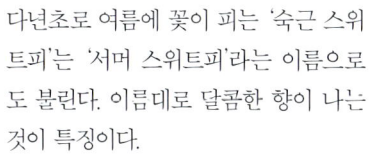

어레인지먼트

줄기를 잘라 나눈 숙근 스위트피에 마거리트를 배합해 옆으로 흐드러지게 꽂는다.

Data

식물 분류: 콩과 연리초속
원산지: 지중해 연안
일반명: -
개화기: 6월
유통 길이: 약 30~50cm
꽃 크기: 중륜

꽃말
새 출발, 아련한 기쁨, 우아하고 아름다움, 아름다운 추억, 청춘의 기쁨, 미묘

유통 시기

스노볼 비부르눔

Arrowwood

정식으로는 '비부르눔 스노볼Viburnum Snow Ball'이라고 하는데 일반적으로 '스노볼'이라고 부른다. 수많은 작은 꽃이 모여 수국을 축소해놓은 듯한 둥근 공 형태의 꽃이 달린다. 개화하기 시작할 때는 황록색이지만 시간이 지나면서 흰색으로 변해간다. '스노볼'이라는 이름도 만개한 꽃의 형태가 눈덩이처럼 보여 붙여진 것으로 보인다. 산뜻한 색감이 어떤 꽃과도 잘 어울리며 어레인지먼트의 분위기를 밝게 만들어준다.

꽃 색은 황록색에서 흰색으로 변하며, 가지 끝에 한 덩어리로 핀다.

탈수 현상이 쉽게 나타나므로 줄기 밑동에 칼집을 넣는다.

황록색에서 흰색으로 꽃 색이 서서히 변한다. 초여름다운 싱그러운 분위기를 연출해보자.

Data

식물 분류: 인동과 산분꽃나무속
원산지: 동아시아, 유럽
일반명: 불두화, 수국백당나무
개화기: 4~5월
유통 길이: 약 60~100cm
꽃 크기: 소륜
꽃말: 장난기, 큰 기대, 나만 바라봐요
유통 시기

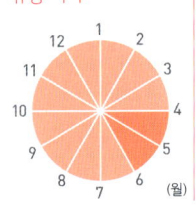

어레인지먼트

Arrange memo

관상 기간: 5~7일
물올림: 물속 자르기, 줄기 쪼개기
주의 사항: 줄기 밑동에 칼집을 넣으면 물올림이 좋아진다.
잘 어울리는 화재:
칼라(166쪽)
흰색이나 녹색 꽃

유리 화기에 스노볼만 큼직하게 꽂고, 앞쪽 화기에는 블루스타를 꽂는다.

스모크 트리

Smoke tree

몽글몽글 연기가 피어오르는 듯한 독특한 모양에서 붙여진 이름이다. 수그루와 암그루가 있으며, 암그루만 연기 같은 모양이 된다. 초여름 암그루에 눈에 잘 띄지 않는 꽃이 핀 후에 꽃자루가 자라서 열매를 맺을 때 열매를 맺지 못한 것에서 솜털 같은 수술대가 나온다. 이 수술대가 연기 모양을 이루는 정체다.

절화로 유통되는 것은 출하 후 시간이 지남에 따라 몽글몽글한 정도가 다르다. 수분이 빠진 상태의 드라이플라워 같은 질감으로 유통되기도 한다. 레인지먼트에 더하면 한 풍성하고 자연스러운 분 아낸다.

솜털 같은 수술대가 몽글몽글하고 자연스러운 분위기를 자아낸다.

몽글몽글한 꽃이삭이 연기를 연상시킨다. 풍성함을 더할 때 매우 좋은 화재다.

꽃자루 끝에 달린 검고 작은 것은 열매다.

잎은 달걀 모양이며 부드럽다.

Arrange memo

관상 기간: 7일 전후
물올림: 물속 자르기, 줄기 쪼개기
주의 사항: 잎이 쉽게 시드니 제거한 후에 꽂는다. 물올림이 원활하지 않으면 줄기 쪼개기를 한다.
잘 어울리는 화재:
수국(87쪽)
칼라(166쪽)

드라이플라워

Data

식물 분류:
옻나무과 안개나무속
원산지:
남유럽~히말라야~중국
일반명: 안개나무
개화기: 6~7월
유통 길이:
약 80~100㎝
꽃 크기: 소륜

꽃말
현명함, 현혹하다,
화목한 가정, 후회

유통 시기

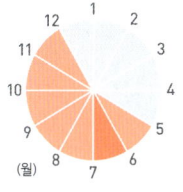

스위트피

Sweet pea

꽃의 색상이 풍부하고 투명감이 있으며 프릴처럼 생긴 꽃 모양 덕분에 봄 분위기의 꽃다발이나 어레인지먼트 등에 많이 사용한다.

봄 개화종, 여름 개화종, 겨울 개화종 등 3가지 계통이 있으며 가장 많이 유통되는 것은 봄 개화종이다. '스위트피' 즉 '단 완두콩'이라는 이름은 달콤한 향과 콩과 특유의 꽃 형태에서 비롯된 이름이다. 품종 개량으로 꽃의 수명이 길어지고 낙화 현상이 개선되었다.

풍부한 꽃의 색상과 바람에 흩날리는 듯한 꽃의 자태가 인기다.

꽃과 꽃 사이의 줄기를 잘라 나누어서 사용해도 좋다.

스위트피 1종만 수북이 꽂아도 아름답다. 파스텔컬러를 혼합해도 예쁘다.

어레인지먼트

시간이 지나면 꽃잎이 퇴색되어 없어진다.

Data

식물 분류: 콩과 연리초속
원산지: 지중해 연안
일반명: 향나래완두
개화기: 3~5월
유통 길이: 약 30cm
꽃 크기: 중륜
꽃말: 새 출발, 아름다운 추억, 청춘의 기쁨, 미묘함, 나를 기억해주세요, 섬세함, 은밀한 기쁨, 우아하고 아름다움

유통 시기

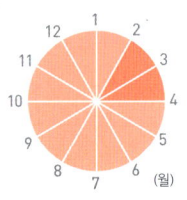

Arrange memo

관상 기간: 5~7일
물올림: 물속 자르기, 열탕처리
주의 사항: 개화가 끝난 꽃을 수시로 제거하면 오랫동안 관상할 수 있다.
잘 어울리는 화재:
라넌큘러스(41쪽)
튤립(180쪽)

스카비오사

Sweet Scabious, Mourning-bride, Egyptian rose

가늘고 부드러운 줄기 라인과 작은 꽃들이 모여 피는 우아한 꽃이 특징이다. 꽃의 색상은 연한 파스텔컬러를 중심으로 색상이 다양하다. 개화 후 남는 꽃받침도 '스카비오사 판타지'라고 불리며 화재로 사용할 만큼 매력적이다. 80여 종이 넘는 스카비오사속 중에서도 벨벳 같은 광택이 있고 어두운 색감의 꽃 색 등 개성적인 종류의 인기가 높아지는 추세다.

라인이 아름다운 줄기에 우아한 꽃이 매력적이다.

꽃이 무거워 얼굴이 돌아가기 쉬우므로 다른 화재로 고정해준다.

Arrange memo

관상 기간: 3~5일
물올림: 물속 자르기, 열탕처리
주의 사항: 습기에 약하고 잘 무르는 편이므로 잎을 제거한 후 꽂는다.
잘 어울리는 화재:
리시안서스(52쪽)
장미(147쪽)

어레인지먼트

어두운 색감의 스카비오사를 섞어 빨간색 열매와 함께 묶은 후 엽란으로 둘둘 말아 유리 화기에 꽂는다.

스카비오사 판타지

탈수 상태가 되면 신문지로 감싼 다음 열탕처리한다.

칠리 블랙

어두운 색상의 꽃 배합

Data

식물 분류: 산토끼꽃과 체꽃속
원산지: 서유럽, 서아시아
일반명: 서양체꽃
개화기: 6~11월
유통 길이: 약 1m
꽃 크기: 소륜

꽃말
운치, 사랑을 잃다, 민감, 무에서의 출발

유통 시기

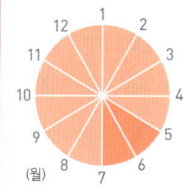
(월)

스키미아 *Skimmia* 스킴미아

일본이 원산지인 붓순나무를 19세기경 지볼트Siebold라는 사람이 네덜란드로 가져간 후 품종 개량을 거쳐 보급된 식물이다. 빨간색 종류는 크리스마스 리스로도 사용한다. 작고 둥근 꽃봉오리는 열매처럼 보인다. 절화는 봉오리 상태로 유통되며 꽃이 개화하지 않는 편이다. 어레인지먼트에서는 주화재 꽃을 돋보이게 하는 명조연이다. 잎은 두껍고 짙은 녹색을 띠며 존재감이 있으므로 잎을 솎아낸 후 꽂으면 꽃이 돋보인다.

알알이 맺힌 작은 꽃봉오리들이 마치 열매 같다. 빨간색 종류는 크리스마스 어레인지먼트에 제격이다.

수많은 꽃봉오리가 작은 열매처럼 보인다.

광택 나는 커다란 잎은 존재감이 강하다.

Data
- **식물 분류:** 운향과 스키미아속
- **원산지:** 일본
- **일반명:** 일본 황산계수나무
- **개화기:** 4~5월
- **유통 길이:** 약 20cm
- **꽃 크기:** 소륜
- **꽃말:** 청순

유통 시기
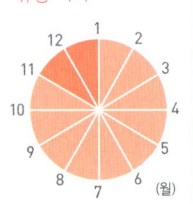

어레인지먼트
빨간색과 녹색 스키미아를 배합해 풍성하게 꽂는다. 이때 흰색 화기를 사용하면 깔끔하게 연출할 수 있다. 

Arrange memo
- **관상 기간:** 7~10일
- **물올림:** 물속 자르기, 깊게 담그기
- **주의 사항:** 물올림이 나쁘면 꽃이 시들어버리므로 물속 자르기를 한 후에는 깊은 물에 한참 담가둔다.
- **잘 어울리는 화재:**
  - **아마릴리스**(113쪽)
  - **아스파라거스**(259쪽)

드라이플라워

스타티스 리모니움

Statice, Sea lavender

꽃처럼 보이는 부분은 포엽이다. 만지면 줄기까지 감촉이 바삭바삭하며 생화일 때도 마치 드라이플라워 같다. 포엽이 솔 형태로 나란히 달리는 일반적인 종류 외에 작은 꽃들이 달린 가는 줄기가 여러 갈래로 갈라진 종류도 있다. 빨간색, 분홍색, 보라색 등 선명한 꽃 색이 많은데 최근에는 갈색이 감도는 세련된 색상도 인기가 많다.

물올림이 좋고 꽃의 수명도 길어 꽃이 적은 여름철에 유용하다. 가정에서도 드라이플라워를 간단하게 만들 수 있다. 독특한 냄새가 나므로 과도하게 사용하지 않는다.

꽃잎처럼 보이는 것은 포엽이다. 작은 솔처럼 생긴 모습이 사랑스럽다.

만지면 바삭바삭하다.

꽃에서는 독특한 냄새가 난다.

Arrange memo

- 관상 기간: 약 14일
- 물올림: 물속 자르기
- 주의 사항: 독특한 냄새가 나므로 과도하게 사용하지 않는다.
- 잘 어울리는 화재:
  - **리시안서스**(52쪽)
  - **백합**(71쪽)

드라이플라워

Data

- **식물 분류**: 갯질경이과 갯질경이속
- **원산지**: 유럽, 지중해 연안
- **일반명**: 꽃갯질경
- **개화기**: 6~7월
- **유통 길이**: 약 30~80cm
- **꽃 크기**: 소륜

꽃말
변함없는 사랑, 영구불변

유통 시기

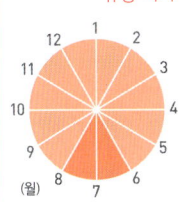

품종 카탈로그

스타티스 품종 카탈로그

가지가 여러 갈래로 갈라지는 품종이다. 작은 꽃이 전체적으로 분산되어 가지를 자른 다음 나누어 사용하기 편하다.

키노부란

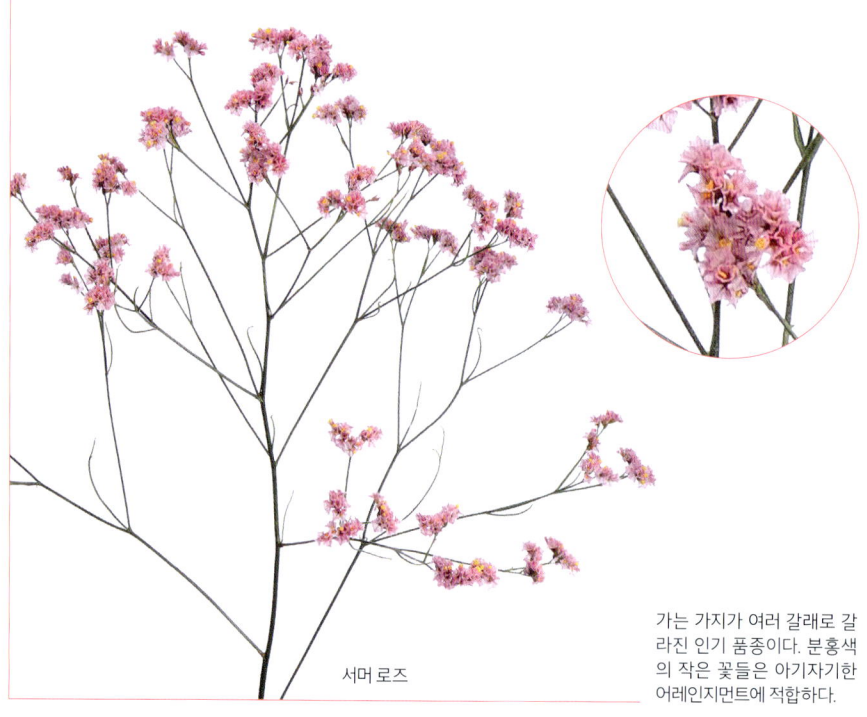

서머 로즈

가는 가지가 여러 갈래로 갈라진 인기 품종이다. 분홍색의 작은 꽃들은 아기자기한 어레인지먼트에 적합하다.

스토케시아

Stokesia

보라색과 파란색 계열의 청량감 있는 꽃 색이 초여름과 잘 어울린다. 부케나 어레인지먼트의 악센트가 된다.
잘 자라고 키우기 쉬워서 화분용이나 정원화로 많은 사랑을 받고 있으며, 최근에는 절화의 출하량도 많아졌다. 분홍색이나 흰색 꽃도 유통된다.
꽃이 진 후에 시든 꽃잎을 바로 제거하면 나머지 꽃봉오리도 잘 핀다.

청량감 있는 색채가 인기를 끌면서 절화의 출하량도 많아졌다.

너무 단단하고 작은 꽃봉오리는 개화하지 않으므로 잘라내도 된다.

깊게 갈라진 가는 꽃잎이 특징이다.

잎의 밑부분에는 작은 가시가 있다.

Arrange memo

관상 기간: 7일 전후
물올림: 물속 자르기
주의 사항: 특별히 없음
잘 어울리는 화재:
장미(147쪽)
카네이션(161쪽)

Data

식물 분류: 국화과 풍차국속
원산지: 북아메리카
일반명: 풍차국
개화기: 6~10월
유통 길이: 약 30~50㎝
꽃 크기: 중륜
꽃말
청초, 추상
유통 시기

스토크

Brompton stock, Common stock

스토크는 그리스 시대부터 약초로 재배된 역사가 오래된 꽃이다.

스토크는 '튼튼한 줄기'라는 의미지만, 의외로 쉽게 꺾이므로 다룰 때 주의한다. 파스텔톤의 꽃들이 모여 피는 모습에서 봄기운이 느껴지며 달콤한 향이 난다.

큰 꽃다발에 적합한 겹꽃형 외에 어레인지먼트에 사용하기 편한 스프레이형이나 홑꽃형 등도 있다.

꽃과 꽃의 간격이 벌어지지 않은 것을 고른다.

굵은 줄기에 부드러운 색감의 꽃이 빽빽이 모여 핀다.

줄기나 꽃목이 굵어도 쉽게 꺾이므로 다룰 때 주의한다.

화이트 콰르텟

Data

식물 분류: 십자화과 마티올라속
원산지: 남유럽
일반명: 비단향꽃무
개화기: 2~4월
유통 길이: 약 30~80cm
꽃 크기: 중륜

꽃말
영원한 아름다움, 영원히 지속되는 사랑의 굴레, 풍부한 사랑, 구애, 사랑의 결합

유통 시기

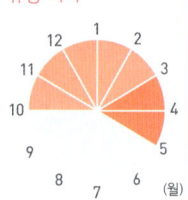

Arrange memo

관상 기간: 5~7일
물올림: 물속 자르기, 열탕처리
주의 사항: 줄기가 쉽게 꺾이므로 다룰 때 조심한다.
잘 어울리는 화재:
  카네이션(161쪽)
  튤립(180쪽)

스토크 품종 카탈로그

로즈 아이언

마린 아이언

아프리콧 아이언

퍼플 아이언

체리 아이언

화이트 아이언

홑꽃형은 꽃잎이 4장이다. 겹꽃형 꽃보다 가녀린 편이어서 어레인지먼트하기 좋다.

핑크 아이언(홑꽃)

어레인지먼트

중심에 스토크와 카네이션, 아스터를 꽂은 후 커다란 쿠커버러 잎으로 형태를 크게 잡아준다.

스트렐리치아

Bird-of-paradise, Crane flower

남국 태생 꽃답게 형태가 개성적이다. 꽃잎의 바깥쪽은 주황색, 안쪽은 청보라색으로 땅거미가 내려앉아 저녁노을 진 하늘처럼 이국적인 색감도 매력적이다.

꽃의 형태가 날개를 펼친 새의 모습과 닮아 '극락조화'라고 하며, 그 화려한 자태와 행운이 깃들 것 같은 이름 덕분에 신년의 꽃으로 인기가 있다. 같은 남국 태생의 꽃이나 그린 화재와 함께 꽂으면 근사하다.

꽃잎의 바깥쪽은 주황색이다.

꽃잎의 안쪽은 청보라색이다.

새처럼 생긴 꽃의 자태와 이국적인 분위기가 매력적이다.

굵은 줄기는 튼튼해 쉽게 꺾이지 않는다.

Data

- 식물 분류: 파초과 스트렐리치아속
- 원산지: 남아프리카
- 일반명: 극락조화
- 개화기: 연중
- 유통 길이: 약 80~150cm
- 꽃 크기: 대륜
- 꽃말: 관용, 멋진 사랑, 허세 부리는 사랑
- 유통 시기:

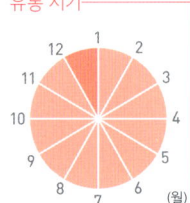

Arrange memo

- 관상 기간: 10~12일
- 물올림: 물속 자르기
- 주의 사항: 추위에 약하므로 따뜻한 실내에 장식한다.
- 잘 어울리는 화재: **글로리오사**(20쪽) **헬리코니아**(198쪽)

스트로베리 캔들

Crimson clover

'스트로베리 캔들'이라는 이름은 빨간 꽃이삭이 딸기 과실과 촛불을 연상시켜서 붙여진 이름이다. 토끼풀꽃을 세로로 길게 늘어놓은 것 같은 흰색의 꽃이삭도 있다. 들꽃처럼 생긴 소박한 모습을 살려 내추럴하게 장식해보자.

스트로베리 캔들의 줄기는 햇빛을 향해 굽으며 자란다. 그 굽은 라인 끝에서 흔들리는 꽃이삭이 어레인지먼트에 움직임을 만들어준다. 줄기는 신문지로 감싼 후 열탕처리하면 곧게 만들 수도 있다.

작은 꽃들이 모여 5~8cm 크기의 꽃이삭을 이룬다.

빨간 꽃이삭이 딸기 열매와 촛불을 연상시킨다.

딸기 열매와 촛불을 연상시키는 빨간 꽃이삭이 어레인지먼트에 움직임을 준다.

잎은 쉽게 탈수 현상이 나타나므로 생기가 없으면 제거한다.

어레인지먼트

스트로베리 캔들의 형태를 살리기 위해 그린 화재인 헬리크리섬을 더해주었다.

Arrange memo

관상 기간: 5~7일
물올림: 물속 자르기
주의 사항: 잎은 쉽게 탈수 현상이 나타나므로 꽂기 전에 제거한다.
잘 어울리는 화재:
　마거리트(57쪽)
　블루스타(82쪽)

Data

식물 분류: 콩과 토끼풀속
원산지: 유럽
일반명: 진홍토끼풀
개화기: 5~7월
유통 길이: 약 40~60cm
꽃 크기: 소륜

꽃말
저를 떠올려보세요,
몰래하는 사랑,
마음에 등불이 켜짐,
소박한 귀여움

유통 시기

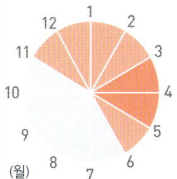

103

스프레이 맘

Florist's chrysanthemum

동양에서는 헌화의 이미지가 강했던 국화이지만, 유럽이나 미국에서 품종 개량을 해 최근에는 밝은 분홍색이나 산뜻한 녹색 등 파스텔컬러의 스프레이형 서양 국화가 인기를 끌고 있다. 품종이 아주 다양하다.
꽃의 형태는 홑꽃형, 겹꽃형, 스트로형, 카네이션형, 폼폰형 등 다양하다. 꽃이 지나치게 많으면 약간 솎아낸 후 꽂는다.

밝은 파스텔컬러가
잇따라 등장!

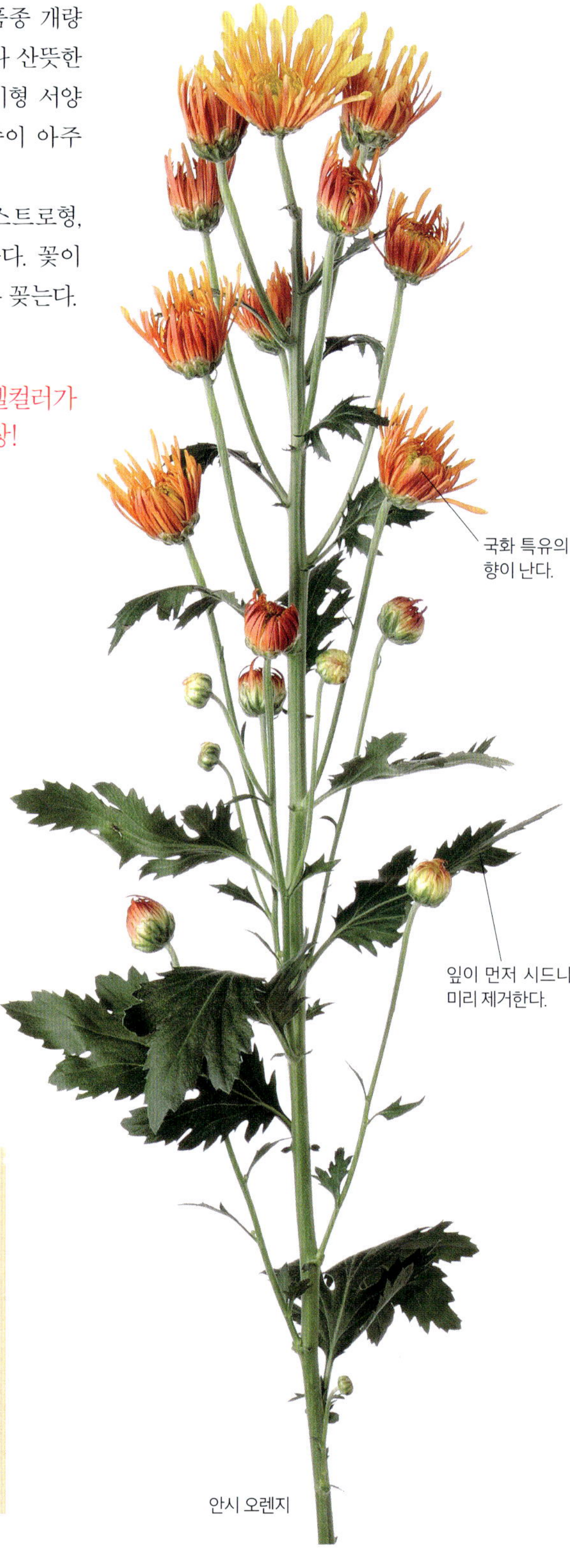

국화 특유의 산뜻한
향이 난다.
잎이 먼저 시드니
미리 제거한다.

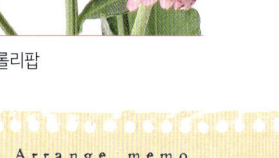

안시 오렌지

롤리팝

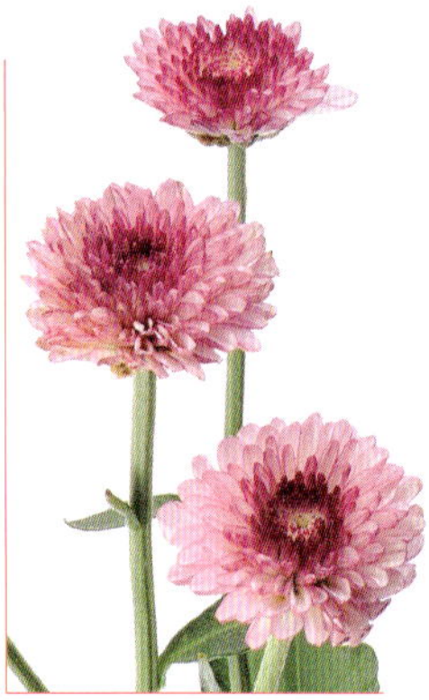

Data
식물 분류:
국화과 쑥갓속
원산지:
유럽, 미국, 중국
일반명: 국화
개화기: 9~11월
유통 길이:
약 30~100cm
꽃 크기: 중륜
꽃말
진실, 고귀, 고결,
여성의 애정
유통 시기

1
2
3
4
5
6
7
8
9
10
11
12
(월)

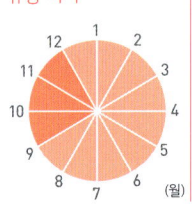

Arrange memo

관상 기간: 10~14일
물올림: 물속 자르기
주의 사항: 칼날이 닿으면 좋지 않으므로 물속에서 줄기를 꺾어 물올림하는 것이 좋다.
잘 어울리는 화재:
매리골드(60쪽)
백합(71쪽)

시네라리아 페리칼리스

Cineraria

추운 겨울부터 유통되어 한 발 앞서 봄소식을 알리는 화분용 꽃으로 인기가 있다. 최근에는 절화로도 유통된다. 스프레이형이 절화로 유통되며, 아스터(115쪽)처럼 매스 플라워로 사용할 수 있다.
절화는 파란색 꽃이 드물어서 어레인지먼트의 화재로 사랑받고 있다. 잎이 쉽게 손상되고, 탈수 현상이 나타나기 쉬우므로 주의한다. 잎을 제거하고 열탕처리를 한 후에 사용한다.

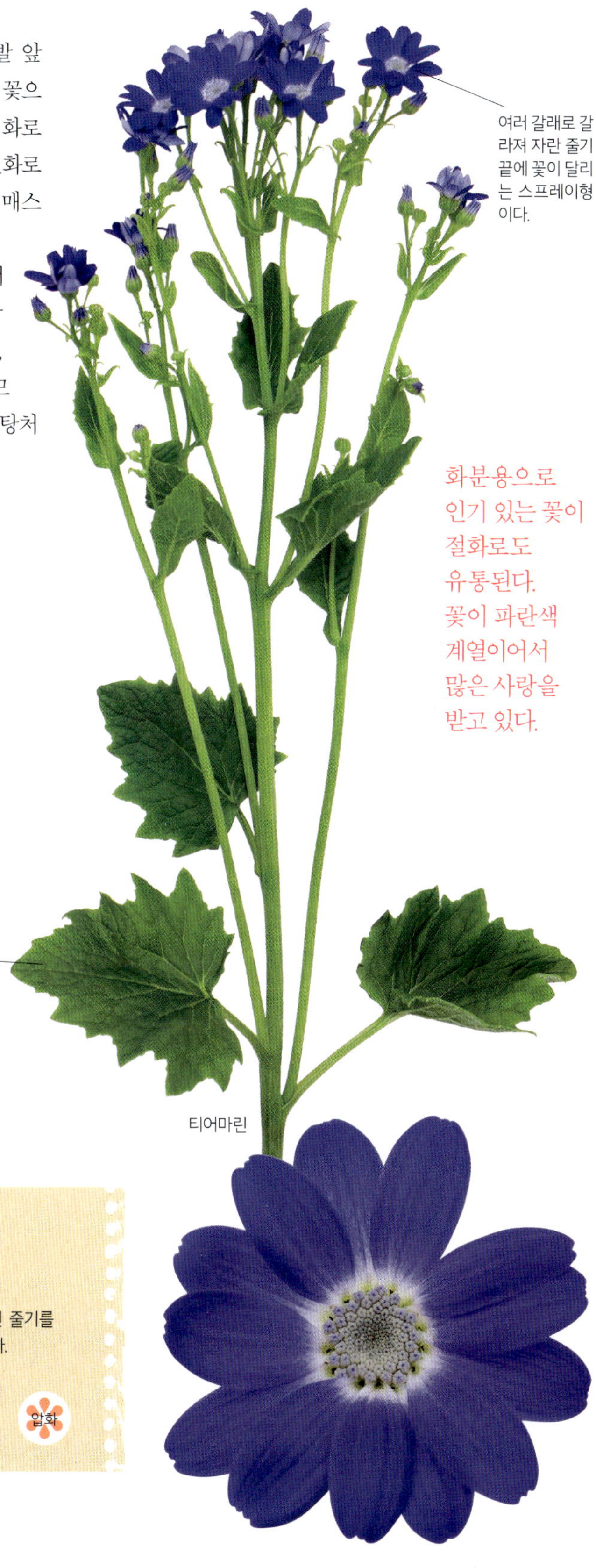

여러 갈래로 갈라져 자란 줄기 끝에 꽃이 달리는 스프레이형이다.

화분용으로 인기 있는 꽃이 절화로도 유통된다. 꽃이 파란색 계열이어서 많은 사랑을 받고 있다.

잎이 쉽게 손상되므로 꽂기 전에 물에 잠기는 꽃은 제거한다.

티어마린

Arrange memo

관상 기간: 5~10일
물올림: 물속 자르기, 열탕처리
주의 사항: 탈수 현상이 나타나면 줄기를 재절단한 후에 깊게 담그기를 한다.
잘 어울리는 화재:
버플레움(75쪽)
세레네(84쪽)

Data

식물 분류: 국화과 시네라리아속
원산지: 아시아, 유럽
일반명: 부귀국
개화기: 1~4월
유통 길이: 약 50~60㎝
꽃 크기: 중륜

꽃말
기쁨, 빛나는 사랑, 희망

유통 시기

시클라멘

Cyclamen

시클라멘은 겨울철 선물용 분화식물(보통 노지에 심지 않고 화분에 심어 관리하는 식물)이라는 인상이 강하지만, 최근에는 절화도 혼합다발 형태로 유통된다. 독특한 무늬가 있는 잎도 유통된다. 꽃잎이 프릴 형태이거나 꽃의 색상이 이중색인 것 등 종류가 다양하므로 한데 모으면 화려한 분위기를 연출할 수 있다. 이국적인 꽃들과 배합해 크리스마스 어레인지먼트에 응용해도 좋고, 동양적인 분위기를 살려 어레인지해도 좋다.

최근에는 절화로도 유통되는 겨울 화분의 대표 주자다.

꽃과는 별도로 잎도 유통

시클라멘은 꽃만 유통하지만, 최근에는 잎맥의 무늬나 녹색의 농담 대비가 개성적인 잎도 꽃과는 별도로 그린 화재로 유통한다.

빨강, 분홍, 보라, 흰색 등의 꽃을 혼합다발 형태로 유통하는 경우가 많다.

꽃잎이 프릴 형태인 것도 인기 있다.

Data
식물 분류: 앵초과 시클라멘속
원산지: 지중해 지방
일반명: -
개화기: 11~4월
유통 길이: 약 20cm
꽃 크기: 중륜·대륜
꽃말: 유대감, 수줍음, 내성적, 조심스러움, 의심을 품음, 질투

유통 시기

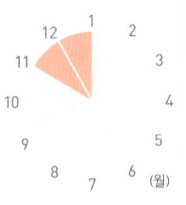

어레인지먼트

여러 개의 작은 유리 화기를 나란히 놓고 시클라멘 꽃과 잎을 균형을 맞춰가며 꽂는다.

Arrange memo
관상 기간: 7~14일
물올림: 물속 자르기
주의 사항: 시원한 곳에 장식하면 오랫동안 관상할 수 있다.
잘 어울리는 화재:
백묘국(253쪽)
장미 열매(239쪽)

드라이플라워

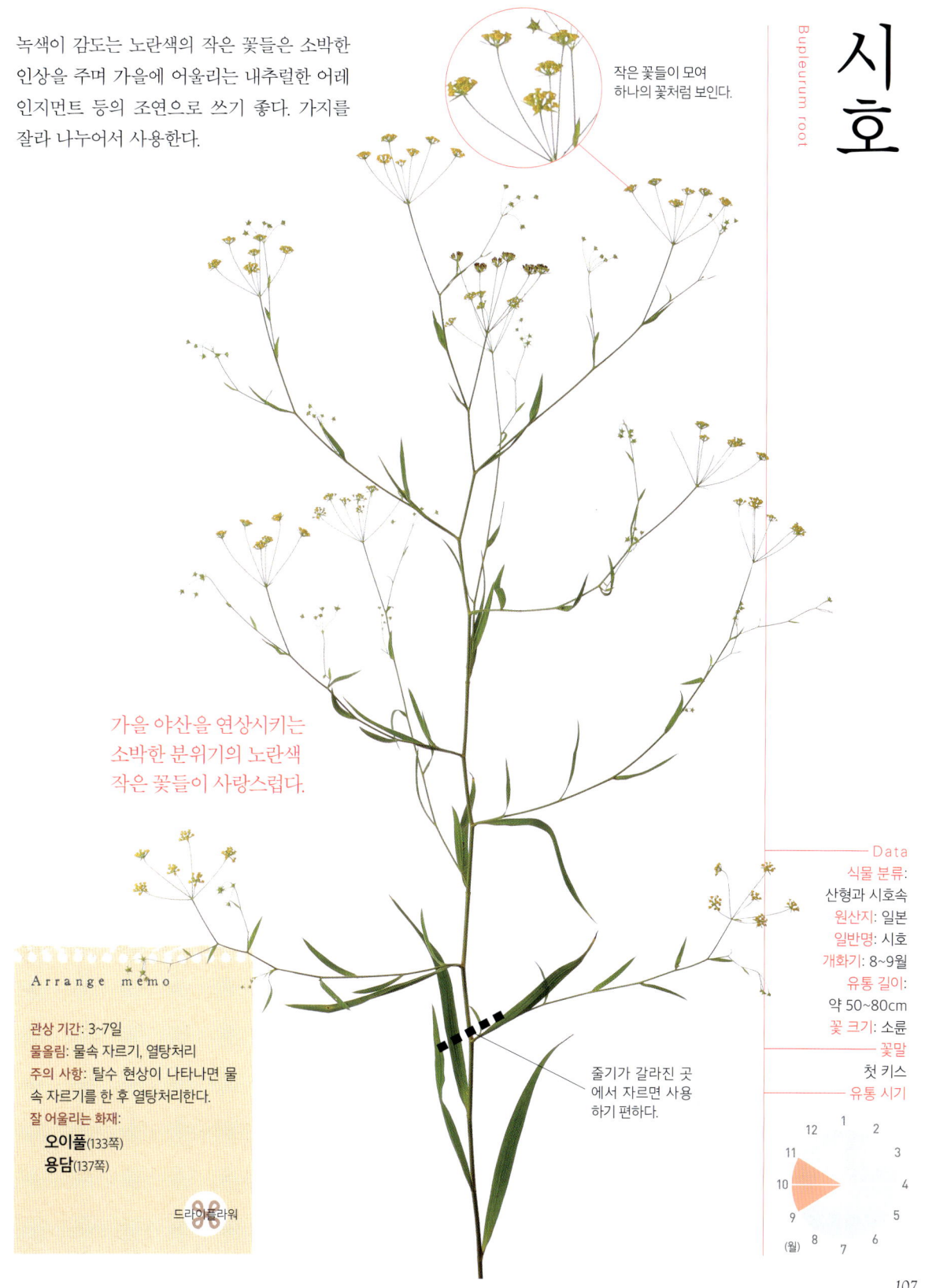

녹색이 감도는 노란색의 작은 꽃들은 소박한 인상을 주며 가을에 어울리는 내추럴한 어레인지먼트 등의 조연으로 쓰기 좋다. 가지를 잘라 나누어서 사용한다.

작은 꽃들이 모여 하나의 꽃처럼 보인다.

Bupleurum root

시호

가을 야산을 연상시키는 소박한 분위기의 노란색 작은 꽃들이 사랑스럽다.

Arrange memo

관상 기간: 3~7일
물올림: 물속 자르기, 열탕처리
주의 사항: 탈수 현상이 나타나면 물속 자르기를 한 후 열탕처리한다.
잘 어울리는 화재:
 오이풀(133쪽)
 용담(137쪽)

줄기가 갈라진 곳에서 자르면 사용하기 편하다.

Data
식물 분류: 산형과 시호속
원산지: 일본
일반명: 시호
개화기: 8~9월
유통 길이: 약 50~80cm
꽃 크기: 소륜

꽃말
첫 키스

유통 시기

심비디움

Cymbidium

심비디움은 분화용 난으로 꾸준한 인기를 누리지만, 최근에는 절화용으로도 인기가 많다. 심비디움 특유의 채도가 낮은 옅은 색에 빨간색이나 갈색 등 세련된 분위기의 짙은 색상, 흰색 등이 더해져 다채로워졌다.

꽃의 수명이 길어 관혼상제용으로 제격이다. 줄기가 아래로 늘어지는 종류는 신부 부케로도 좋다. 꽃을 잘라내 물에 띄우는 어레인지먼트로도 제법 근사하다.

꽃에는 밀랍 공예품처럼 광택이 있으며 색상이 다채롭다. 꽃송이를 떼어 물에 띄워도 근사하다.

꽃잎이 밀랍 공예품 같은 질감이다.

실온이 높지 않은 곳에 놓으면 오랫동안 관상할 수 있다.

밀랍 공예품 같은 꽃잎과 짙은 색의 입술꽃잎이 특징이다.

Data

식물 분류:
난초과 보춘화속
원산지:
일본, 중국,
동남아시아, 남아시아,
오스트레일리아
일반명: -
개화기: 11~3월
유통 길이:
약 40~80cm
꽃 크기: 대륜
꽃말:
고귀한 미인, 소박함,
꾸밈없는 마음
유통 시기

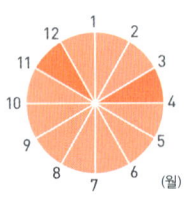

Arrange memo

관상 기간: 약 30일
물올림: 물속 자르기
주의 사항: 실온이 높지 않은 곳에 놓으면 오랫동안 관상할 수 있다.
잘 어울리는 화재:
스키미아(96쪽)
파초일엽(268쪽)

아가판서스

Agapanthus

아가판서스는 그리스어로 '사랑'을 의미하는 '아가페'와 '꽃'을 의미하는 '안투스'에서 유래된 이름이다. 길게 뻗은 꽃줄기 끝에 30~50개에 달하는 작은 꽃들이 방사형으로 피며, 홑꽃형과 겹꽃형이 있다. 햇빛이 들지 않으면 봉오리가 개화하지 않고 떨어지는 경우가 있으므로 주의한다. 파란색이나 보라색 꽃은 수술과 가는 꽃잎이 어우러져 시원한 인상을 준다. 긴 꽃줄기의 라인을 살려 깔끔하게 연출한다. 동양풍과 서양풍 모두 잘 어울린다.

- 자잘한 꽃들이 방사형으로 핀다.
- 개화하면 꽃이 아래쪽을 향하는 종류가 많다.
- 동양풍, 서양풍 모두 추천하는 소재. 줄기의 라인을 살린 어레인지먼트를 연출하자.

Arrange memo

- **관상 기간:** 5~7일
- **물올림:** 물속 자르기
- **주의 사항:** 어두운 곳을 싫어하므로 햇빛이 잘 드는 밝은 곳에 둔다.
- **잘 어울리는 화재:**
  - 스카비오사(95쪽)
  - 장미(147쪽)

어레인지먼트

아가판서스의 긴 줄기 라인이 돋보이도록 장미나 스카비오사 등을 낮게 배합해 테이블을 장식한다.

파란색 꽃이 시원한 느낌을 준다.

Data

- **식물 분류:** 백합과 아가판서스속
- **원산지:** 남아프리카
- **일반명:** 자주군자란
- **개화기:** 5~8월
- **유통 길이:** 약 30~80cm
- **꽃 크기:** 소륜

꽃말
사랑의 소식, 사랑의 방문

유통 시기

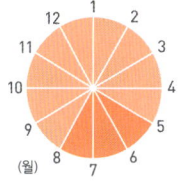

아게라툼

Flossflower

아게라툼은 꽃이 잘 퇴색되지 않아 '늙지 않는다'는 의미의 그리스어에서 유래되었다. 솜털 같은 꽃잎이 달린 작은 꽃이 공 모양으로 모여 핀다. 파란색, 보라색 계열의 품종이 많이 유통된다.

어레인지먼트의 부화재로 부드러운 분위기나 강조색이 필요할 때 유용하다. 습기를 싫어하므로 봉오리나 꽃에는 물이 닿지 않도록 주의한다.

1~2cm 크기의 작은 꽃들이 한데 모여 피며 색이 오랫동안 유지된다.

솜털같이 생긴 사랑스러운 작은 꽃들이 어레인지먼트의 조연으로 활약한다.

Arrange memo

관상 기간: 5~7일
물올림: 물속 자르기, 열탕처리
주의 사항: 습기를 싫어하므로 통풍이 잘되는 밝은 곳에 둔다. 봉오리가 쉽게 떨어지니 다룰 때 주의한다.
잘 어울리는 화재:
리시안서스(52쪽)
스노볼(92쪽)

어레인지먼트

작은 화분에 아게라툼을 짧게 꽂아 내추럴하게 연출한다.

잎이 많으면 제거한 후 사용한다.

Data

식물 분류:
국화과
등골나물아재비속
원산지:
중앙아메리카 열대 지방
일반명:
불로화, 멕시코엉겅퀴
개화기: 5~10월
유통 길이:
약 20~60cm
꽃 크기: 소륜
꽃말:
신뢰, 즐거운 나날
유통 시기

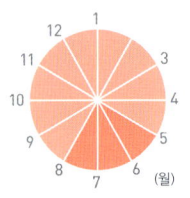

아네모네

Lily-of-the-field, Windflower

봄을 대표하는 꽃 중 하나다. 이름은 '바람'을 의미하는 그리스어 '아네모네'에서 유래되었다. 얇은 꽃잎처럼 보이는 것은 꽃받침이며 중앙의 흑자색 부분이 꽃이다. 홑겹형, 반겹꽃형, 겹꽃형이 있으며 꽃의 색상도 다양하다. 다양한 색상을 혼합해 유통하는 경우가 많으므로 아네모네로만 일종꽃이해도 된다. 만개하지 않은 꽃을 고르면 아주 오랫동안 관상할 수 있다.

꽃받침이 꽃잎처럼 보인다. 빛이나 온도에 민감하게 반응하면서 벌어지고 오므라든다.

중앙의 흑자색 부분이 꽃이다.

꽃봉오리가 단단한 것은 개화하지 않는 경우가 많다.

고상한 빛깔이 매력적인 아네모네는 혼합다발로 일종꽃이해 색감을 즐긴다.

어레인지먼트

Arrange memo

관상 기간: 2~3일
물올림: 물속 자르기
주의 사항: 직사광선 등 강한 빛에 노출되면 쉽게 시들므로 주의한다.
잘 어울리는 화재:
마거리트(57쪽)
버플레움(75쪽)

Data

식물 분류: 미나리아재비과 바람꽃속
원산지: 지중해 연안
일반명: 바람꽃
개화기: 2~5월
유통 길이: 약 25~50cm
꽃 크기: 중륜
꽃말: 기대, 진실, 덧없는 사랑, 당신을 믿고 기다릴게요
유통 시기

한 송이만 꽂아 장식할 때 개성적인 화기를 고르면 강한 인상을 연출할 수 있다.

아마란서스 줄맨드라미

Amaranth, Love-lies-bleeding

많은 꽃이삭이 모여 피며, 가을이 되면 자주 눈에 띄는 꽃이다. 이름은 '시들지 않는다'는 의미의 그리스어에서 유래되었다. 꽃이삭이 길게 줄 형태로 뻗어 아래로 늘어지는 것은 '아마란투스 카우다투스', 꽃이삭이 아래로 늘어지지 않는 것은 '아마란투스 히포콘드리아쿠스'라고 부르며 구별한다. 아래로 늘어지는 종류는 개성적인 형태를 살린 어레인지먼트에 제격이다.

아래로 늘어지는 형태를 살려 세련되게 연출한다.

Data

식물 분류: 비름과 비름속
원산지: 열대아메리카, 열대아프리카
일반명: 줄맨드라미, 실맨드램이, 줄비름
개화기: 7~11월
유통 길이: 약 80~150cm
꽃 크기: 소륜 (꽃이삭은 중형·대형)
꽃말: 강인한 정신, 걱정할 필요 없어요
유통 시기

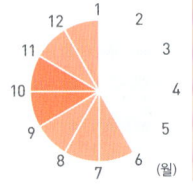

Arrange memo

관상 기간: 5~7일
물올림: 물속 자르기, 열탕처리
주의 사항: 꽃줄기가 쉽게 꺾이므로 세심한 주의를 기울인다.
잘 어울리는 화재:
다알리아(31쪽)
안스리움(121쪽)

드라이플라워

어레인지먼트

녹색 아마란서스를 잎이 많이 달린 가지류와 함께 꽂는다. 이때 화기는 크직한 것을 선택한다.

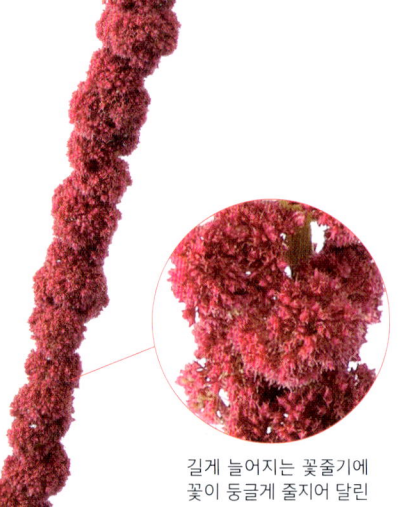

길게 늘어지는 꽃줄기에 꽃이 둥글게 줄지어 달린다. 꽃줄기가 쉽게 꺾이므로 손놀림에 주의한다.

아마란투스 카우다투스

아마릴리스

Amaryllis, Barbados lily, Knight's star lily

길게 뻗은 꽃줄기 끝에 백합을 닮은 화려한 꽃이 여러 송이 핀다. 존재감이 있는 대륜이나 겹꽃형 품종 외에 최근에는 가는 꽃잎이 달리는 중륜도 유통되고 있다. 달콤한 향이 감도는 품종도 있다. 줄기 속이 비어 있어 쉽게 꺾이므로 주의해야 한다. 줄기가 꺾인 꽃은 어레인지먼트나 부케에 짧게 사용해도 근사하다.

꽃대 끝에 여러 송이 꽃이 달린다.

어레인지먼트의 주인공으로 제격이다. 줄기 속이 비어 있으므로 다룰 때 주의한다.

Arrange memo

관상 기간: 5~7일
물올림: 물속 자르기
주의 사항: 꽃대가 쉽게 꺾이므로 줄기 속에 다른 화재의 줄기를 채워 넣으면 꽂기 편하다. 절단면이 쉽게 갈라지니 예리한 칼로 줄기의 가장자리를 한 바퀴 둘러 깔끔하게 잘라준다.
잘 어울리는 화재:
엽란(261쪽)
잎새란(263쪽)

어레인지먼트

흰색 아마릴리스를 짧게 자른 다음 엽란을 말아 꽃 주위를 에워싸듯 꽂아 연출한다.

줄기 속이 비어 있어 쉽게 꺾인다.

레드 라이온

Data

식물 분류: 수선화과 아마릴리스속
원산지: 남아메리카
일반명: 진주화
개화기: 3~7월
유통 길이: 약 40~80cm
꽃 크기: 중륜·대륜

꽃말
자부심, 정렬, 내성적, 눈부신 아름다움, 수다쟁이, 강한 허영심

유통 시기

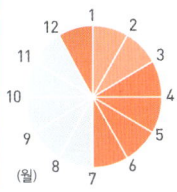

품종 카탈로그

아마릴리스 품종 카탈로그

홑꽃형 대륜 품종인 '로열 벨벳'은 꽃잎이 벨벳처럼 생겼다.

'크리스마스 기프트'는 꽃잎이 눈처럼 새하얗다.

어레인지먼트

큰 유리 화기에 물과 애기사과를 채운 다음 키가 큰 아마릴리스를 시원스레 꽂아 연출한 모습이다.

'카리스마'는 분홍색과 흰색의 이중색이 화려하다.

아스터는 품종이 매우 많으며, 소박한 홑꽃형부터 꽃송이가 크고 호화로운 겹꽃형, 반겹꽃형, 폼폰형 등 화형도 다양하다. 색상도 원색부터 중간색까지 여러 가지다.

예전에는 불단용 꽃으로 추석, 춘분과 추분 기간에 애용하는 꽃이었지만, 최근에는 어레인지먼트나 부케 등에 적합한 서양풍 품종이 많이 유통한다. 가는 가지 끝에 꽃이 스프레이 형태로 많이 달리므로 가지를 자른 다음 나누어 사용하기에 편리하다. 불필요한 잎은 제거한 후 꽂는다.

아스터

China aster

개화하지 않을 것 같은 꽃봉오리를 제거하면 오랫동안 관상할 수 있다.

색상·형태·크기 등의 종류가 각양각색이다. 가지를 잘라 나누어 사용하기 좋다.

물올림이 매우 좋다.

애기과꽃

Arrange memo

- **관상 기간**: 5~7일
- **물올림**: 물속 자르기
- **주의 사항**: 잎이 쉽게 손상되므로 불필요한 잎은 최대한 제거한다.
- **잘 어울리는 화재**:
  - **스위트피**(94쪽)
  - **알리움**(122쪽)

어레인지먼트

윗부분을 잘라낸 관상용 호박에 플로랄폼을 고정시킨 다음 자른 아스터를 봉긋하게 꽂는다.

Data

- **식물 분류**: 국화과 과꽃속
- **원산지**: 중국 북부
- **일반명**: 과꽃, 벽남국
- **개화기**: 5~7월
- **유통 길이**: 약 30~80cm
- **꽃 크기**: 소륜·중륜

꽃말
믿는 마음, 동감, 아름다운 추억, 변화

유통 시기

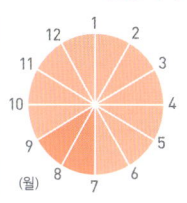

(월)

아스트란티아

Masterwort

꽃받침이 별 모양으로 벌어지는 것이 특징이다. 그 위에 수많은 작은 꽃이 반구형으로 벌어지며 핀다. 꽃 이름도 '별'을 의미하는 그리스어 '아스트라'에서 유래되었다. 내추럴한 자태는 모든 화재와 잘 어울리지만 독특한 향이 나므로 과도하게 사용하지 않도록 주의한다. 줄기가 연해 목굽음 현상이 대개 나타난다. 물속 자르기를 꼼꼼히 한 후 꽂는다. 드라이플라워에도 적합하다.

뻣뻣한 질감의 꽃은 압화나 드라이플라워 화재로도 좋다.

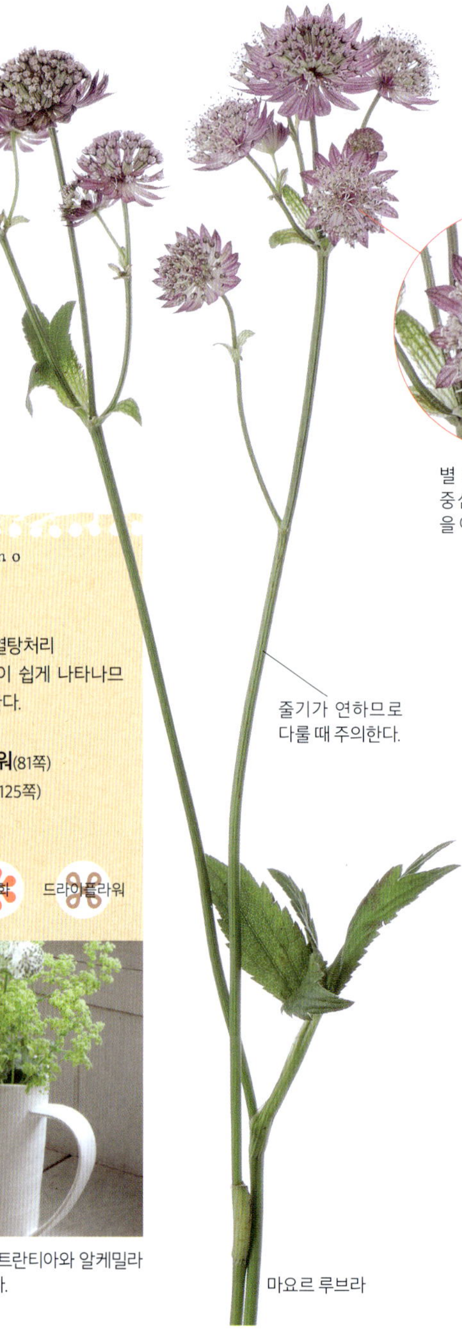

별 모양의 꽃받침이 중심부의 작은 꽃들을 에워싸며 핀다.

Arrange memo

- 관상 기간: 5~7일
- 물올림: 물속 자르기, 열탕처리
- 주의 사항: 탈수 현상이 쉽게 나타나므로 물올림을 충분히 한다.
- 잘 어울리는 화재:
  - 블루레이스 플라워(81쪽)
  - 알케밀라 몰리스(125쪽)

압화 드라이플라워

어레인지먼트

깔끔한 흰색 물병에 아스트란티아와 알케밀라 몰리스를 꾸밈없이 꽂는다.

줄기가 연하므로 다룰 때 주의한다.

마요르 루브라

로마

Data

- 식물 분류: 산형과 아스트란티아속
- 원산지: 유럽, 서아시아
- 일반명: -
- 개화기: 5~9월
- 유통 길이: 약 30~60cm
- 꽃 크기: 소륜
- 꽃말: 사랑의 갈증
- 유통 시기:

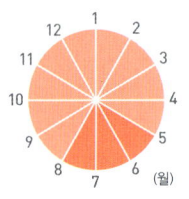

가는 줄기 끝에 수많은 작은 꽃이 모여 핀 모양이 거품이 부풀어 오르는 듯한 소재다. 절화로 유통되는 품종은 일본의 산야에 자생하는 일본 노루오줌과 중국의 치넨시스노루오줌의 교배종이 일반적이다. 그래서인지 동양적인 분위기가 느껴지는 듯하다. 부드럽고 내추럴한 분위기가 동양풍과 서양풍에 모두 잘 어울린다. 최근에는 형형색색의 염색화도 유통되고 있다.

아스틸베 노루오줌
Perennial spiraea

작은 꽃들이 거품 방울처럼 보송보송하게 피어오른다.

줄기는 가늘고 나무처럼 단단하다.

Arrange memo
관상 기간: 5~7일
물올림: 물속 자르기, 열탕처리, 탄화처리
주의 사항: 바람에 노출되면 쉽게 탈수 현상이 나타나므로 유의한다.
잘 어울리는 화재:
스카비오사(95쪽)
캄파눌라(167쪽)

드라이플라워

어레인지먼트

보송보송하게 피어오른 꽃이삭의 형태를 살려 들풀처럼 내추럴하게 꽂는다.

Data
식물 분류: 범의귀과 노루오줌속
원산지: 중앙아시아, 북아메리카, 일본
일반명: 노루오줌
개화기: 5~7월
유통 길이: 약 40~80cm
꽃 크기: 소륜

꽃말
사랑이 찾아옴, 자유, 마음대로 함

유통 시기

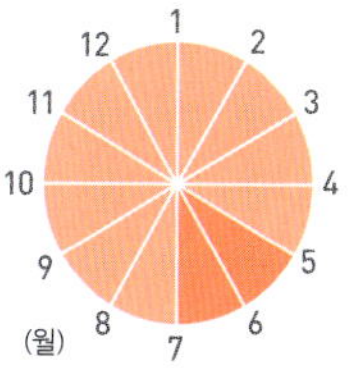

매트한 질감의 금속 화기에 분홍색 아스틸베의 내추럴한 자태를 살려 일종꽃이한다.

아이리스

Iris

아이리스는 라틴어로 '이리스'다. 그리스 신화에 나오는 무지개의 여신 이리스에서 유래된 이름인 것이다.

꽃집에서 '아이리스'라고 부르는 꽃은 '더치 아이리스'다. 네덜란드에서 교배된 구근 아이리스로 꽃잎 안쪽에 노란색 얼룩무늬가 있는 것이 특징이다. 아이리스는 뚜렷한 꽃의 형태, 곧게 뻗은 꽃줄기와 잎의 라인이 꽃창포와 비슷하며, 가지류와 배합해 동양풍으로 연출해도 잘 어울린다.

꽃창포를 연상시키는 빛깔과 자태가 동양풍 어레인지먼트에서 돋보인다.

커다란 꽃잎 안쪽에 노란색 얼룩무늬가 있다.

Arrange memo

관상 기간: 3~7일
물올림: 물속 자르기
주의 사항: 봉오리에 물을 뿌리면 개화하지 않을 수 있으므로 주의한다.
잘 어울리는 화재:
　가는잎조팝나무(202쪽)
　델피니움(35쪽)

어레인지먼트

아이리스로만 만든 부케가 인상적이다. 꽃과 같은 색상의 라피아 끈으로 묶어 포인트를 준다.

잎이 싱싱하고 탄력 있는 것을 고른다.

더치 아이리스

Data

식물 분류: 붓꽃과 붓꽃속
원산지: 유럽, 지중해 연안
일반명: 화란붓꽃
개화기: 4~5월
유통 길이: 약 50~70cm
꽃 크기: 중륜·대륜
꽃말: 소식, 기쁜 소식, 사랑의 메시지
유통 시기

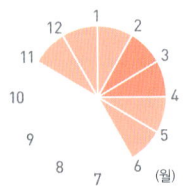

아이슬란드 포피

Iceland poppy

'포피'라는 이름으로 시중에 나와 있는 꽃은 대부분 '아이슬란드 포피'다. 추운 겨울부터 꽃집 앞을 장식한다. 구불구불하게 뻗어 나간 줄기 끝에 털이 난 둥근 꽃봉오리가 달린다. 아래로 향해 있던 꽃봉오리가 점차 고개를 들어 두 갈래로 갈라지면 그 안에서 주름 종이처럼 생긴 얇은 꽃잎 4장이 모습을 드러내며 꽃을 피운다.

한 묶음에 다양한 색상을 섞어 유통하므로 그대로 줄기의 라인을 살려 일종꽃이로 장식해도 좋다. 꽃의 탐스러운 자태는 그림이나 공예 소재로도 자주 이용된다.

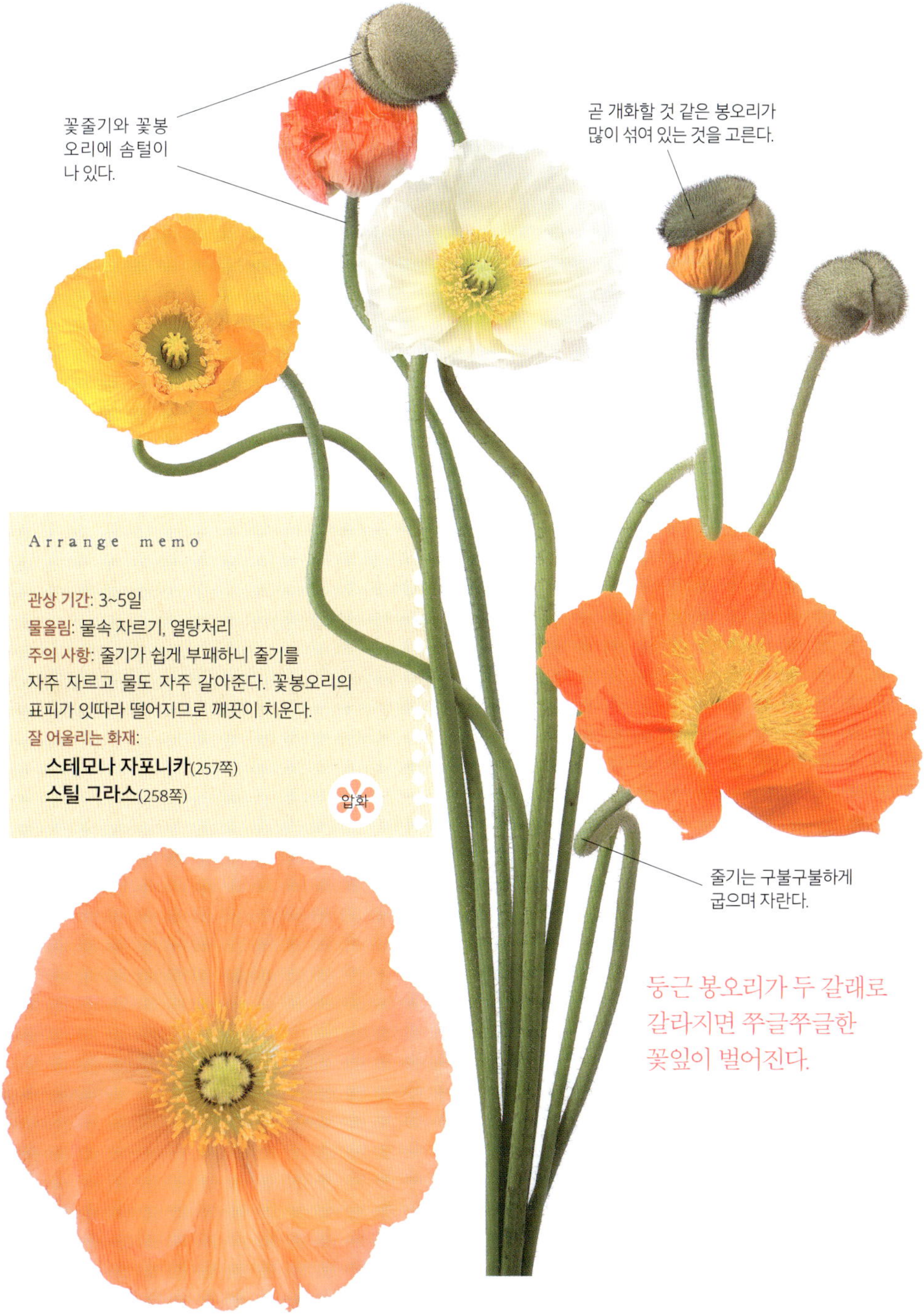

꽃줄기와 꽃봉오리에 솜털이 나 있다.
곧 개화할 것 같은 봉오리가 많이 섞여 있는 것을 고른다.
줄기는 구불구불하게 굽으며 자란다.

둥근 봉오리가 두 갈래로 갈라지면 쭈글쭈글한 꽃잎이 벌어진다.

Arrange memo

관상 기간: 3~5일
물올림: 물속 자르기, 열탕처리
주의 사항: 줄기가 쉽게 부패하니 줄기를 자주 자르고 물도 자주 갈아준다. 꽃봉오리의 표피가 잇따라 떨어지므로 깨끗이 치운다.
잘 어울리는 화재:
스테모나 자포니카(257쪽)
스틸 그라스(258쪽)

압화

Data

식물 분류: 양귀비과 양귀비속
원산지: 시베리아, 기타 아시아 대륙 북부
일반명: 꽃양귀비
개화기: 2~5월
유통 길이: 약 30~50cm
꽃 크기: 중륜 · 대륜

꽃말
인내, 위안, 망각

유통 시기

1
2
3
4
5
6
7
8
9
10
11
12
(월)

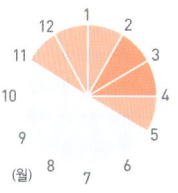

안개꽃

Baby's breath

줄기는 여러 갈래로 갈라지며 가는 가지에 자잘한 흰색 꽃이 핀다. 영명으로 '베이비스 브레스(아기의 숨결)'라고 부르듯이 수많은 작은 꽃은 어레인지먼트 전체에 아기자기한 느낌을 더하고 싶을 때 안성맞춤이다. 모든 화재와 잘 어울리지만 과도하게 사용하면 깔끔해 보이지 않을 수 있다. 가지가 뻗어 나간 방향이나 꽃이 달린 상태를 살펴가며 가지를 잘라 나눈 것을 조연으로 사용한다. 안개꽃의 독특한 냄새를 싫어하는 경우도 있으므로 과도하게 사용하지 않는다.

> 가는 가지에 피는 수많은 작은 꽃이 어레인지먼트에 아기자기한 분위기를 더한다.

줄기가 쉽게 꺾이므로 다룰 때 주의한다.

봉오리는 개화하기 어려우므로 벌어진 꽃이 많은 것을 고른다.

Data
식물 분류: 석죽과 대나물속
원산지: 유럽, 중앙아시아
일반명: 안개초
개화기: 5~6월
유통 길이: 약 40~100cm
꽃 크기: 소륜
꽃말: 티 없는 마음, 천진난만함, 꿈을 꾸는 듯한 기분
유통 시기

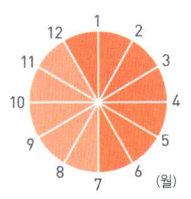

Arrange memo

관상 기간: 5~7일
물올림: 물속 자르기, 열탕처리
주의 사항: 독특한 냄새가 나므로 과도하게 사용하지 않는다.
잘 어울리는 화재:
부바르디아(78쪽)
흰색 장미, 녹색 장미(147쪽)

 압화   드라이플라워

안스리움

Flamingo lily, Tail flower

스탠더드형인 적색 품종을 비롯해 송이가 작은 튤립형, 어두운 색조, 파스텔컬러 등 다양한 품종이 유통된다. 존재감 있는 개성적인 형태를 살려 모던한 분위기의 어레인지먼트나 부케 등에 사용한다. 꽃의 수명이 길어 꽃이 적은 여름철에도 유용하다. 하트 모양의 잎도 꽃과는 별도로 유통된다.

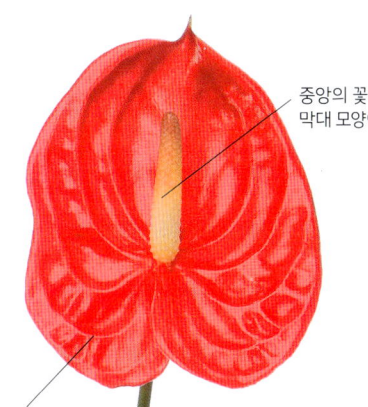

중앙의 꽃차례는 막대 모양이다.

포엽이 하트 모양이다.

열대 분위기가 물씬! 개성적인 형태를 살려 깔끔하고 모던하게 연출하자.

꽃과는 별도로 잎도 유통

안스리움은 하트 모양의 잎이 사랑스럽다. 그린 화재로 잎만 따로 유통된다.

얼굴이 정면을 향했는지 줄기의 라인이 곧은지 살펴보고 고른다.

피스타치

튤립

오자키

Arrange memo

관상 기간: 약 14일
물올림: 물속 자르기, 열탕처리
주의 사항: 실온을 12℃ 이상으로 유지한다.
잘 어울리는 화재:
 모카라(63쪽)
 쿠커버러(266쪽)

Data

식물 분류: 천남성과 안스리움속
원산지: 열대아메리카
일반명: 홍학꽃
개화기: 6~7월
유통 길이: 약 30~100cm
꽃 크기: 중륜·대륜 (포엽 포함)

꽃말
정열, 번뇌, 강열한 인상, 꾸미지 않은 아름다움, 여행을 떠남

유통 시기

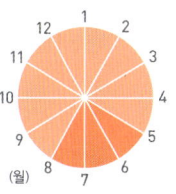
(월)

알리움
Allium

파를 대표적인 예로 들 수 있는 알리움속 꽃은 줄기를 자르면 파 냄새 같은 독특한 향이 난다. 그러니 선물할 때는 각별히 신경 써야 한다. 품종이 다양하며, '알리움 코와니'나 가는 줄기가 구불구불하게 굽은 '알리움 스패로케팔론', 대형 파꽃처럼 생긴 '알리움 기간티움' 등은 절화로 인기가 있다. 꽃의 수명은 길고 물올림이 좋은 편이다. 줄기의 라인을 최대한 살린 어레인지먼트를 추천한다.

자르면 은은한 파 향이 난다. 꽃줄기의 라인을 살려 움직임 있는 어레인지먼트를 연출하자.

순백색의 작은 꽃 20~30개 정도가 한데 모여 방사형으로 핀다.

Arrange memo
- 관상 기간: 7~21일(종류에 따라 다름)
- 물올림: 물속 자르기
- 주의 사항: 꽃줄기가 쉽게 꺾이므로 다룰 때 조심한다.
- 잘 어울리는 화재:
  - **스위트피**(94쪽)
  - **튤립**(180쪽)

Data
- 식물 분류: 백합과 부추속
- 원산지: 지중해 연안, 중앙아시아
- 일반명: -
- 개화기: 4~6월, 10~11월
- 유통 길이: 약 50~100cm
- 꽃 크기: 소륜
- 꽃말: 무한한 슬픔, 옳은 주장, 굴하지 않는 마음, 부부 원만
- 유통 시기

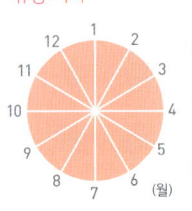

어레인지먼트

줄기가 꺾인 꽃은 짧게 꽂아 장식해도 좋다. 배합한 꽃은 녹색 크리스마스로즈다.

줄기는 재배할 때 일부러 구부리는 경우도 있다. 쉽게 꺾이므로 주의한다.

알리움 코와니

알리움 스패로케팔론은 꽃 색이 위쪽부터 선명해지며, 가는 줄기가 곡선을 이룬다.

물올림이 좋고 꽃의 수명이 길며 꽃의 색상과 종류가 풍부해 거의 1년 내내 시중에서 유통되며 인기가 좋은 꽃이다. 꽃잎 안쪽에 선 반점이 특징이지만 최근에는 반점이 없는 품종도 느는 추세다. 품종은 50종 이상이며 대부분 개량종이다. 꽃이 작으며 색상이 수수한 원종 계통도 인기가 있다. 물을 자주 갈아주면서 줄기를 재절단하고 개화가 끝난 꽃을 그때그때 제거하면 오랫동안 관상할 수 있고 봉오리도 잘 개화한다.

알스트로메리아

Lily-of-the-incas, Peruvian lily

꽃잎 안쪽에 반점이 있는 것이 많다.

꽃의 수명이 길어 인기가 있다. 매일 줄기를 재절단하고 물을 교체하면 봉오리가 잘 개화한다.

Arrange memo

관상 기간: 5~7일
물올림: 물속 자르기
주의 사항: 잎이 쉽게 손상되므로 제거한 후 사용한다. 개화가 끝난 꽃도 제거한다.
잘 어울리는 화재:
버플레움(75쪽)
솔리다고(86쪽)

압화

어레인지먼트

잎이 쉽게 손상되므로 꽂기 전에 제거한다.

꽃을 한 송이씩 잘라 작은 유리잔에 꽂은 모습이다. 긴 줄기를 그대로 사용하는 것과는 다른 표정을 즐길 수 있다.

어라이언

품종 카탈로그

Data

식물 분류: 알스트로메리아과 알스트로메리아속
원산지: 남아메리카
일반명: -
개화기: 3~6월
유통 길이: 약 50~100cm
꽃 크기: 소륜·중륜

꽃말
미래에 대한 동경, 이국적, 민첩함, 지속, 행복한 나날, 도움, 늠름함

유통 시기

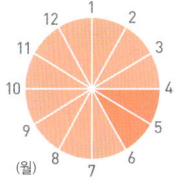
(월)

알스트로메리아 품종 카탈로그

청초하게 작은 꽃이 피는 '메로리나'는 원종에 가까운 보기 드문 품종이다.

시크한 색조의 '카게로이'는 꽃도 작고 원종에 가까운 품종으로 보기 드문 꽃이다.

꽃이 없고 잎만 있는 품종

'바리에가타'라는 품종은 그린 화재로 시중에 유통되지만 엄연한 알스트로메리아다. 흰색 얼룩무늬가 있어 어떤 꽃과도 잘 어울린다.

꽃잎 안쪽에 반점이 없는 '카르멘'은 빨간색과 흰색의 이중색이 사랑스럽다.

알케밀라 몰리스

Lady's mantle

영명인 '레이디스 맨틀'은 잎의 형태가 성모 마리아의 망토를 연상시켜 유래된 이름이다. 알케밀라 몰리스는 여러 갈래로 갈라진 가는 꽃줄기에 노란색의 수많은 작은 꽃이 달린다. 잎의 색상이 밝아 다른 화재를 돋보이도록 하는 그린 화재 역할을 한다. 선물용 어레인지먼트나 부케 등에 넣어 양감을 더할 때 추천할 만하다. 꽃이 쉽게 무르고 검게 변하므로 통풍이 잘되는 곳에 장식한다.

전체가 밝은 황녹색이어서 배합하는 화재를 돋보이게 해주는 조연이다.

잘디잔 꽃들이 모여 핀다.

줄기는 가늘지만 쉽게 꺾이지 않는다. 가지가 갈라져 있으니 나누어 사용한다.

Arrange memo

관상 기간: 5~7일
물올림: 물속 자르기
주의 사항: 꽃이 무르면 검게 변하므로 환기를 자주 해야 한다.
잘 어울리는 화재:
 스카비오사(95쪽)
 아스트란티아(116쪽)

드라이플라워

Data

식물 분류: 장미과 알케밀라속
원산지: 유럽 동부, 소아시아
일반명: -
개화기: 5~6월
유통 길이: 약 30~50cm
꽃 크기: 소륜

꽃말
빛남, 첫사랑, 헌신적인 사랑

유통 시기

(월)

억새

Eulalia

어레인지먼트에 억새를 더하기만 해도 가을 분위기가 물씬 풍긴다. 추석날 달맞이 행사에 어김없이 등장하는 화재다. 가을 들판에 피는 풀꽃과 장식해보자.
억새는 산과 들에 자생하며 원예 품종도 다양하다. '참억새 제브리누스'는 잎이 아름다워 인기가 있다. 잎에 흰색을 띠는 얼룩무늬가 매의 날개와 닮아 '다카노하스스키'라고 부르기도 한다.

자연스러운 형태를 살려 가을의 정취를 연출해보자.

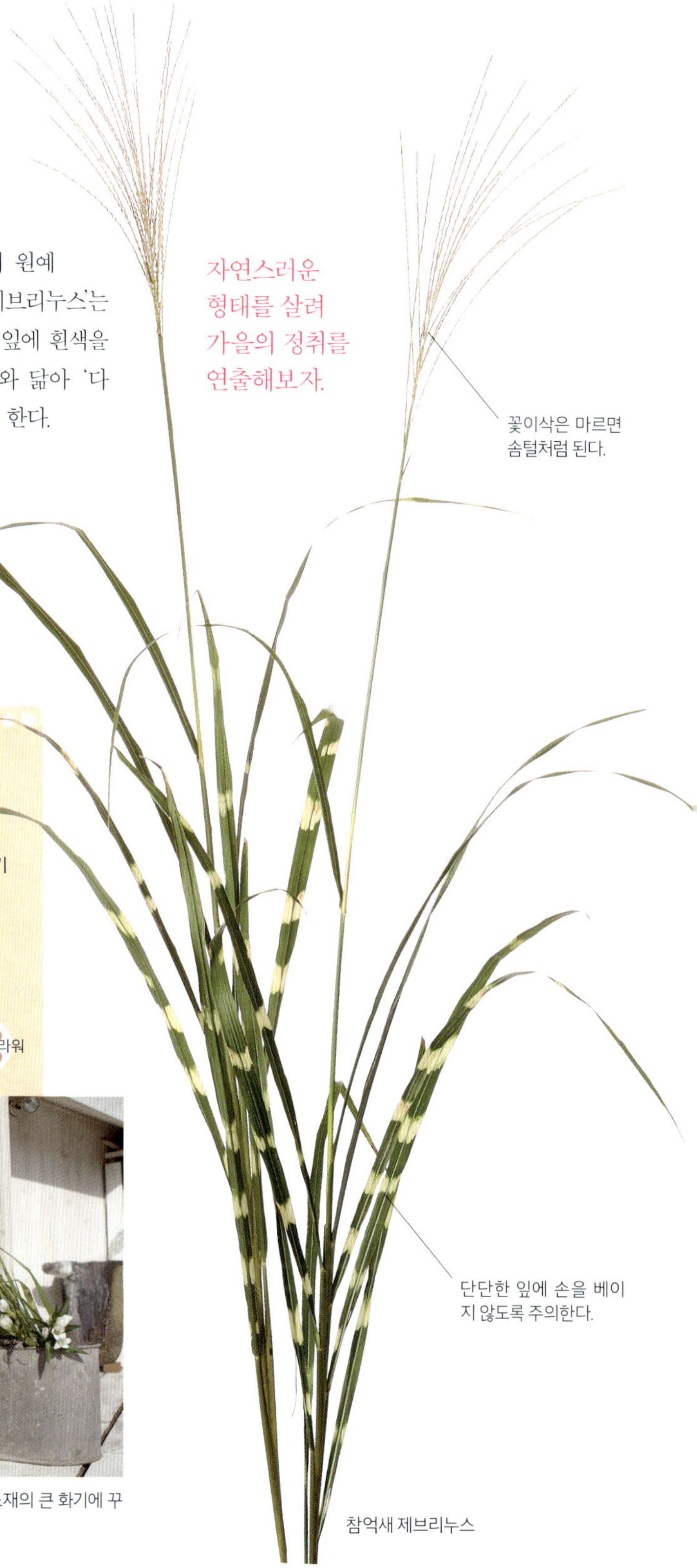

꽃이삭은 마르면 솜털처럼 된다.
단단한 잎에 손을 베이지 않도록 주의한다.

참억새 제브리누스

Arrange memo

관상 기간: 5~7일
물올림: 물속 자르기, 깊게 담그기
주의 사항: 잎이 쉽게 마르므로 꽂기 전에 물에 깊이 담가둔다.
잘 어울리는 화재:
도라지(37쪽)
용담(137쪽)

드라이플라워

어레인지먼트

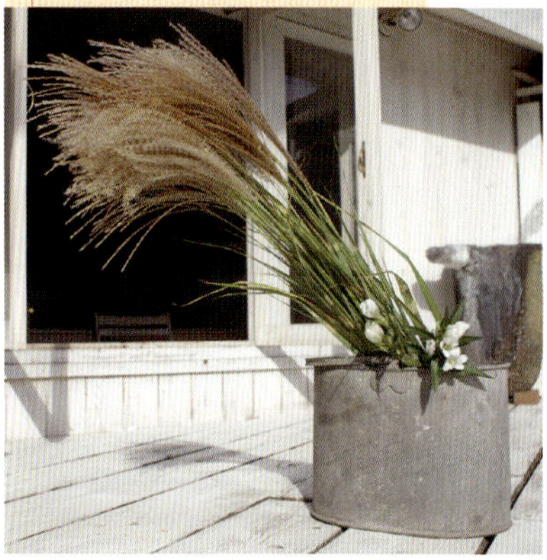

많은 양의 억새와 흰색 용담을 양철 소재의 큰 화기에 꾸밈없이 넣어 가을 분위기가 물씬 난다.

Data
식물 분류:
볏과 억새속
원산지:
한국, 일본, 중국
일반명: 참억새
개화기: 8~11월
유통 길이:
약 1~1.2m
꽃 크기:
소륜(이삭 전체는 대형)
꽃말
활력, 원기, 은퇴, 통하는 마음
유통 시기

12
1
2
3
4
5
6
7
8
9
10
11
(월)

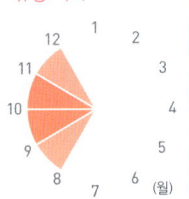

엉경퀴

Thistle

엉경퀴속 식물은 전 세계에 약 300종이나 있다고 한다. 야생 엉경퀴를 품종 개량한 원예 품종이 절화로 유통된다. 솜털이 달린 보라색이나 분홍색 꽃이 귀엽고 개성적인 매력이 있어서 들꽃풍 어레인지먼트에 제격이다. 동서양풍 어레인지먼트에 모두 사용할 수 있다. 깊게 갈라진 잎은 가시가 있으므로 다룰 때 주의해야 한다.

보송보송한 솜털이 달린 개성적인 꽃은 어레인지먼트의 악센트가 된다.

잎은 깊게 갈라져 있고, 가시가 있으므로 주의해야 한다.

솜털이 달린 부드러운 꽃이 개성적이다. 동서양풍에 모두 사용할 수 있다.

Arrange memo

- 관상 기간: 5~10일
- 물올림: 물속 자르기
- 주의 사항: 뾰족한 가시가 있으므로 주의해 꽂는다.
- 잘 어울리는 화재:
  - 스프레이 맘(104쪽)
  - 아게라툼(110쪽)
  - 천일홍(158쪽)

드라이플라워
포푸리

Data

- 식물 분류: 국화과 엉경퀴속
- 원산지: 북반구 온대 지역
- 일반명: 엉경퀴, 가시엉경퀴, 가시나물, 항가새
- 개화기: 4~10월
- 유통 길이: 약 30~60cm
- 꽃 크기: 중륜
- 꽃말: 나를 건드리지 마세요, 독립, 엄격
- 유통 시기

에레무루스

Eremurus

디저트 캔들
여우꼬리백합
캔들 릴리

서아시아에서 히말라야에 걸쳐 자생하는 '에레무루스'는 그리스어로 '사막'과 '꼬리'를 의미한다. 노란색이나 주황색의 작은 꽃이 모여 형성된 긴 꽃이삭의 모습이 촛불이나 여우의 꼬리를 연상시켜서 '디저트 캔들', '캔들 릴리', '여우꼬리백합'이라는 이름으로도 알려져 있다. 최근에는 교배종을 이용한 절화도 많이 생산되어서 분홍색과 흰색 꽃도 유통된다.

긴 꽃이삭의 형태를 살린 길게 뻗어 나가는 형태의 어레인지먼트에 제격이다. 부케는 존재감이 있는 꽃과 배합하면 제격이다.

긴 꽃이삭의 형태를 살려
길게 뻗어 나가는
과감한 어레인지먼트나
부케를 만들어보자.

꽃은 아래쪽부터 차례로 피어 올라간다. 1송이에 300~500개의 꽃이 달린다.

줄기가 튼튼해서 쉽게 꺾이지 않는다.

백합과 꽃답게 꽃잎의 끝이 뾰족하다.

Data

식물 분류:
백합과 에레무루스속

원산지:
중앙아시아 서부

개화기: 4~7월

유통 길이:
약 70~100cm

꽃 크기: 소륜
(꽃이삭은 길이가 긴 대형)

꽃말
높은 이상, 큰 희망

유통 시기

Arrange memo

관상 기간: 7~10일
물올림: 물속 자르기
주의 사항: 무르면 꽃잎이 손상되므로 통풍이 잘 되는 곳에 장식한다.
잘 어울리는 화재:
 장미(147쪽)
 해바라기(195쪽)

에린기움

Eryngo

독특한 마른 질감의 꽃이 모던한 인상을 주는 에린기움은 최근 인기가 많은 화재다. 은빛이 감도는 청색 빛깔이 독특하며, 꽃을 감싼 톱니가 있는 포엽과 가시가 돋은 잎이 야성적이다. 어레인지먼트의 주화재로는 약간 허전할 수 있으므로 포인트로 사용한다. 여러 대를 모아 일종꽃이로 장식해도 근사하다. 드라이 플로워로 사용할 수 있다.

꽃은 가시가 있는 포엽에 쌓여 있다.

들풀 같은 분위기와 독특한 질감을 살려 개성적으로 연출한다.

톱니가 있는 잎에도 가시가 있다.

줄기가 파란 품종도 있다.

백합이나 용담, 오니소갈룸 등과 배합해 파란색과 흰색으로 시원한 느낌의 어레인지먼트를 만든다.

Arrange memo

관상 기간: 7~10일
물올림: 물속 자르기
주의 사항: 잎이 쉽게 시드는 편이므로 최대한 제거한다.
잘 어울리는 화재:
델피니움(35쪽)
용담(137쪽)

드라이플라워

어레인지먼트

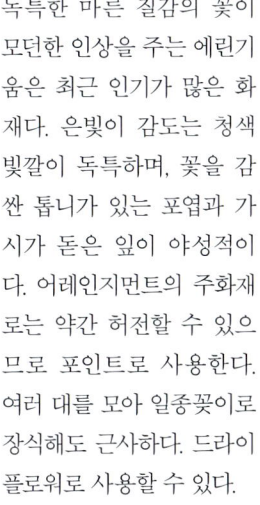

Data

식물 분류: 산형과 에린기움속
원산지: 유럽, 소아시아, 남·북아프리카
일반명: -
개화기: 6~8월
유통 길이: 약 60~100cm
꽃 크기: 중륜

꽃말
빛을 원함, 은밀한 사랑, 비밀스런 애정, 무언의 사랑

유통 시기

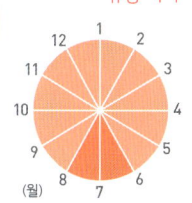

에키나시아 퍼플 콘플라워

Echinacea

초여름부터 가을까지 오랜 기간 꽃이 피는 숙근초이며, 최근에는 절화로도 인기가 많다. 다양한 색상과 품종이 유통되므로 에키나시아만 혼합해 장식해도 예쁘다.
원래의 품종은 허브로 분류되어 아메리카 원주민이 약으로 이용했던 것으로 알려져 있는데, 관상용으로 재배된 품종은 약효가 없다.

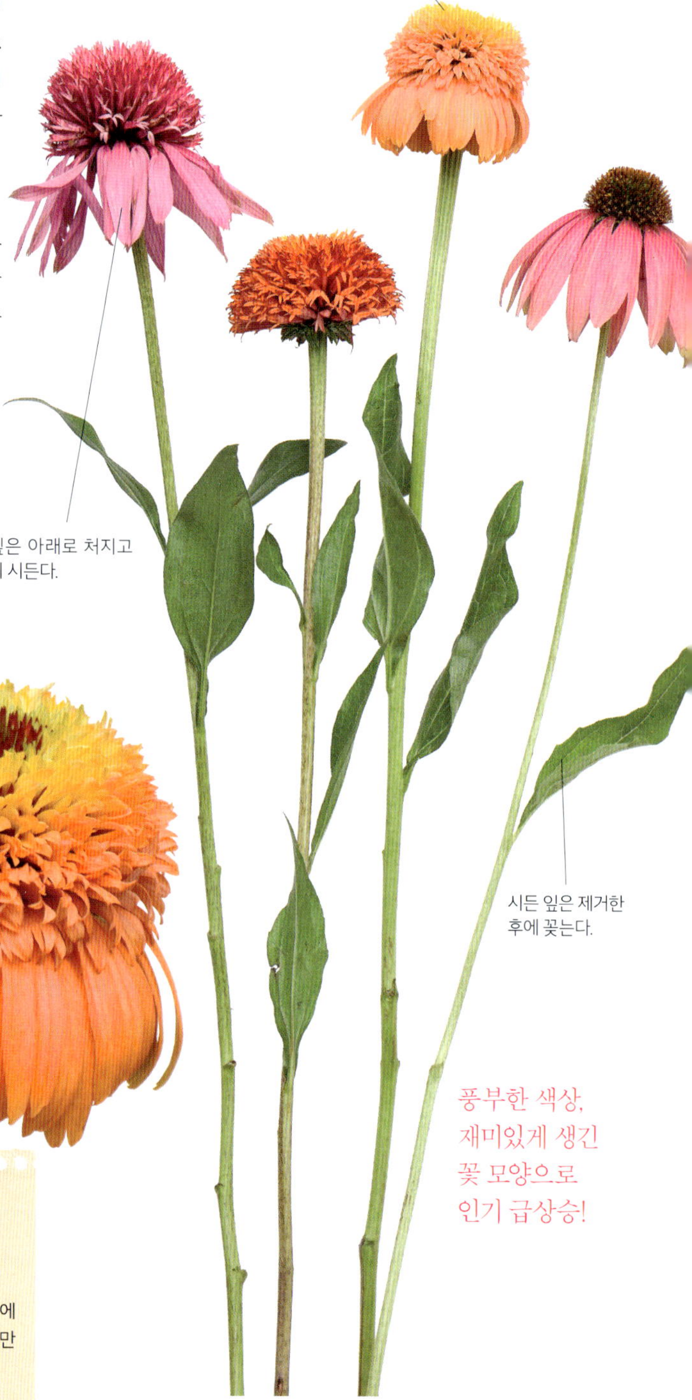

가운데 부분은 단단하고 오래 유지된다.
꽃잎은 아래로 처지고 빨리 시든다.
시든 잎은 제거한 후에 꽂는다.

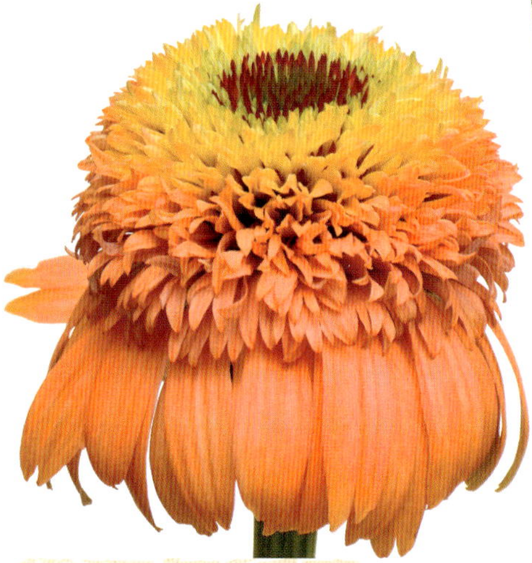

풍부한 색상, 재미있게 생긴 꽃 모양으로 인기 급상승!

Data

식물 분류: 국화과 자주천인국속
원산지: 북아메리카
일반명: 드린국화
개화기: 6~10월
유통 길이: 약 30~50㎝
꽃 크기: 중륜

꽃말

깊은 사랑, 다정함, 당신의 아픔을 달래줄게요

유통 시기

1
2
3
4
5
6
7
8
9
10
11
12
(월)

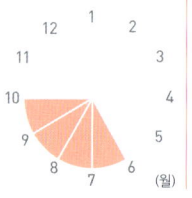

Arrange memo

관상 기간: 7~10일
물올림: 물속 자르기
주의 사항: 꽃잎이 손상되었을 경우에는 꽃잎을 떼어내고 가운데 부분만 사용할 수도 있다.
잘 어울리는 화재:
다알리아(31쪽)
백일홍(70쪽)

에피덴드룸

Buttonhole orchid

'에피덴드룸'이라는 속명은 '나무 위'라는 뜻의 그리스어에서 유래되었으며, 나무에 착생하는 난을 의미한다. 종류가 매우 많으며 꽃의 색상·형태·크기가 다양하다. 사진처럼 줄기의 위쪽에서 뻗어 나간 꽃줄기에 나비처럼 생긴 작은 꽃들이 모여 피는 형태가 일반적이다. 잎이 달리지 않는 소형과 잎이 달린 것이 함께 유통된다. 잎은 아래쪽에 달리므로 잘라서 꽃과 따로 사용하는 편이 꽂기 편하다.

꽃은 바깥쪽부터 차례로 핀다.

화려하고 투명한 꽃 색이 매력적이다. 잎이 달려 있는 경우에는 잘라서 꽃과 따로 사용한다.

잎은 두껍고 튼튼하다.

잎 바로 위쪽에서 줄기를 몇 군데 잘라 어레인지먼트에 사용하면 좋다.

Arrange memo

관상 기간: 약 14일
물올림: 물속 자르기
주의 사항: 개화가 끝난 꽃은 바로 제거한다.
잘 어울리는 화재:
덴파레(34쪽)
백합(71쪽)

어레인지먼트

노란색 에피덴드룸을 짧게 잘라 얼룩무늬가 있는 그린 화재와 배합해 심플한 흰색 용기에 꽂아 연출한 모습이다.

Data

식물 분류: 난초과 에피덴드룸속
원산지: 중앙아메리카, 남아메리카
일반명: -
개화기: 12~4월
유통 길이: 약 20~80cm
꽃 크기: 중륜

꽃말
티 없는 행복, 고고함에 대한 동경, 사랑스러운 아름다움, 속삭임, 판단력

유통 시기

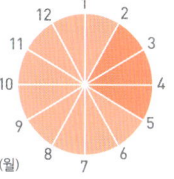

오니소갈룸

Chincherinchee, Wonder flower

구근화로 품종이 100여 종에 달하며, 흰색 꽃이 이삭 형태를 이루며 달리는 '오니소갈룸 티르소이데스'도 인기다. 꽃의 수명이 매우 길어 흰색 품종은 결혼식 부케나 장식화 등으로 애용된다. 줄기가 긴 품종은 대형 어레인지먼트에 좋다.

암술이 흑갈색이라 눈에 띈다.

단단한 봉오리는 개화하는 데 시간이 걸린다.

Arrange memo

관상 기간: 10~14일
물올림: 물속 자르기
주의 사항: 개화가 끝난 꽃을 제거해 주면 잇따라 꽃이 핀다.
잘 어울리는 화재:
  잎새란(263쪽)
  칼라(166쪽)

어레인지먼트

은색 물병에 꽂은 것은 흰색 꽃이 이삭 형태를 이루며 피는 '오니소갈룸 티르소이데스'다.

순백색 품종은 결혼식에 안성맞춤. 꽃의 수명이 길어 인기 있다.

줄기가 연한 편이므로 여름철에는 물을 얕게 채운다.

오니소갈룸 아라비쿰

Data

식물 분류: 백합과 오니소갈룸속
원산지: 지중해 연안, 남아프리카, 서아시아
일반명: -
개화기: 4~5월
유통 길이: 약 20~90cm
꽃 크기: 소륜·중륜
꽃말: 순수, 재능, 결백, 순결
유통 시기

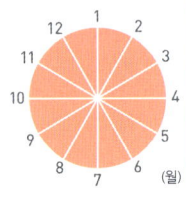
(월)

오이풀

Burnet bloodwort

오이풀은 가을 들녘을 대표하는 꽃이다. 줄기 끝에 피는 것은 열매처럼 보이지만, 작은 꽃이 모인 꽃이삭이다. 흑적색과 흑갈색이 세련된 인상을 준다.
억새나 소국, 용담 등과 함께 동양풍 어레인지먼트에도 잘 어울리지만 서양풍 꽃과 꽃아도 의외로 현대적인 분위기를 자아낸다. 가지를 잘라 나누어 사용할 때 가는 줄기가 꺾이지 않도록 조심한다.

세련된 색감이 가을의 운치를 자아낸다.

열매처럼 보이는 꽃이삭은 자세히 보면 작은 꽃이 한데 모여 있다.

Arrange memo

관상 기간: 7~10일
물올림: 물속 자르기, 열탕처리
주의 사항: 줄기가 쉽게 꺾이므로 다룰 때 주의한다.
잘 어울리는 화재:
모카라(63쪽)
코스모스(169쪽)

드라이플라워

어레인지먼트

흙의 질감이 살아 있는 동그란 항아리에 가지를 길게 또는 짧게 자른 오이풀을 꽂는다.

작은 꽃이 돋보이도록 잎은 제거한 후 사용하는 것이 좋다.

Data

식물 분류: 장미과 오이풀속
원산지: 아시아, 유럽
일반명: 오이풀, 지우초
개화기: 7~10월
유통 길이: 약 30~100cm
꽃 크기: 소륜

꽃말
변화, 애모, 흘러가는 나날

유통 시기
(월)

온시디움

Dancing-lady orchid

예전에는 싱가포르나 말레이시아에서 대량으로 수입되었으나 최근에는 국내산도 많이 유통되고 있다. 온시디움꽃은 노란색이며 중심부에 붉은색과 갈색 반점이 있는 품종이 일반적이지만, 빨간색이나 분홍색, 주황색, 흰색 등도 있다. 향이 좋은 품종도 유통되고 있다. 꽃은 건조한 환경에 약하므로 습도가 낮은 곳에서는 하루에 한 번 분무기로 수분을 보충한다.

여인이 춤을 추는 듯한 작은 꽃이 사랑스럽다. 꽃은 건조해지지 않도록 주의한다.

꽃 모양이 여인이 춤을 추는 듯하다.

선반 고리에 작은 병을 매달아 온시디움을 꽂은 다음 가지를 옆 고리에 걸쳐놓은 모습이다.

줄기는 가늘고 유연하다.

꽃잎이 가는 '엔시클리아'도 인기다.

Data

식물 분류: 난초과 온시디움속
원산지: 중앙아메리카, 남아메리카
일반명: -
개화기: 9~10월
유통 길이: 약 80~100cm
꽃 크기: 중륜
꽃말: 청초, 함께 춤춰요, 아름다운 눈동자, 귀여움, 장난기
유통 시기

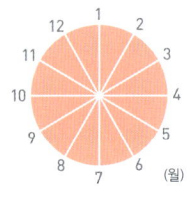

Arrange memo

어레인지먼트

관상 기간: 7~10일
물올림: 물속 자르기
주의 사항: 꽃은 건조한 환경에 약하므로 습도가 낮은 곳에서는 하루에 한 번 분무기로 물을 보충해준다.
잘 어울리는 화재: 스트렐리치아(102쪽), 헬리코니아(198쪽)

왁스플라워

Waxflower

왁스플라워라는 마치 밀랍(왁스) 공예 같은 광택과 질감이 있어 붙여진 이름이다. 꽃은 5장의 꽃잎으로 이루어지며 작지만 존재감이 있다. 어레인지먼트에는 가지를 잘라 나누어서 풍성하게 연출한다. 사용하기 전에 가지를 거꾸로 들고 여러 번 흔들어 꽃을 미리 떨어낸다. 물속 자르기만으로도 물올림이 좋아진다.

> 밀랍 공예 같은 광택과 질감이 있어 작지만 존재감이 있다.

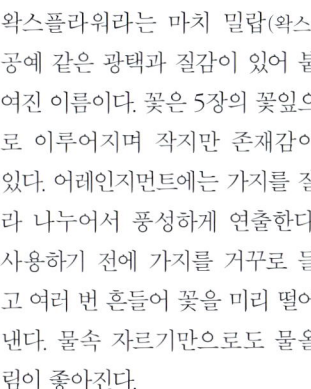

Arrange memo

관상 기간: 약 14일
물올림: 물속 자르기
주의 사항: 꽃이 잇따라 쉽게 떨어지므로 가지를 흔들어 지기 시작한 꽃을 떨어낸 후 사용한다.
잘 어울리는 화재:
울리부시(262쪽)
프로테아(191쪽)

어레인지먼트

가지를 짧게 잘라 나눈 분홍색 왁스플라워를 찻잔에 가득 꽂아 사랑스럽게 연출한다.

전체적인 균형을 살펴가며 자잘한 잎을 솎아내면 깔끔해 보인다.

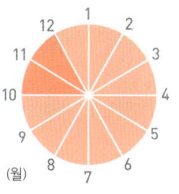

꽃잎에 왁스를 칠한 듯한 질감이 있다.

Data

식물 분류: 도금양과 카멜라우키움속
원산지: 오스트레일리아
일반명: –
개화기: 3~5월
유통 길이: 약 60~100cm
꽃 크기: 소륜

꽃말
변덕, 섬세함, 귀여움, 아직 깨닫지 못한 장점

유통 시기

왓소니아

Bugle lily

길게 뻗은 꽃대에 서로 어긋나며 깔때기 모양의 꽃이 피는 구근식물이다. 이름은 '왓슨Watson'이라는 18세기 영국 식물학자의 이름에서 유래되었다. 잎이 범부채 모양으로 나고, 꽃이 수선화와 비슷하게 생겨서 '범부채수선'이라고 한다. 전체적인 모양은 근연종인 글라디올러스와 비슷하지만, 꽃이 조금 더 청초하고 소박한 인상을 준다. 아래쪽부터 차례로 피어 올라간다. 개화가 끝나 시든 꽃을 수시로 제거하면 위쪽까지 꽃을 피울 수 있다.

라인을 살린 어레인지먼트에, 잘라 나눠서 빈 공간을 메울 때 좋다.

3㎝ 정도의 깔때기 모양의 꽃이 줄기에 서로 어긋나며 달린다. 아래쪽부터 차례로 피어 올라간다.

한정된 시기에만 유통되지만, 꽃이 작고 청초해서 인기가 많다.

Data

- 식물 분류: 붓꽃과 왓소니아속
- 원산지: 남아프리카
- 일반명: -
- 개화기: 4~5월
- 유통 길이: 약 50~70㎝
- 꽃 크기: 소륜
- 꽃말: 지성, 풍요로운 마음
- 유통 시기

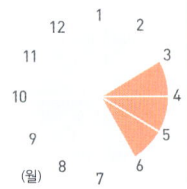

Arrange memo

- 관상 기간: 7~10일
- 물올림: 물속 자르기
- 주의 사항: 개화가 끝난 꽃을 수시로 제거하면 오래 관상할 수 있다.
- 잘 어울리는 화재: **꽃창포**(26쪽), **작약**(146쪽)

용담

Gentian

시원한 이미지이면서도 어딘가 투박한 용담. 최근에는 품종 개량으로 장식하기 쉬워졌다.
굵은 줄기는 가늘어졌고 전체적인 크기가 작아졌다. 독특한 향도 약해졌다. 대표적인 청보라색 외에 연보라색과 하늘색, 분홍색, 흰색 등 연한 색상의 품종도 만나볼 수 있다. 스프레이형과 미니형 등도 있다.
곧게 선 긴 줄기는 한 대를 그대로 사용하는 것보다 여러 개로 자른 다음 나누어 쓰면 좋다.

줄기가 가늘고 작게 개량되어 장식하기 쉬워졌다.

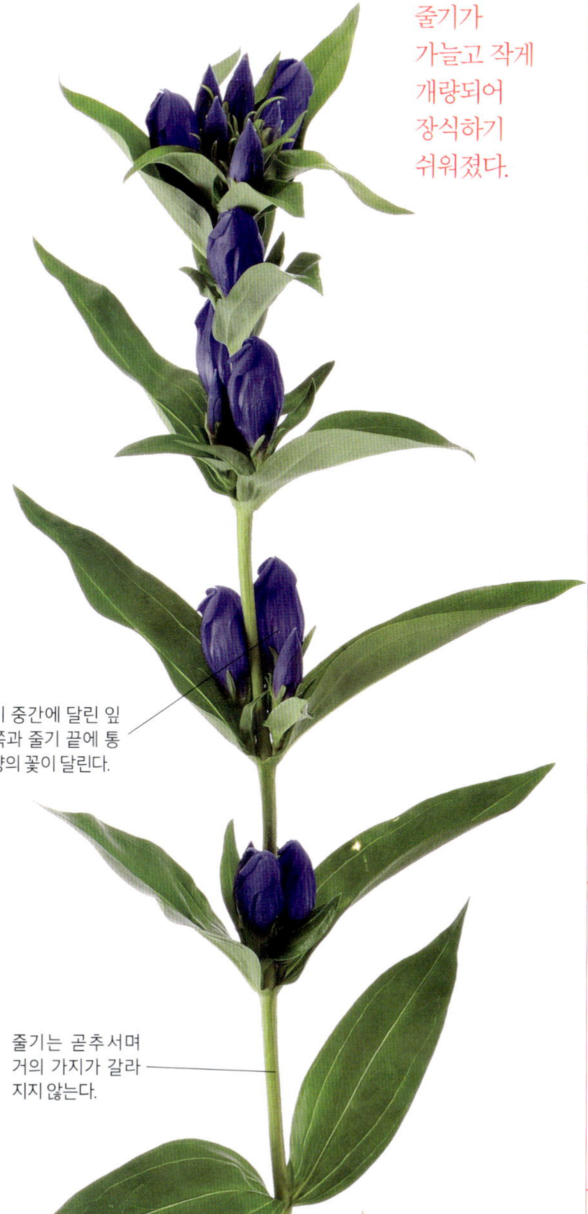

줄기 중간에 달린 잎 위쪽과 줄기 끝에 통 모양의 꽃이 달린다.
줄기는 곧추서며 거의 가지가 갈라지지 않는다.

Arrange memo

관상 기간: 5~7일
물올림: 물속 꺾기
주의 사항: 꽃에 직접 물이 닿으면 오므라드니 주의한다.
잘 어울리는 화재:
스프레이 맘(104쪽)
오이풀(133쪽)

압화

어레인지먼트

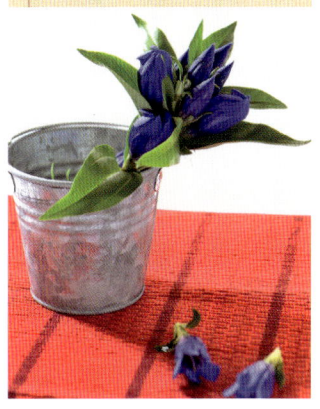

양철 미니 물통에 짧게 자른 용담을 꽂는다. 용담은 생활 소품에 꾸밈없이 꽂아야 어울린다.

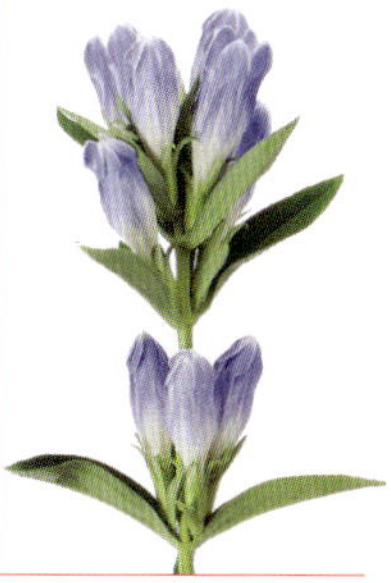

마이 판타지

Data

식물 분류: 용담과 용담속
원산지: 아프리카 이외의 아한대~열대 지역
일반명: 용담
개화기: 7~9월
유통 길이: 약 20~80cm
꽃 크기: 중륜

꽃말

정의, 적확함, 허전한 애정, 슬퍼하고 있어요, 당신이 좋아요

유통 시기

1
2
3
4
5
6
7
8
9
10
11
12
(월)

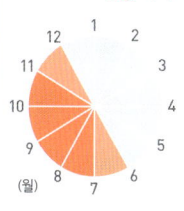

윈터 코스모스 비덴스

Winter cosmos, Bidens, Bur-marigold

코스모스를 닮은 꽃이 겨울에도 펴 '윈터 코스모스'라는 이름으로 불리지만, 식물 분류는 국화과 도깨비바늘속이다. 코스모스 종류가 아닌 것이다. 꽃이 적은 늦가을에 유용하다. 가지가 갈라지는 스프레이 형태이므로 내추럴한 어레인지먼트에 적합하다. 물올림이 좋고 수명이 길다.

코스모스를 닮은 노란색 꽃이 겨울에도 핀다.

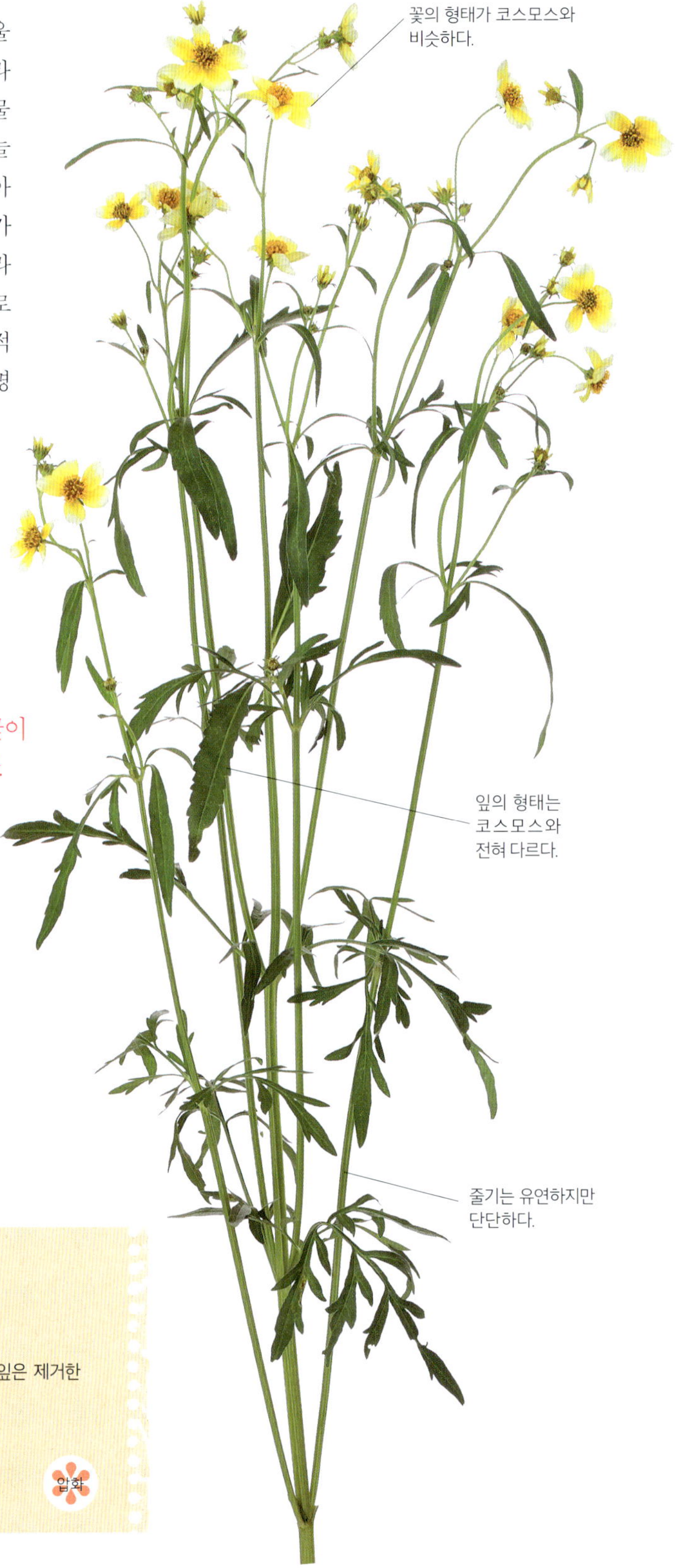

꽃의 형태가 코스모스와 비슷하다.
잎의 형태는 코스모스와 전혀 다르다.
줄기는 유연하지만 단단하다.

Data

식물 분류:
국화과 도깨비바늘속

원산지: 북아메리카

일반명: -

개화기: 8~12월

유통 길이:
약 50~100cm

꽃 크기: 중륜

꽃말

조화, 인내, 진심

유통 시기

1
2
3
4
5
6
7
8
9
10
11
12
(월)

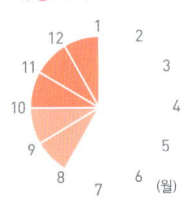

Arrange memo

관상 기간: 7~10일

물올림: 물속 자르기

주의 사항: 물에 잠기는 부분의 잎은 제거한 후 꽂는다.

잘 어울리는 화재:

공작초(14쪽)
꼬리풀(24쪽)

압화

노란색 꽃과 녹색 잎이 이루는 색상 대비가 아름다운 봄꽃이다. 꽃집에서 이 꽃을 만나면 밖은 아직 추워도 봄이 성큼 다가왔음을 느낀다.

일본에서는 여자아이의 행복을 기원하는 '히나마쓰리'라는 행사 때 분홍색 복숭아꽃과 함께 유채꽃을 장식하는 것이 일반적이다. 산뜻한 색채에서 봄 분위기가 물씬 풍기는 조합이다.

줄기가 굵고 잎이 조밀하게 달린 품종이 절화로 유통된다. 꽃을 돋보이게 하려면 잎은 꽂기 전에 조금 제거한다.

한 발 앞서 봄소식을 전하는 꽃이다.

유채꽃

Field mustard

꽃은 봉오리가 달린 것을 고르면 오랫동안 관상할 수 있다.

녹색 줄기가 짙은 것이 신선하다.

Arrange memo

관상 기간: 약 5일
물올림: 물속 자르기
주의 사항: 꽃은 해가 있는 쪽을 향하고, 시간이 지나면서 줄기가 자라므로 적당히 정리해준다.
잘 어울리는 화재:
　복사나무(216쪽)
　프리지아(192쪽)

어레인지먼트

흙으로 빚은 듯한 질감의 화기에 꽂으면 땅에서 자라난 그대로의 모습처럼 자연스럽다.

Data

식물 분류: 십자화과 배추속
원산지: 동아시아, 유럽
일반명: 유채
개화기: 2~4월
유통 길이: 약 30~120cm
꽃 크기: 소륜

꽃말
활발, 쾌활, 풍요로움, 재산

유통 시기

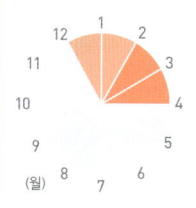

139

은방울꽃

Lily-of-valley

프랑스에서는 '뮤게Muguet'라고 부르며, 5월 1일 뮤게 데이에 은방울꽃을 선물하면 받은 사람에게 행운이 찾아온다고 한다. 절화로 유통되는 것은 유럽이 원산지인 '유럽은방울꽃'의 개량종이다. 향이 좋고, 서늘한 장소에 장식하면 꽃을 오래 볼 수 있다.

흰색 꽃과 아름다운 초록색 잎의 색상 대비를 살려서 은방울꽃 한 종만 꽂거나 작은 부케를 만들어도 근사하다. 가련하고 청초한 분위기와 어울리지 않게 꽃·줄기·잎에는 독성이 있다. 꽃장식을 한 후에는 손을 깨끗이 씻는다.

잎 색이 짙은 것을 고른다.

자그마한 종 모양의 꽃이 주렁주렁 달린다. 시든 꽃은 수시로 제거해주면 좋다.

독성이 물에 섞여 나오므로 교체한 물을 방치하지 않도록 한다.

가련한 작은 종 모양의 꽃. 은방울꽃 한 종만 다발을 지어 청초한 부케를 만들어보자.

Data

식물 분류: 백합과 은방울꽃속
원산지: 일본, 유럽, 북아메리카
일반명: 은방울꽃, 비비추, 영란, 초롱꽃
개화기: 4~5월
유통 길이: 약 20~30㎝
꽃 크기: 소륜
꽃말 다시 행복이 찾아올 거예요, 순결, 순수
유통 시기

Arrange memo

관상 기간: 3~5일
물올림: 물속 자르기
주의 사항: 꽃과 잎에 독성이 있으므로 꽃장식을 한 후에는 손을 씻는다.
잘 어울리는 화재:
물망초(65쪽)
안개꽃(120쪽)

이베리스 캔디터프트

Candytuft

꽃의 색상이 부드럽고 우아한 품종이 많다. 곡선의 가는 줄기 끝에 작은 꽃들이 모여 둥글게 피는 모양이 설탕과자처럼 생겨서 '캔디터프트'라는 별칭도 있다. 꽃의 방향에 따라 표정이 다르고 줄기의 라인으로 움직임이 생기는 것도 매력적이다. 가지가 여러 갈래로 갈라진 스프레이 형태로 유통되므로 잘라서 나누어 사용하면 어레인지먼트나 부케에 양감을 더할 수 있다. 물올림을 충분히 해 주면 봉오리까지 개화한다.

작은 꽃들이 봉긋한 형태로 둥글게 모여 피는 모습이 마치 달콤한 사탕 같다.

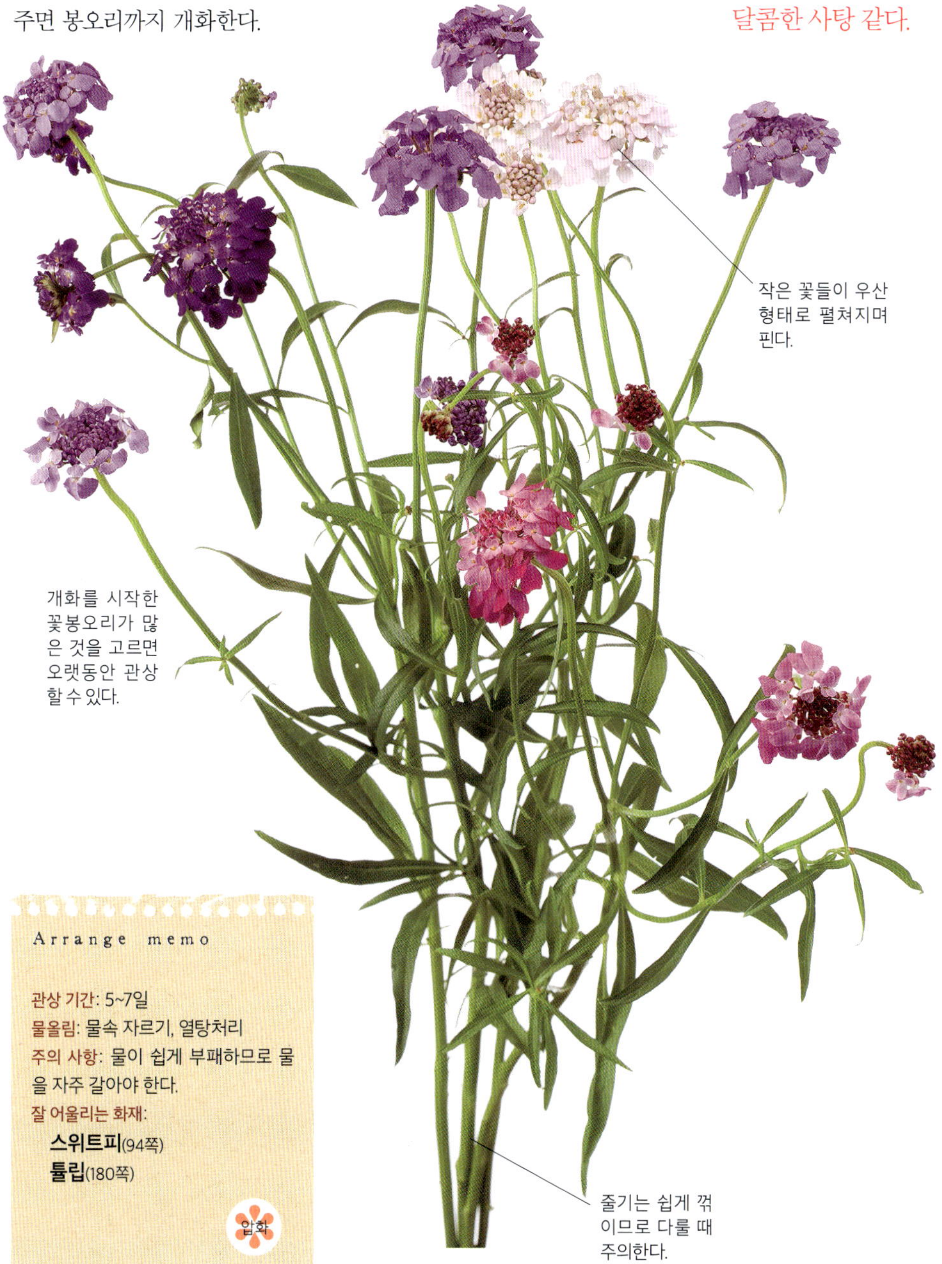

작은 꽃들이 우산 형태로 펼쳐지며 핀다.
개화를 시작한 꽃봉오리가 많은 것을 고르면 오랫동안 관상할 수 있다.
줄기는 쉽게 꺾이므로 다룰 때 주의한다.

Arrange memo

관상 기간: 5~7일

물올림: 물속 자르기, 열탕처리

주의 사항: 물이 쉽게 부패하므로 물을 자주 갈아야 한다.

잘 어울리는 화재:

스위트피(94쪽)

튤립(180쪽)

압화

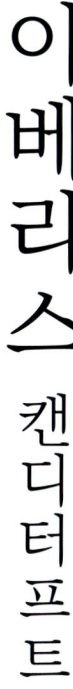

Data

식물 분류: 십자화과 서양말냉이속

원산지: 지중해 연안, 서남아시아

일반명: 서양말냉이

개화기: 4~5월

유통 길이: 약 40~80cm

꽃 크기: 소륜

꽃말

마음을 사로잡다, 온화, 첫사랑의 추억, 달콤한 유혹

유통 시기

1
2
3
4
5
6
7
8
9
10
11
12
(월)

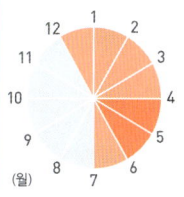

이브닝 스타

Swertia

연보라색의 작은 꽃은 지름이 2~3cm다. 가지가 갈라진 줄기 끝에 잇따라 꽃이 핀다. 꽃의 형태가 별 모양으로 생겨 '이브닝 스타'라고 부르는데, 실제로는 약초인 쓴풀의 근연종이다. 쓴풀은 풀 전체를 말린 다음 분말이나 차 등으로 사용하며 예로부터 위장을 튼튼하게 하는 효능이 있다고 알려졌다. 그러나 절화로 시중에 유통되는 '이브닝 스타'는 약효가 없다.
가지를 잘라 나누어서 그린 화재 대용으로 사용하는 등 가을의 부드러운 분위기를 살려 바구니 등에 꽂아도 훌륭하다. 모든 화재와 어울리며 어레인지먼트에 양감을 줄 때 한몫한다.

작은 별 모양의 꽃이 청초한 인상을 준다. 가지를 잘라 어레인지먼트에 양감을 더한다.

꽃잎 5장이 작은 별과 같은 형태를 이룬다.

가지가 갈라진 줄기는 자른 다음 나누어 사용할 수 있다.

Data
식물 분류:
용담과 쓴풀속
원산지:
한국, 중국, 일본
일반명:
자주쓴풀, 털쓴풀
개화기: 9~11월
유통 길이:
약 20~100cm
꽃 크기: 소륜
꽃말
평온함, 여유, 만사형통, 용서
유통 시기

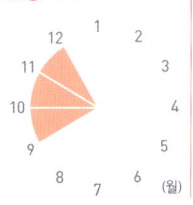

Arrange memo
관상 기간: 7~10일
물올림: 물속 자르기, 열탕처리
주의 사항: 물에 잠기는 부분의 가지와 잎은 제거한다.
잘 어울리는 화재:
오이풀(133쪽)
용담(137쪽)

드라이플라워

최근 인기 있는 난 가운데 하나다. 이오놉시스와 온시디움(134쪽)의 교배종이다. 이오노시디움은 중간 크기의 귀여운 꽃들이 많이 달리며, 개화한 후에는 연한 노란색부터 연분홍색, 진분홍색까지 꽃 색의 변화를 차차로 즐길 수 있다. 1년 내내 유통되지만 여름철에는 발색이 좋지 않고 색이 연하다. 어레인지먼트에 우아한 분위기를 자아낸다.

이오노시디움

Ionocidium

꽃은 노란색에서 분홍색으로 변한다.

작고 귀여운 꽃은 수명이 길며 부케로도 인기 있는 화재다.

팝콘 하루리

Arrange memo

관상 기간: 약 14일
물올림: 물속 자르기
주의 사항: -
잘 어울리는 화재:
리시안서스(52쪽)
튤립(180쪽)

Data

식물 분류:
난초과 이오노시디움속
원산지:
중앙아메리카, 남아메리카
일반명: -
개화기:
4~5월, 10~11월
유통 길이:
약 30~50cm
꽃 크기: 중륜

꽃말
용모 단정

유통 시기

이테아 비르기니카

Virginia sweetspire

꽃이삭의 모양이 비슷하게 생긴 매화오리나무과의 '매화오리나무'와는 다른 식물이다. '이테아 비르기니카'는 에스칼로니아과 이테아속 식물이다.
초여름에 흰색의 작은 꽃이 모여서 꽃이삭을 이룬다. 잎의 밝은색까지 더해져 어레인지먼트를 청량감 있게 연출할 수 있다. 긴 형태를 살리면 동양풍에, 짧게 잘라 나누면 서양풍 어레인지먼트에 잘 어울린다.

희고 청초한 꽃이삭과 밝은 초록빛 잎이 어레인지먼트에 청량감을 더한다.

작은 흰색 꽃이 이삭 형태를 이루며 달리고, 대부분 꽃봉오리 상태로 출하된다.

잎은 싱그러운 초록빛. 잎이 과도하게 많으면 제거하고 꽂는다.

Data

- 식물 분류: 에스칼로니아과 이테아속
- 원산지: 남아메리카·북아메리카
- 일반명: -
- 개화기: 5~6월
- 유통 길이: 약 80~120㎝
- 꽃 크기: 소륜
- 꽃말: 약간의 욕망
- 유통 시기:

Arrange memo

- 관상 기간: 7일
- 물올림: 물속 자르기
- 주의 사항: 탈수 현상이 나타나면 줄기 끝을 재절단하고 줄기 쪼개기를 한다.
- 잘 어울리는 화재:
  레우코코리네(48쪽)
  작약(146쪽)

익소라 키넨시스

Chinese Ixora

전 세계적으로 따뜻한 지역에 자생하는 열대 화목이다. 산단화山丹花라고 한다.
주황색이나 붉은색의 작은 꽃들이 가득 모여서 봉긋하게 핀다. 태양을 연상시키는 밝고 생기 넘치는 모습은 여름 분위기의 어레인지먼트나 부케에 안성맞춤이다. 적은 양으로도 풍성하게 연출할 수 있다. 잎맥이 뚜렷한 커다란 잎도 존재감이 있다. 물올림이 나쁜 편이므로 줄기 끝을 탄화처리하고, 불필요한 잎을 제거한 후에 사용한다.

한여름의 태양을 연상시키는 열대 분위기의 어레인지먼트에 좋다.

작은 꽃이 모여서 봉긋하게 핀다.

물올림이 나쁜 편이므로 줄기 끝을 탄화처리한다.

Arrange memo

관상 기간: 5~10일
물올림: 탄화처리
주의 사항: 물올림이 나쁜 편이므로 불필요한 잎을 제거한 후에 사용한다.
잘 어울리는 화재:
　　거베라(12쪽)
　　해바라기(195쪽)

Data

식물 분류: 꼭두서니과 익소라속
원산지: 중국, 인도, 말레이시아
일반명: 산단화
개화기: 5~8월
유통 길이: 약 20~30㎝
꽃 크기: 소륜

꽃말
기쁨, 열망, 넘치는 의욕

유통 시기
(월)

작약

Chinese peony, Common garden peony

예로부터 여성의 아름다움을 비유하는 꽃으로 알려져 있다. 홑꽃형이나 겹꽃형, 분홍색 외에 빨간색과 흰색, 보기 드문 노란색 계열 등 종류가 다양하다.
존재감이 있으므로 일종꽃이를 해도 멋스럽고, 동서양풍 어레인지먼트에 모두 잘 어울린다.

봉오리에서 커다란 꽃송이로 변하는 역동적인 모습도 눈여겨보자.

봉오리에서 개화, 만개까지의 표정이 드라마틱하다.

꽃잎이 겹겹이 겹쳐 핀다.

잎이 지나치게 많으면 속아낸 후 꽂아야 오래 관상할 수 있다.

Arrange memo

관상 기간: 4~5일
물올림: 물속 자르기, 열탕처리
주의 사항: 단단한 봉오리에 묻은 점액성 물질을 물로 씻어내면 개화하는 데 도움이 된다.
잘 어울리는 화재:
오니소갈룸(132쪽)
오크롤레우카 아이리스(261쪽)

어레인지먼트

가로로 긴 유리 화기에 큰 작약을 꽂은 다음 꽃 주위에 잎을 둘러 연출한 모습이다.

타키노쇼

Data

식물 분류: 작약과 작약속
원산지: 한국, 몽골, 중국
일반명: 작약, 함박꽃
개화기: 5~6월
유통 길이: 약 40~100cm
꽃 크기: 대륜
꽃말: 수줍음, 내성적, 타고난 소박함
유통 시기

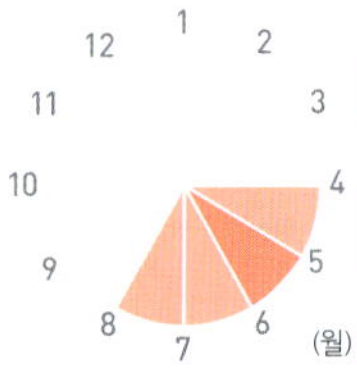

전 세계에서 가장 사랑받는 꽃이라고 해도 과언이 아닐 것이다. 나폴레옹 시대부터 시작되었다고 하는 품종 개량을 통해 신품종이 잇따라 탄생하고 있다. 현재 절화 시장에 유통되는 장미는 3만 종을 넘는다. 온갖 꽃 색을 갖추었고 꽃의 크기도 대륜부터 소륜까지 다양하다. 최근에는 둥근 형태의 컵형이나 중심부에 꽃잎이 가득 찬 로제타형 등 고전적인 화형이 인기가 많다.

물올림하기에 따라 꽃의 수명이 크게 달라진다. 물속 자르기로 충분히 물올림이 되지 않을 경우에는 열탕처리나 탄화처리한다. 줄기가 길면 쉽게 탈수 현상이 나타나므로 장식해놓는 동안 탈수 현상이 나타나면 과감히 줄기를 짧게 자른다.

겹겹이 겹친 꽃잎의 안쪽에는 꽃술이 숨어 있다.

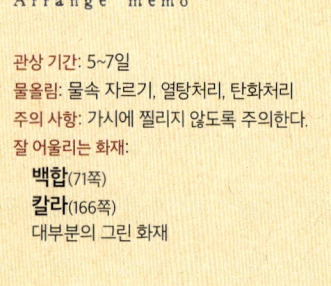

Arrange memo

관상 기간: 5~7일
물올림: 물속 자르기, 열탕처리, 탄화처리
주의 사항: 가시에 찔리지 않도록 주의한다.
잘 어울리는 화재:
  백합(71쪽)
  칼라(166쪽)
  대부분의 그린 화재

압화　드라이플라워　포푸리　정유

장미 품종 카탈로그

대륜 백장미 '애벌랜치'는 벌어지면서 꽃잎이 바깥쪽으로 말린다.

녹색이 감도는 흰색이 인기인 '티네케'는 꽃잎이 벌어지면 꽃의 중심부가 높아지며 대륜이 된다.

'부르고뉴'는 컵형의 장미다.

'올드 더치'는 바깥쪽은 연녹색이고 안쪽은 분홍색으로 그라데이션 장미다.

베이지색 '데저트'는 바깥쪽 꽃잎에 녹색이 감돈다.

'오트 쿠튀르'는 꽃잎의 주름과 녹색이 감도는 흰색이 매력적이다.

'카페라테'는 개화 초기에는 베이지색이었다가 꽃이 필수록 옅어진다.

'줄리아'는 베이지색 계열의 세련된 꽃 색과 물결 모양의 화형으로 인기 있다.

'베이비 로맨티카'는 주황색부터 분홍색의 복색이며 형태도 사랑스럽다.

장미 품종 카탈로그

'마이 걸'은 가시가 적은 것이 특징이며, 밝은 분홍색이 여성스럽다.

분홍색 '타이타닉'은 장미 특유의 향기도 좋고, 결혼식을 대표하는 품종이다.

대륜 장미 '스위트 애벌랜치'는 밝은 분홍색 그라데이션이 특징이며 인기 있다.

'레몬 라넌큘러스'는 라넌큘러스처럼 둥근 꽃잎이 겹겹이 겹쳐진다.

대륜 장미 '피치 애벌랜치'는 연한 주황색이 아름답다.

'잔 다르크'는 부드러운 분위기의 컵형으로, 비누 향 같은 향기가 난다.

꽃잎의 가장자리가 손상되지 않은 것을 골라야 한다.

'라 캄파넬라'는 살구빛 주황색을 띠는 호화로운 프린지형이 개성적이다.

'골드 스트라이크'는 만개한 모습도 아름답고, 선명한 노란색이 특징이다.

보라색 '드라마틱 레인'은 고대 그리스 로마 시대부터 사랑받아온 장미다.

짙고 옅은 분홍색 그라데이션이 특징인 '핼러윈'은 결혼식용 화재로도 인기다.

중륜 신품종 장미 '라벤더 가든'이 지닌 깊은 색감은 다른 꽃에서는 좀처럼 보기 드물다.

'이브 피아제'는 컵형에 향기가 좋고 진분홍 빛깔까지 아름다워 장미 애호가들의 마음을 사로잡는다.

대륜 보라색 장미 '쿨 워터'는 꽃의 수명이 길어 오랫동안 즐길 수 있다.

'타지마할'은 꽃잎의 핑크색이 안쪽으로 갈수록 연해진다.

어레인지먼트

사각형 수반에 플로랄폼을 고정한 다음 장미나 거베라, 튤립 등을 그루핑해 꽂는다.

장미 품종 카탈로그

대륜 빨간색 장미 '사무라이08'은 꽃잎에 광택이 있는 것이 특징이다.

'레드 라넌큘러스'는 가장자리의 꽃잎은 크고 중심부에는 꽃잎이 빽빽이 들어차 있다.

'로테 로제'는 빨간 장미라고 하면 '이것!'이라고 할 만큼 대중적이다.

꽃이 벌어지면 호화스러운 '원티드'의 진홍색 꽃잎은 벨벳 같은 질감이 있다.

검붉은색을 띠는 '블랙 바칼라'는 개성적인 장미로 단연 인기 최고다.

어레인지먼트

흰색이나 연분홍색 장미를 한데 모아 꽂은 다음 어두운색을 띠는 잎은 떼어내고 줄무늬가 들어간 그린 화재로 가볍게 연출한다.

사랑스러운 분홍색 스프레이 장미 '로라'는 들풀 분위기의 꽃과도 잘 어울린다.

둥그스름한 화형에 짙은 빨간색 스프레이 장미는 결혼식용 화재로 자주 사용된다.

흰색에 가까운 연분홍색 스프레이 장미 '상 투아 마미'는 중륜이므로 배합하기 쉽다.

복색 스프레이 장미 '뷰티 프리저브'는 홍백색이므로 축하용으로 좋다.

미니스프레이 장미 '테디 베어'는 갈색 봉오리가 벌어지면서 분홍색으로 변한다.

'앤티크 레이스'는 한 대의 줄기에서 가지가 갈라져 여러 개의 중륜 꽃이 달린다.

장미 품종 카탈로그

회색이 감도는 연보라색 스프레이 장미 '리틀 실버'는 꽃의 수명이 길다.

스프레이형 '래디시'는 진분홍색에 녹색 악센트가 들어가 있다.

'에클레어'는 내추럴한 녹색 꽃잎과 동그라면서도 사랑스러운 형태로 인기를 끌고 있다.

| 어레인지먼트

같은 장미라도 분위기가 서로 다른 흰색 대륜 '애벌랜치'와 꽃송이가 작은 '에클레어'를 나란히 꽂아 연출한 모습이다.

스프레이형 '그린 아이스'는 녹색이 감도는 흰색 꽃이 가득 달린다.

재스민 마다가스카르 재스민
스테파노티스

Stephanotis floribunda

꽃잎이 봉긋한 꽃과 잎이 달린 덩굴은 별도로 유통된다. 결혼식용으로 수요가 많다.

봉긋하고 두툼한 꽃잎. 변색되지 않은 순백색 꽃을 고른다.

자른 꽃만 포장해서 유통된다.

재스민은 종류가 아주 많은데, 결혼식 부케 등에 쓰이는 흰색 꽃은 '마다가스카르 재스민'이라는 종류다. 스테파노티스는 학명에서 비롯된 이름이다. 봉긋하고 두툼한 순백색 꽃만 포장해서 판매하기도 한다. 잎이 달린 덩굴은 그린 화재로 별도로 유통된다.

잎이 달린 덩굴은 그린 화재로 꽃과는 별도로 유통된다.

Arrange memo
- 관상 기간: 1~3일(꽃)
- 물올림: 물속 자르기(잎)
- 주의 사항: 꽃이 시들기 전에 부케 등으로 빨리 가공한다.
- 잘 어울리는 화재:
  - 레이스 플라워(49쪽)
  - 안개꽃(120쪽)

정유

Data
- 식물 분류: 박주가리과 스테파노티스속
- 원산지: 아프리카 (마다가스카르섬)
- 개화기: 6~9월
- 유통 길이: 약 4~6cm(꽃)
- 꽃 크기: 소륜

꽃말
신성한 기도, 청순

유통 시기
(월)

조

Bengal grass, Foxtail millet

볏과 식물로 언뜻 보면 강아지풀을 확대한 것과 같은 모습이다. 털로 뒤덮인 길이 10~15cm, 굵기 4~5cm 정도의 꽃이삭이 달리며 성숙되면 노란색에서 연한 갈색으로 변한다. 종자는 예로부터 곡물로 활용되어왔다. 송이가 큰 꽃과 배합해 인상이 강한 어레인지먼트를 즐겨보자.

꽃이삭은 초록색부터 노란색이나 다갈색 등으로 물든 것까지 다양하다.

꽃이삭으로 계절감을 연출한다. 송이가 큰 꽃과 배합해 야생의 멋을 살려보자.

줄기와 잎은 누렇게 변하므로 꽃이삭만 밑동에서 잘라 사용해도 된다.

잎은 잘린 상태로 유통된다.

Arrange memo

관상 기간: 7~10일
물올림: 물속 자르기
주의 사항: 잎이나 줄기는 쉽게 누렇게 변하므로 꽃이삭만 사용하면 오래 관상할 수 있다.
잘 어울리는 화재:
해바라기(195쪽)
헬리코니아(198쪽)

드라이플라워

어레인지먼트

Data

식물 분류: 볏과 강아지풀속
원산지: 동아시아
일반명: 조
개화기: 8~9월
유통 길이: 약 1~1.5m
꽃 크기: 소륜(꽃이삭은 대형)
꽃말: 끈질긴 사랑
유통 시기

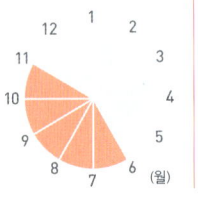

아직 익지 않은 조와 칼라, 덴파레를 배합해 동색 계열의 어레인지먼트를 만든다.

진저

Ginger

향신료로 친숙한 생강의 근연종이다. 광택 나는 잎은 가늘고 길며, 커다랗게 너풀거리는 화려한 꽃은 생강 특유의 향이 강하다. 건조한 환경이나 바람에 약해서 잎이 둥글게 말려버리므로 이런 현상이 나타날 경우 물속 자르기로 생기를 되찾아준다. 남국의 정취를 풍기는 꽃이므로 특징을 살려 어레인지먼트를 연출한다. 열대성 꽃이나 그린 화재와 배합하면 멋스럽다.

열대성 정취가 물씬 풍기는 자태가 매력적이다. 꽃에서는 생강을 연상시키는 향이 난다.

꽃줄기 하나에 4~10개의 꽃이 이삭 형태를 이루며 달린다.

끝이 뾰족한 잎이 두 갈래로 어긋나며 달린다.

레드 진저

어레인지먼트

Arrange memo

- 관상 기간: 5~7일
- 물올림: 물속 자르기
- 주의 사항: 줄기가 길어서 물올림이 어려우면 줄기를 반 정도 자른 다음 물올림한다.
- 잘 어울리는 화재:
  - **글로리오사**(20쪽)
  - **헬리코니아**(198쪽)

정유

시험관이 달린 화기 2개에 진저 꽃과 잎을 각각 넣은 후 가는 끈으로 장식한 모습이다.

Data

- **식물 분류**: 생강과 꽃생강속
- **원산지**: 중앙아시아, 동남아시아
- **일반명**: 꽃생강
- **개화기**: 6~11월
- **유통 길이**: 약 60~100cm
- **꽃 크기**: 대륜

꽃말
신뢰, 허사, 관대한 마음

유통 시기
(월) 6~11

천일홍

Globe amaranth

가늘고 긴 줄기 끝에 작은 꽃들이 모여 딸기 열매처럼 피는 모습이 앙증맞다. 꽃의 색상은 분홍색 계열로 짙고 옅은 농담의 변화가 풍부하다.

귀여운 꽃 모양과 밝은색으로 인기가 좋다. 부담 없는 스타일의 부케나 어레인지먼트에 더하면 악센트가 된다.

한자로는 '천일홍千日紅'이라고 쓰는데 오랜 기간 빨간색 꽃을 즐길 수 있다는 데서 유래되었다.

목굽음 현상이 나타나기 쉬우므로 물올림을 충분히 해준다.

가늘게 뻗은 줄기 끝에 달린 앙증맞은 꽃! 부담 없는 스타일로 연출해보자.

실물 크기!

동글동글한 꽃이 줄기 끝에 달리며, 작은 꽃들이 모여 핀다.

Arrange memo

관상 기간: 7~10일
물올림: 물속 자르기
주의 사항: 드라이플라워를 만들 때는 꽃이 우수수 떨어지기 전에 건조하는 것이 좋다.
잘 어울리는 화재:
마트리카리아(59쪽)
슈가바인(256쪽)

어레인지먼트 / 드라이플라워

꾸밈없는 어레인지먼트에 적합한 꽃이다. 슈가바인과 함께 유리 재질의 보존 용기에 꽂는다.

Data

식물 분류:
비름과 천일홍속
원산지:
열대아메리카, 남아시아
일반명:
천일홍, 천일초, 천날살이풀
개화기: 6~10월
유통 길이:
약 30~50cm
꽃 크기: 소륜
꽃말
불멸, 변함없는 애정, 불변의 사랑, 안전, 끝없는 우정
유통 시기

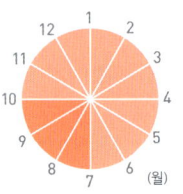

초콜릿 코스모스

Chocolate cosmos

코스모스(169쪽)의 근연종이지만, 꽃의 색깔이 다르면 분위기가 상당히 달라진다. 초콜릿을 연상시키는 검붉은 빛깔은 성숙미가 감도는 시크한 부케나 어레인지먼트에 안성맞춤이다. 꽃송이가 작은 원종은 향마저 초콜릿과 비슷해 밸런타인데이에 인기가 있다.

초콜릿 같은 빛깔과 향기 덕분에 밸런타인데이에 인기가 많다.

꽃의 형태는 일반적인 코스모스와 같다. 색상만 달라도 분위기가 전혀 다르다.

매끈하게 뻗은 가늘고 긴 줄기의 라인을 살려준다.

단단한 봉오리는 개화하지 않는 것도 있다.

Arrange memo

관상 기간: 5~7일
물올림: 물속 자르기, 열탕처리
주의 사항: 단단한 봉오리는 개화하지 않는 경우가 많으므로 제거한 후 꽂는다.
잘 어울리는 화재:
　그린벨(18쪽)
　스테모나 자포니카(257쪽)

어레인지먼트

같은 모양의 화기 3개를 나란히 놓고 초콜릿 코스모스를 1~2대씩 줄기를 교차시켜 꽂는다.

Data

식물 분류: 국화과 코스모스속
원산지: 멕시코
일반명: -
개화기: 5~11월
유통 길이: 약 40~60cm
꽃 크기: 중륜

꽃말
사랑의 추억

유통 시기

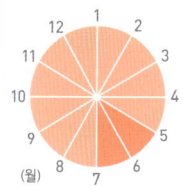
(월)

치자나무 가르데니아

Common gardenia

봄의 서향, 가을의 금목서와 함께 3대 향목의 하나로 손꼽히며, 향이 깊고 감미로워서 '향기의 여왕'이라고 부른다.
절화로는 겹꽃 품종이 유통되는데, 꽃의 수명이 짧아서 유통량이 많지 않다. 두툼한 순백색 꽃과 광택이 있는 짙은 녹색 잎의 대비가 아름답다. 해외에서는 청혼할 때 선물하거나 결혼식 부케에 사용하기도 한다.

꽃의 수명이 짧다. 시간이 지날수록 꽃잎이 갈색으로 변한다.

광택이 있는 잎이 아름다워서 꽃이 진 후에는 잎만 어레인지먼트에 사용하기도 한다.

'향기의 여왕'이라고 불릴 만큼 깊고 감미로운 향과 두툼한 순백색의 꽃이 매력적이다.

열탕처리 후 절단면에 칼집을 넣어 깊게 담그기를 하면 물올림이 좋아진다.

Data
식물 분류:
꼭두서니과 가르데니아속
원산지:
일본, 대만, 중국 등
일반명:
치자, 치자나무
개화기: 6~7월
유통 길이:
약 20~30㎝
꽃 크기: 대륜
꽃말
나는 행복해요, 세련됨, 우아함
유통 시기

Arrange memo
관상 기간: 2~3일
물올림: 열탕처리
주의 사항: 물올림이 좋지 않은 편이므로, 열탕처리 후 절단면에 십자 모양의 칼집을 넣어 깊게 담근다.
잘 어울리는 화재:
레이스 플라워(49쪽)
아스틸베(117쪽)

카네이션
Carnation

어버이날을 대표하는 꽃으로 세계적으로 사랑받고 있다. 풍성하게 주름 잡힌 꽃잎과 꽃잎 가장자리의 톱니 모양이 화려하다. 품종은 수천 종에 달하며 빨간색이나 분홍색 등 밝은색 이외에 최근에는 보라색이나 파란색 등의 시크한 색도 인기가 있다. 향이 좋은 품종이 많다.
크게 분류하면 한 대의 줄기에 하나의 꽃이 달리는 스탠더드 형태와 여러 갈래로 갈라진 줄기 끝에 여러 개의 꽃이 달리는 스프레이 형태로 나뉜다.

꽃받침은 초록빛을 띠는 것이 좋다.

구깃구깃한 꽃잎은 튼튼해서 다루기 쉽다.

가는 잎 2개가 줄기를 사이에 두고 마주보며 달린다.

어버이날을 대표하는 꽃. 색상이 다채로워 어레인지먼트의 폭이 넓다.

Arrange memo

관상 기간: 7~14일
물올림: 물속 자르기
주의 사항: 단단한 녹색 봉오리는 개화하지 않으므로 제거한다.
잘 어울리는 화재:
레이스 플라워(49쪽)
장미(147쪽)

포푸리

어레인지먼트

카네이션과 장미, 마트리카리아로 만든 라운드 부케는 부드러운 분위기가 난다.

갈릴레오

Data
식물 분류: 석죽과 패랭이꽃속
원산지: 유럽, 서아시아
일반명: -
개화기: 4~6월
유통 길이: 40~150cm
꽃 크기: 소륜·중륜

꽃말
순수한 사랑, 감동, 당신을 열렬히 사랑해요, 사랑을 믿어요, 집단의 아름다움

유통 시기

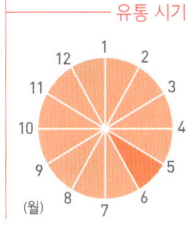
(월)

품종 카탈로그

카네이션 품종 카탈로그

인기 있는 노비오 시리즈 중 하나인 '노비오 바이올렛'은 색감이 화려하고 장미가 연상된다.

'노비오 레드'는 어두운 빨간색과 분홍색 테두리의 조합에서 성숙미가 느껴진다.

신품종으로 인기가 많은 '노비오 버건디'는 깊은 멋이 우러나는 와인색이 아름답다.

어레인지먼트

형형색색의 카네이션으로 귀여운 부케를 만들어보자.

'네보'는 빨간색 중에서도 깊은 멋이 있는 진홍색 카네이션이다.

'핑크 몬테주마'는 사랑스러운 카네이션이다.

'제바'는 흰색 꽃잎 가장자리가 엷은 분홍빛으로 물드는 소녀 같은 분위기가 난다.

연분홍색 카네이션 '말로'는 분홍색 그라데이션 부케 등을 만들 때 사용한다.

부드러운 크림색 '팍스'는 짙은 색 꽃에도 옅은 색 꽃에도 잘 어울린다.

'크레오라'는 베이지색이 강한 컬러로 어떤 색과도 배색하기 쉽다.

순백색 카네이션 '시베리아'는 흰색과 녹색으로만 만드는 부케 등에 안성맞춤이다.

카네이션 품종 카탈로그

스프레이 카네이션 '플랩'은 송이가 작은 꽃들이 많이 핀다.

'코마치'는 하얀 꽃잎에 진분홍색으로 테두리를 두른 듯한 여성스러운 분위기가 난다.

살구색 '드뇌브'도 인기 좋은 카네이션 색상이다.

어레인지먼트

형형색색의 카네이션을 배합한 후 드라세나를 접어서 가장자리에 두른 모습이다.

카틀레야
Cattleya

10cm 이상의 대륜 꽃은 화려하고 호화롭다. 그 모습을 보면 '우아한 여성', '아름다운 당신'이라는 꽃말이 이해된다. 꽃 색도 다양하다. 절화는 짧게 자른 줄기 끝에 플라스틱 폴더가 달린 상태로 유통되며, 결혼식 부케 등에 많이 이용한다. 작은 꽃은 어레인지먼트에도 사용한다.

관혼상제의 대표적인 꽃 서양란의 여왕. 작은 꽃은 어레인지먼트에도 좋다.

꽃잎은 5장이다. 구불구불한 가장자리가 쉽게 손상되므로 다룰 때 주의한다.

보통 수분을 공급하기 위해 줄기 끝에 플라스틱 폴더가 달린 상태로 유통된다.

입술꽃잎 색이 꽃잎보다 진한 것이 특징.

Arrange memo
관상 기간: 7~10일
물올림: 물속 자르기
주의 사항: 건조한 환경에 약하므로 분무기로 물을 뿌린다.
잘 어울리는 화재:
스위트피(94쪽)
대부분의 그린 화재

Data
식물 분류: 난초과 카틀레야속
원산지: 중앙아메리카, 남아메리카
일반명: -
개화기: 연중
유통 길이: 약 10~15cm
꽃 크기: 대륜

꽃말
마력, 아름다운 당신, 우아한 여성

유통 시기

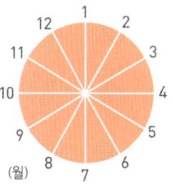

칼라

Calla, Calla lily

가장 친숙한 흰색 외에 분홍색이나 주황색 등의 밝은 꽃 색이나 줄기까지 검은 이국적인 분위기의 품종도 있다. 기품 있는 칼라의 자태는 결혼식에서도 단연 인기다. 꽃잎처럼 보이는 포엽 부분은 쉽게 손상되므로 다룰 때 조심해야 한다. 둥글게 말린 꽃 부분부터 줄기까지의 흐르는 듯한 라인을 살려 사용하면 깔끔하고 세련된 인상이 돋보인다.

빙그르르 한 바퀴 말려 있는 꽃이 우아한 매력을 자아낸다.

- 중심부의 막대 모양이 꽃이다.
- 꽃잎으로 보이는 것은 포엽이다.
- 손가락으로 가볍게 훑으면 쉽게 구부러진다.
- 줄기 밑동이 주름지거나 변색되지 않은 것을 고른다.

Arrange memo

관상 기간: 7~10일
물올림: 물속 자르기
주의 사항: 물을 교체할 때마다 줄기를 재절단하면 오랫동안 관상할 수 있다.
잘 어울리는 화재:
수국(87쪽)
오크롤레우카 아이리스(261쪽)

어레인지먼트

심플한 화기에 살구색 칼라를 한 방향으로 모아 꽂는다. 흐르는 듯한 라인을 살리는 것이 포인트다.

슈바르츠발트

골드

그린 가디스

Data

식물 분류: 천남성과 물칼라속
원산지: 남아프리카
일반명: 물칼라
개화기: 4~7월
유통 길이: 약 30~100cm
꽃 크기: 중륜·대륜
꽃말
늠름한 아름다움, 소녀의 단아함
유통 시기

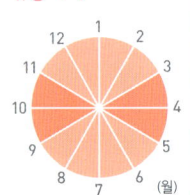

(월)

캄파눌라

Bellflower, Canterbury-bells

캄파눌라는 라틴어로 '작은 종'이라는 의미다. 이름처럼 종 모양의 꽃이 핀다. 품종이 많으며 절화로 주로 유통되는 것은 사랑스러운 꽃이 주렁주렁 달리는 품종이다. 한 대를 통째로 사용하는 것보다 짧게 잘라 나누거나 꽃만 잘라서 사용하면 귀여운 분위기를 연출할 수 있다. 꽃 바로 밑에 달리는 잎을 제거하면 꽃의 윤곽이 선명하게 돋보인다.

볼록한 종 모양의 꽃이 귀엽고 청초하다.

꽃잎의 가장자리까지 싱싱한 것을 고른다.

잎이 쉽게 부패하므로 물에 잠기는 부분은 반드시 제거한다.

Arrange memo

관상 기간: 3~5일
물올림: 물속 자르기
주의 사항: 줄기가 쉽게 꺾이므로 다룰 때 주의한다. 물빨림이 좋은 편이니 물을 자주 보충한다.
잘 어울리는 화재:
블루레이스 플라워(81쪽)
아스틸베(117쪽)

어레인지먼트

꽃을 잘라 얕은 사각형 화기에 한 송이씩 나란히 꽂는다. 흰색 꽃으로 악센트를 준다.

Data

식물 분류: 초롱꽃과 초롱꽃속
원산지: 유럽, 아시아, 일본
일반명: 종꽃
개화기: 5~7월
유통 길이: 약 60~100cm
꽃 크기: 소륜·중륜
꽃말: 감사, 성실

유통 시기

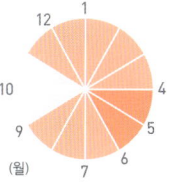
(월)

캥거루 포 아니고잔서스

Kangaroo-paw

길게 뻗은 꽃줄기 끝에 달리는 꽃은 섬세한 털로 뒤덮인 벨벳 같은 질감이 특징이다. '캥거루 포'는 끝부분이 6갈래로 갈라진 형태가 캥거루의 앞발과 닮아서 붙여진 이름이다. '아니고잔서스'라고도 부른다. 본래 오스트레일리아 남서부에서만 자생하던 꽃인데 최근에는 여러 나라에서 유통된다. 교배종이 많아 꽃의 색이 다양해지는 추세다.

독특한 형태와 부드러운 질감이 어레인지먼트에 개성을 살린다.

Arrange memo

- 관상 기간: 7~14일
- 물올림: 물속 자르기, 열탕처리
- 주의 사항: 탈수 상태가 되었을 때는 열탕처리한다.
- 잘 어울리는 화재:
  - 레우카덴드론(47쪽)
  - 오이풀(133쪽)

드라이플라워

어레인지먼트

Data

- 식물 분류: 지모과 캥거루발톱속
- 원산지: 오스트레일리아
- 일반명: 캥거루발톱
- 개화기: 4~6월
- 유통 길이: 약 50~80cm
- 꽃 크기: 소륜
- 꽃말: 불가사의, 놀라움, 분별
- 유통 시기

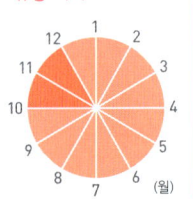

봉오리가 봉긋하게 솟은 것을 고른다.

꽃과 줄기는 벨벳처럼 짧은 털로 뒤덮여 있다.

크고 작은 유리잔을 포개어 꽃을 고정한 아이디어 작품이다. 작은 잔에 띄운 꽃은 스카비오사 판타지이다.

코스모스
Cosmos

가을을 대표하는 꽃으로 친숙하며 원산지는 멕시코다.
어레인지먼트는 쉽게 손상되는 잎을 최대한 제거한 후 꽃의 형태가 돋보이게 꽂는다. 바람에 나부끼는 듯한 내추럴한 줄기의 라인을 한껏 살려 꽂아도 멋스럽다.
대표적인 홑꽃형 외에 겹꽃형이나 스트로형 등의 품종이 최근에 등장했다. 꽃의 색상도 다채로워지는 추세다.

가을을 장식하는 대표적인 꽃이다. 스트로형 등 새로운 얼굴들도 속속 등장한다.

Arrange memo

- **관상 기간:** 5~10일
- **물올림:** 물속 자르기, 열탕처리
- **주의 사항:** 쉽게 손상되는 잎을 최대한 제거한 후, 물을 자주 갈아주고 재절단하면 오랫동안 관상할 수 있다.
- **잘 어울리는 화재:**
  - 등골나물(39쪽)
  - 오이풀(133쪽)

물을 자주 갈아주고 재절단 해주면 오랫동안 관상할 수 있다.

줄기가 옹골차고 튼튼한 것을 고른다.

피코티

Data
- **식물 분류:** 국화과 코스모스속
- **원산지:** 미국, 멕시코
- **일반명:** -
- **개화기:** 9~10월
- **유통 길이:** 약 80~100cm
- **꽃 크기:** 중륜

꽃말
소녀의 순결, 소녀의 진심

유통 시기

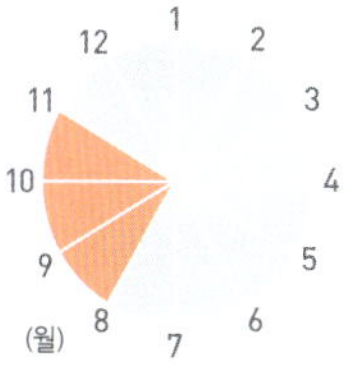

품종 카탈로그

코스모스 품종 카탈로그

바깥쪽 꽃잎은 길고 안쪽 꽃잎은 짧은 반겹꽃형이다.

옐로 가든

시 쉘

어레인지먼트

청초한 분위기가 나는 하얀 코스모스 몇 송이를 흰색 물통에 꾸밈없이 꽂은 모습이다.

더블클릭

쿠르쿠마

Hidden lily

생강과 식물로 여름꽃다운 열대성 분위기를 자아낸다. 꽃잎이 겹쳐진 꽃처럼 보이는 것은 꽃이 아니라 포엽이다. 마치 포엽 사이에 숨어 있는 듯한 형태로 작은 꽃이 핀다. 어레인지먼트는 곧게 뻗은 줄기의 라인이나 개성적인 포엽을 강조하면 효과적으로 연출할 수 있다.
주로 유통되는 분홍색 계열 외에 흰색이나 녹색, 미니종도 인기가 많다. 녹색 품종은 그린 화재처럼 사용할 수 있다.

여름철 부케나 어레인지먼트에 제격이다. 그린 화재로 쓸 수 있는 녹색 품종도 있다.

- 꽃잎이 아니라 포엽이다.
- 포엽과 포엽 사이에 작은 꽃이 핀다.

에메랄드 파고다

소형 품종 미니쿠르쿠마

화이트

물올림이 비교적 좋은 편이며 수명도 길다.

치앙마이

Arrange memo

- **관상 기간**: 약 7일
- **물올림**: 물속 자르기
- **주의 사항**: 물을 자주 갈아주면 오랫동안 관상할 수 있다.
- **잘 어울리는 화재**:
  - **다알리아**(31쪽)
  - **안스리움**(121쪽)

Data

- **식물 분류**: 생강과 쿠르쿠마속
- **원산지**: 열대아시아
- **일반명**: 강황
- **개화기**: 6~10월
- **유통 길이**: 약 20~30cm
- **꽃 크기**: 중륜·대륜

꽃말
당신의 자태에 도취되어요, 인연, 인내

유통 시기

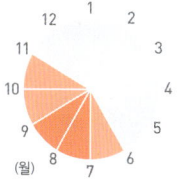

크라스페디아

Gold sticks, Drum sticks

골든스틱 · 드럼스틱 · 골든볼

실로폰 채처럼 생긴 독특한 형태와 선명한 노란색이 눈길을 사로잡는 꽃이다. '골든볼', '골든스틱', '드럼스틱' 등 여러 이름으로 친숙하다. 절화로 유통될 때는 대부분 잎을 제거한 상태다. 꽃의 색상과 형태를 잘 살려 장식한다. 꽃잎이 없어 수명이 긴 것도 장점이다. 탈수 상태가 되어도 꽃의 색상이 잘 변하지 않으므로 드라이플라워 화재로 적합하다.

꽃가루가 떨어지지 않는 것을 고른다.

꽃은 습기에 약하므로 물이 닿지 않도록 한다.

실물 크기!

드라이플라워 화재로도 좋은 동글동글한 노란색 꽃이 아름답다.

Data
식물 분류:
국화과 크라스페디아속
원산지:
오스트레일리아, 뉴질랜드
일반명: -
개화기: 6~9월
유통 길이:
약 60~100cm
꽃 크기: 소륜
꽃말
영원한 행복, 활기찬 마음의 문을 연다,
유통 시기

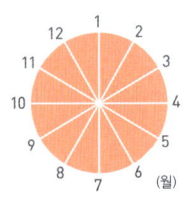

Arrange memo

관상 기간: 7~14일
물올림: 물속 자르기
주의 사항: 꽃은 습기에 약하고 물이 닿으면 쉽게 변색되므로 주의한다. 개화한 후에는 꽃가루가 떨어지기 쉬우니 옷에 묻지 않도록 주의한다.
잘 어울리는 화재:
거베라(12쪽)
맥문동(252쪽)

드라이플라워

크리스마스로즈

Chrismas rose

시크한 꽃의 색깔과 고개를 숙인 상태로 피는 자태가 가련한 인상을 준다. 꽃처럼 보이는 것은 꽃잎이 아니라 꽃받침이다. '크리스마스로즈'는 크리스마스 시즌에 피는 장미를 닮은 꽃이라 붙여진 이름인데, 봄 개화종이 더 많이 유통된다. 최근에는 품종 개량으로 위를 향해 피는 것이나 꽃의 색상이 선명한 것도 등장했다. 어레인지먼트는 꽃의 얼굴이 보이는 방향을 고려해 꽂는 것이 좋다.

추운 계절부터 꽃이 핀다. 고상한 색감과 가련한 표정이 인기다.

개화가 끝나면 그대로 드라이플라워가 된다.

물올림이 나쁜 편이므로 자주 재절단한다.

겹꽃형    반점형

Arrange memo

관상 기간: 약 7일
물올림: 물속 자르기, 탄화처리
주의 사항: 탈수 현상이 쉽게 나타나므로 줄기를 자주 재절단한다.
잘 어울리는 화재:
　아이비(260쪽)
　프리지아(192쪽)

합화　드라이플라워

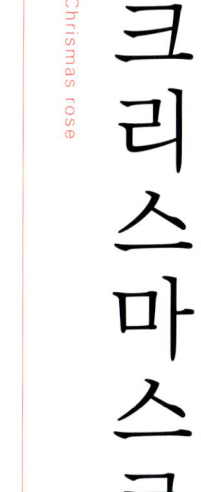

Data
식물 분류: 미나리아재비과 헬레보루스속
원산지: 유럽, 지중해 연안
일반명: -
개화기: 12~4월
유통 길이: 약 30~50cm
꽃 크기: 중륜

꽃말
나를 잊지 말아요, 내 고민을 덜어주세요, 추억, 위로, 스캔들

유통 시기

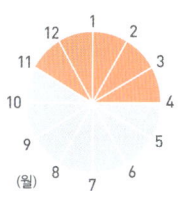

173

크리스마스부시

New South Wales, Christmas Bush

오스트레일리아에서 한여름의 크리스마스가 찾아온 것을 알리는 식물이다. 빨간 꽃처럼 보이는 부분은 꽃받침이다. 꽃은 하얀 별 모양으로 피는데 작아서 눈에 띄지 않으며 꽃이 진 후에 꽃받침이 빨간색으로 물들어 꽃잎처럼 된다. 절화로 수입되는 것은 겨울철 크리스마스 시즌에 유통된다. 꽃받침이 흰색으로 물드는 '화이트 크리스마스부시'라는 품종도 있다.

물올림이 원활하지 않으면 검게 변하고 지저분해 보이므로 주의한다.

꽃받침이 검게 변색되지 않은 것을 고르고, 가지를 잘라 나누어서 사용한다.

5개의 빨간 꽃잎 모양은 꽃받침이다. 꽃은 중앙의 노란색 부분이다.

화려하면서도 새빨간 꽃받침과 깊은 색감을 지닌 녹색 잎의 대비가 아름답다.

잎은 한 지점에서 3개가 달리며 가장자리에 가는 톱니가 있다.

Data
- 식물 분류: 쿠노니아과 세라토페탈룸속
- 원산지: 오스트레일리아
- 일반명: -
- 개화기: 11~1월
- 유통 길이: 약 60~80cm
- 꽃 크기: 소륜
- 꽃말: 기품, 청초
- 유통 시기

Arrange memo
- 관상 기간: 약 7일
- 물올림: 물속 자르기
- 주의 사항: 물올림이 원활하지 않으면 검게 변한다. 잘 무르는 편이므로 통풍이 잘되는 곳에 둔다.
- 잘 어울리는 화재: **라넌큘러스**(41쪽) **장미**(147쪽)

클레마티스
Clematis

홑꽃형과 겹꽃형 등 품종이 다양하다. 그리스어로 '덩굴'을 의미하는 '클레마 Clema'가 어원이다.

물올림이 좋지 않으므로 꽃을 꽂기 전이나 탈수 현상이 나타나면 신문지 등에 싸서 열탕처리를 한다. 꽃도 잎도 금방 싱싱하게 생기를 되찾는다.

얇고 섬세한 꽃잎이 손상되지 않도록 다룰 때 주의한다.

곧게 세우기가 어려우므로 덩굴의 특성을 살려서 연출한다.

> 그리스어로 '덩굴'을 의미하는 '클레마'가 어원이다. 물올림이 나쁜 편이니 주의한다.

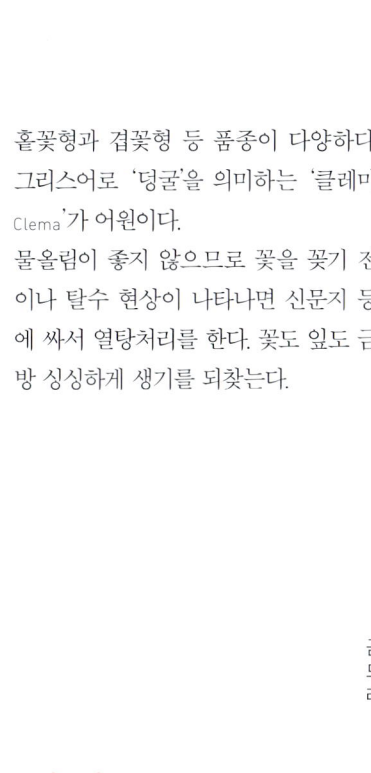

Arrange memo
- 관상 기간: 4~7일
- 물올림: 물속 자르기, 열탕처리, 탄화처리
- 주의 사항: 탈수 현상이 쉽게 나타나므로 물올림을 충분히 한다.
- 잘 어울리는 화재:
  미국수국 아나벨리(66쪽)
  장미(147쪽)

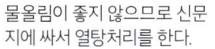
물올림이 좋지 않으므로 신문지에 싸서 열탕처리를 한다.

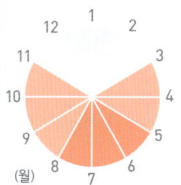
종 모양의 가련한 꽃이 피는 '벨 클레마티스'

Data
- 식물 분류: 미나리아재비과 으아리속
- 원산지: 일본, 중국
- 일반명: 큰꽃으아리
- 개화기: 4~10월
- 유통 길이: 약 1~3m
- 꽃 크기: 대륜, 중륜
- 꽃말: 고결, 아름다운 마음, 책략
- 유통 시기

키르탄서스

Fire lily, Ifafa lily

곧게 뻗은 줄기 끝에 가늘고 긴 통 모양이나 깔대기 모양의 꽃이 모여 핀다. 꽃 하나하나는 수수해 보이지만 고상한 기품을 자아낸다. 은은하고 달콤한 과일 같은 향이 난다. 부케에 넣어 선물하면 좋다.

밑동에서 나오는 잎은 대부분 제거된 상태로 유통된다. 어레인지먼트는 여러 각도로 달려 있는 꽃의 방향을 살려 움직임을 연출하도록 신경 쓴다.

꽃은 줄기 끝에서 옆이나 아래를 향해 여러 개 달린다.

과일 향 같은 향기가 특징이다. 가늘고 긴 통 모양으로 피는 생김새에 시선이 집중된다.

가늘고 긴 통 모양의 끝부분이 6개 꽃잎으로 갈라지며 나팔 모양으로 벌어진다.

줄기는 속이 비었고 연하다.

Data
- **식물 분류**: 수선화과 키르탄투스속
- **원산지**: 남아프리카
- **일반명**: -
- **개화기**: 3~4월
- **유통 길이**: 약 30~40cm
- **꽃 크기**: 소륜
- **꽃말**: 숨은 매력, 왜곡된 매력, 부끄럼을 잘 타는 사람
- **유통 시기**:

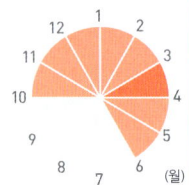

Arrange memo
- **관상 기간**: 3~5일
- **물 올리기**: 물속 자르기
- **주의 사항**: 줄기가 연해 쉽게 부패되므로 물을 얕게 채운다.
- **잘 어울리는 화재**:
  - 버플레움(75쪽)
  - 스위트피(94쪽)

털뻐꾹나리

Toad lily

가련한 꽃이 동양적인 분위기를 자아내 동양 꽃꽂이에 주로 사용한다. 꽃잎에 반점이 두견새의 가슴 무늬와 비슷하게 생긴 것이 있고, 반점 무늬가 없는 노란색 꽃과 흰색 꽃도 유통된다.
도라지나 억새와 환상적인 조화를 이룬다. 가을 들녘 같은 분위기로 연출해보자.

꽃잎에 독특한 반점 무늬가 있는 꽃이 위를 향해 핀다.

잎과 줄기에는 솜털이 나 있다.

소박한 동양적인 분위기를 지녔다. 가을 들녘에 피어 있는 분위기를 그대로 살려 꽂아보자.

Arrange memo

관상 기간: 5~7일
물올림: 물속 자르기
주의 사항: 동양적인 분위기를 살린 어레인지먼트에 좋다.
잘 어울리는 화재:
- **도라지**(37쪽)
- **억새**(126쪽)
- **용담**(137쪽)

Data

식물 분류: 백합과 뻐꾹나리속
원산지: 일본, 동아시아
일반명: 털뻐꾹나리
개화기: 8~10월
유통 길이: 약 30~70cm
꽃 크기: 소륜

꽃말
영원, 영원한 젊음

유통 시기

투베로즈 Tuberose

길게 뻗은 줄기 상부에 크림색이 감도는 흰 꽃이 2송이씩 피는 구근식물이다. 저녁 무렵부터 밤까지 신비롭고 감미로운 향이 강하게 나서 '월하향'이라고 한다. 향수나 아로마 오일의 원료로도 사용한다.

향이 좋고 꽃이 흰색이어서 결혼식에서 자주 볼 수 있다. 절화로는 주로 겹꽃형이 유통되며, 잘라 나누어서 신부 부케나 코르사주, 머리 장식물 등에 쓰인다. 라인을 살려서 어레인지먼트한다. 단단한 꽃봉오리는 개화하지 않으므로 가능한 꽃봉오리가 벌어진 것을 고른다.

꽃은 아래쪽부터 2송이씩 피어 올라간다. 개화가 끝난 꽃을 제거하면 위쪽 꽃봉오리까지 개화한다.

잎은 쉽게 손상되므로 미리 제거한다.

줄기는 쉽게 부패하므로 물을 갈 때 줄기 끝을 다시 자른다.

밤에 강한 향기가 나서 '월하향'이라고 한다. 라인을 살려서 어레인지먼트한다.

Data
- **식물 분류**: 용설란 아과 폴리안테스속
- **원산지**: 멕시코
- **일반명**: 만향옥, 월하향
- **개화기**: 7~9월
- **유통 길이**: 약 40~80cm
- **꽃 크기**: 소륜
- **꽃말**: 모험, 위험한 쾌락
- **유통 시기**:

Arrange memo
- 관상 기간: 5~7일
- 물올림: 물속 자르기
- 주의 사항: 줄기가 쉽게 부패하므로 물을 자주 갈아준다.
- 잘 어울리는 화재:
  - **백합**(71쪽)
  - **세루리아**(85쪽)

정유

툴바기아

Sweet garlic, Pink agapanthus

백합과 구근식물로서 툴바기아는 품종이 다양하지만 절화로 주로 유통되는 것은 '툴바기아 프라그란스'라는 품종이다. 이름대로 달콤하고 고상한 향을 품고 있어 부케나 어레인지먼트에 넣어 선물해도 좋은 화재다.

가늘고 긴 줄기 끝에 작은 별 모양의 꽃이 10~30개 정도 달린다. 그 모습이 마치 폭죽의 불꽃 같다. 어레인지먼트나 부케의 조연으로 사용하면 섬세한 분위기를 연출할 수 있다.

불꽃놀이처럼 피는 꽃이 앙증맞다. 달콤한 향기로 기쁨을 선물해보자.

별 모양으로 벌어지는 대롱꽃이 줄기 끝에 무수히 달린다.

통 모양의 꽃이 방사형으로 달린 옆모습이다.

꽃잎 6장이 별 모양으로 벌어진다.

줄기는 손으로 가볍게 훑어주면 쉽게 구부러진다.

Arrange memo

- 관상 기간: 5~7일
- 물올림: 물속 자르기
- 주의 사항: 개화가 끝난 꽃을 수시로 제거해주면 봉오리 상태인 것도 개화한다.
- 잘 어울리는 화재:
  - **라넌큘러스**(41쪽)
  - **맥문동**(252쪽)

Data

- **식물 분류:** 백합과 툴바기아속
- **원산지:** 남아프리카
- **일반명:** -
- **개화기:** 3~4월
- **유통 길이:** 약 40~60cm
- **꽃 크기:** 소륜
- **꽃말:** 차분한 매력, 작은 배신, 잔향

유통 시기

튤립 Tulip

꽃 이름을 잘 모르는 사람이라도 누구나 아는 꽃이 튤립일지 모른다. 매년 신품종이 잇따라 등장하며 추운 겨울부터 꽃집 앞을 장식한다. 홑꽃형, 겹꽃형, 백합형, 패럿형, 프린지형 등 화형이 다양하며 색상도 풍부하다. 모든 어레인지먼트에 적합한 화재로, 빛이나 온도에 따라 꽃이 벌어졌다가 오므라들기를 반복하며 색다른 이미지를 연출한다. 튤립만으로 일종꽃이해도 좋고, 다양한 종류를 혼합해 유리 화기 등에 꽂아도 근사하다.

크리스마스 무렵부터 꽃집 앞을 수놓는 봄 구근화의 대표 주자!

장식한 상태에서도 줄기가 계속 자란다.

빛이나 온도에 따라 꽃잎이 벌어졌다가 오므라들고, 꽃의 방향이 바뀌기도 한다.

꽃잎이 벌어지면서 점차 안쪽의 검은색 수술이 보이기 시작한다.

잎은 줄기를 감싼 듯한 형태로 붙어 있다.

Data
- 식물 분류: 백합과 산자고속
- 원산지: 소아시아, 북아프리카
- 일반명: -
- 개화기: 3~4월
- 유통 길이: 약 20~50cm
- 꽃 크기: 중륜·대륜
- 꽃말: 박애, 명성, 사랑 고백, 실연, 짝사랑, 배려, 원하지 않는 사랑
- 유통 시기: (월)

Arrange memo
- 관상 기간: 약 5일
- 물올림: 물속 자르기
- 주의 사항: 난방에 약하므로 시원한 곳에 장식한다.
- 잘 어울리는 화재:
  스위트피(94쪽)
  프리지아(192쪽)

튤립 품종 카탈로그

겹꽃형 '몬테 오렌지'는 만개하면 작약처럼 강렬해진다.

'핑크 다이아몬드'는 꽃잎 표면에 광택이 있다.

프린지형 '벨 송'은 꽃잎 가장자리에 들쑥날쑥한 톱니가 있다.

'안젤리크'는 흰색부터 연한 분홍색, 황녹색의 그라데이션이 아름답다.

'발레리나'는 주황색 백합형으로 향도 좋아 인기 있다.

백합형 '플라이 어웨이'는 뾰족한 꽃잎이 벌어지면 마치 백합 같다.

백합형 '발라드'는 분홍색과 흰색의 조화가 아름답다.

'크리스마스 드림'은 분홍색에 황녹색 그라데이션이 살짝 들어가 있다.

'몬디알'은 신부 부케에도 적합한 겹꽃형 흰색 튤립이다.

튤립 품종 카탈로그

'퀸 오브 나이트'는 꽃은 크지 않지만, 검정색에 가까운 짙은 보라색이 개성적이다.

'블러싱 레이디'는 주황색에서 노란색에 이르는 그라데이션이 특징이다.

'알리비'는 볼록한 타원형 홑꽃형으로, 보라색이 살짝 감도는 분홍색에 그라데이션이 있다.

'프리티 우먼'은 진분홍색의 백합형 꽃이 사랑스러운 여성을 연상시킨다.

'벤 반 잔텐'은 깊은 색감의 아름다운 빨간색 꽃잎이 벌어지면 검은색 꽃술이 드러난다.

'차토'는 겹꽃으로 피는 프린지형이며, 벌어지면서 화려한 인상으로 변신한다.

어레인지먼트

노란색과 흰색의 홑꽃형 튤립을 짧게 자른 후 스위트피와 함께 사각형 화기에 꽂은 모습이다.

패럿형 '플레밍 패럿'은 꽃잎이 앵무새의 날개처럼 생긴 튤립이다.

'크리스마스 이그조틱'은 진분홍색에 황녹색이 살짝 감돈다.

'애플 핑크'는 꽃잎의 바깥쪽은 흰색이고 안쪽은 분홍색이라 벌어지면 인상이 달라진다.

'오렌지 모나크'는 주황색 홑꽃형으로 달콤한 향기가 감돈다.

'블루멕스'는 주황색 꽃잎의 일부가 줄기와 잎과 같은 색을 띠어 개성적이다.

'카니발 데 리오'는 꽃은 소륜이며 흰색, 분홍색, 녹색 등 그라데이션이 복잡하게 들어간 튤립이다.

꽃과 같은 색 용기에 꽃잎에 톱니가 있는 빨간 튤립을 꽂는다. 꽃의 얼굴 방향에 변화를 주어 움직임을 연출한다.

밝은 주황색의 '오렌지 퀸'은 파란색 꽃과 배합해도 잘 어울린다.

'크림 업스타'는 형용할 수 없는 오묘한 색감이 아름답다.

트라켈리움

Blue throatwort

2~3mm의 아주 작은 꽃이 빽빽이 모여 피는 초롱꽃과 식물이다. 보라색이 주로 유통되며, 꽃이 가득 피면 그 모습이 마치 저녁 안개에 휩싸인 듯한 분위기로 보여서 '석무초'라고도 한다. 보통 꽃봉오리 상태로 유통된다. 유통량이 적은 흰색이나 분홍색 외에 사진처럼 네덜란드산인 녹색 품종도 1년 내내 유통된다.

동양적인 인상이 강하지만, 짧게 잘라 나누면 어레인지먼트의 빈 공간을 메울 때 유용해 서양풍 어레인지먼트에도 부담 없이 사용할 수 있다. 줄기를 자르면 흰색의 액체가 나오므로 꽂기 전에 물로 깨끗이 씻어낸다.

동양적인 인상이 강하지만 짧게 잘라 나누면 서양풍 어레인지먼트에도 유용하다.

2~3mm의 작은 꽃이 모여서 10~20cm 크기의 덩어리를 이루며 핀다.

잎은 제거하고 꽂는다.

물올림을 한 후에는 신문지에 싸서 깊게 담그기를 한다.

Data
- **식물 분류:** 초롱꽃과 트라켈리움속
- **원산지:** 지중해 연안
- **일반명:** 석무초
- **개화기:** 6~10월
- **유통 길이:** 약 30~70cm
- **꽃 크기:** 소륜
- **꽃말:** 다정한 애정, 덧없는 사랑
- **유통 시기:**

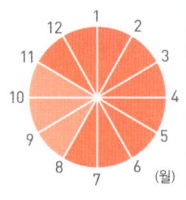

Arrange memo
- 관상 기간: 5~7일
- 물올림: 물속 자르기, 열탕처리
- 주의 사항: 물올림을 한 후에는 반드시 깊게 담그기를 한다.
- 잘 어울리는 화재:
  - 꼬리풀(24쪽)
  - 리시안서스(52쪽)
  - 에린기움(129쪽)

드라이플라워

트리토마 니포피아

Torch lily

'트리토마'로 알려져 있는데, 이것은 예전 속명이며 현재는 다른 속(니포피아속)으로 분류한다. 꽃대 끝에 붉은색이나 주황색, 노란색의 꽃이삭이 달린 모습을 횃불에 비유해 '횃불나리'라고도 한다.
나팔 모양의 꽃이 아래쪽부터 차례로 피어 올라가면서 꽃이삭을 이룬다. 주황색 꽃봉오리가 피면서 노란색으로 변하며 아름다운 그러데이션 컬러가 된다. 구매할 때 꽃봉오리가 많은 것을 고르면 오랫동안 즐길 수 있다. 독특한 꽃 모양을 살려서 개성적인 어레인지먼트를 만들면 좋다.

굵은 줄기 끝에 독특한 모양의 꽃이삭이 달린다. 시든 꽃은 제거한다.

- 나팔 모양의 꽃이 아래쪽부터 차례로 피어 올라간다
- 아래쪽의 시든 꽃은 수시로 제거한다.
- 줄기는 굵고 길다. 꼬이듯이 굽는 성질이 있다.

Arrange memo
관상 기간: 5~7일
물올림: 물속 자르기
주의 사항: 윗부분까지 꽃을 피우려면 절화보존제를 사용한다.
잘 어울리는 화재:
  라케날리아(44쪽)
  크라스페디아(172쪽)

Data
식물 분류: 백합과 니포피아속
원산지: 남아프리카
일반명: 횃불나리
개화기: 6~9월
유통 길이: 약 80~120㎝
꽃 크기: 소륜

꽃말
당신을 생각하면 마음이 아파요, 사랑의 고통

유통 시기

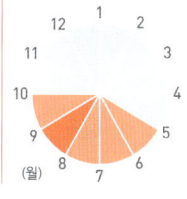
(월)

파피오페딜룸

Cypripedium, Lady's-slipper

'파피오페딜룸'이라는 이름은 그리스어로 '여신의 신발'이라는 의미다. 중앙에 있는 주머니 형태의 부분이 슬리퍼와 비슷해 영명으로는 '레이디스 슬리퍼'라고도 불리는 난이다. '와르디'는 흰색 바탕에 녹색 줄무늬가 아름다운 품종이다. 그 밖에 적자색이나 흰색, 이중색 등의 품종도 유통되며 모든 품종이 줄기 길이가 짧은 데 비해 꽃이 큰 것이 특징이다. 꽃의 수명이 길며, 동양풍 어레인지먼트에도 어울린다.

최근 인기가 급상승하고 있는 남다른 개성을 지닌 난이다. 한 송이만으로도 존재감이 크다.

흰색 바탕의 녹색 줄무늬가 아름답다.

입술꽃잎이 슬리퍼 같다.

꽃 크기에 비해 줄기가 짧다.

'여신의 신발' 같은 옆모습이다.

와르디

Arrange memo

관상 기간: 10~14일
물올림: 물속 자르기
주의 사항: 소량의 화재만 사용해 꽂으면 돋보인다.
잘 어울리는 화재:
심비디움(108쪽)
오니소갈룸(132쪽)

어레인지먼트

같은 난 종류 중에 녹색이 아름다운 심비디움이나 남국풍의 그린 화재와 배합해 멋스럽게 꽂는다.

Data

식물 분류: 난초과 파피오페딜룸속
원산지: 중국, 동남아시아
일반명: -
개화기: 12~6월
유통 길이: 약 30cm
꽃 크기: 대륜
꽃말: 사려 깊음, 책임감 강한 사람, 변덕스런 애정, 변덕쟁이, 독특한 개성
유통 시기

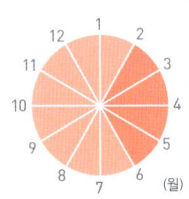

팜파스

Pampas grass

은백색 꽃이삭은 억새와 비슷하지만, 30~100cm나 되는 꽃이삭의 크기가 다르다. 대형 어레인지먼트에 넣으면 자연의 정취가 넘치는 역동적인 움직임을 연출할 수 있다. 가을철 화재와 배합해 산야의 정취를 느낄 수 있는 어레인지먼트를 만들어보자. 드라이플라워가 되기도 한다.

암수딴그루 식물로 화재가 되는 것은 암그루다. 은백색인 꽃이삭이 만개하면 광택을 잃게 되므로 개화하기 전의 것을 사용한다.

꽃이삭은 만개하면 광택을 잃는다.

은백색의 꽃이삭은 대형 어레인지먼트에 적합하다.
개화하면 광택을 잃는다.

건조한 환경에 강하며 수명이 길다.

Arrange memo

관상 기간: 약 14일
물올림: 물속 자르기
주의 사항: 만개하면 광택을 잃게 되므로 개화하기 전의 것을 사용한다.
잘 어울리는 화재:
아마릴리스(113쪽)
폭스 페이스(245쪽)

드라이플라워

Data

식물 분류:
볏과 코르타데리아속
원산지:
남아메리카
일반명: -
개화기: 7~9월
유통 길이:
약 1~2m
꽃 크기: 대형(꽃이삭)

꽃말
아름답게 빛남

유통 시기

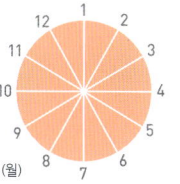
(월)

패랭이꽃 다이안서스

Pink

패랭이꽃의 영명은 '핑크Pink'다. 핑크라는 색명은 패랭이꽃의 색에서 유래되었다고 한다. 카네이션이 홑꽃으로 핀 듯한 핑크색의 귀엽고 작은 꽃이 인상적이다. 특히 꽃의 색상이 풍부해 빨간색과 노란색, 보라색 등도 있다. 꽃잎이 없이 꽃받침만 있는 '테마리소'라는 품종도 유통되며 그린 화재로 활용된다.

위를 향해 피는 꽃이 많으므로 어레인지 먼트는 가능한 한 꽃의 얼굴이 보이도록 꽂으면 사랑스러운 모습을 강조할 수 있다.

'핑크'라는 색명은 이 꽃에서 유래했을까? 사랑스러운 꽃의 얼굴이 잘 보이도록 연출한다.

개화가 끝난 꽃을 수시로 제거하면 봉오리가 잇따라 개화한다.

흰색과 핑크색 그라데이션이 들어간 꽃잎이 아름답다.

줄기 마디가 쉽게 부러지므로 주의한다.

Data

식물 분류:
석죽과 패랭이꽃속
원산지:
유럽, 아시아, 아프리카
일반명:
패랭이꽃, 석죽,
꽃패랭이꽃,
개화기: 5~7월
유통 길이:
약 20~80cm
꽃 크기: 중륜
꽃말:
정절, 순수한 사랑,
재능, 사모
유통 시기:

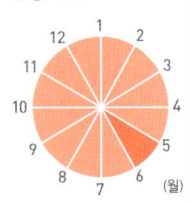

Arrange memo

관상 기간: 약 5일
물올림: 물속 자르기
주의 사항: 줄기의 마디가 쉽게 꺾이므로 다룰 때 조심한다.
잘 어울리는 화재:
부바르디아(78쪽)
카네이션(161쪽)

테마리소

소네트 예스

패모

Fritillary

꽃잎 안쪽은 진보라색의 그물 모양 무늬가 있고 바깥쪽은 연녹색을 띠는 꽃이 살짝 고개를 숙인 듯한 모습으로 핀다. 줄기는 가늘고 잎끝이 덩굴손 형태로 둥글게 말린 것도 특징적이다. 청초하고 고상해 보이는 자태 덕분에 인기가 많으며, 서양풍 어레인지먼트에 좋다. 수수한 꽃의 색상이 돋보이도록 흰색이나 강한 색 화재를 사용해 내추럴한 분위기로 연출한다. 바구니나 흙으로 만든 화기 등이 잘 어울린다.

고개를 숙인 채 피는 꽃의 자태를 살려 내추럴하게 연출하자.

꽃잎 안쪽에 진보라색의 그물 무늬가 있다.

잎끝이 둥글게 말려 휘감기 좋은 형태다.

Arrange memo

- 관상 기간: 약 7일
- 물올림: 물속 자르기
- 주의 사항: -
- 잘 어울리는 화재:
  백합(71쪽)
  산데르소니아(83쪽)

Data

- 식물 분류: 백합과 패모속
- 원산지: 중국
- 일반명: 중국 패모, 점패모
- 개화기: 4~5월
- 유통 길이: 약 30~80cm
- 꽃 크기: 중륜

꽃말

위엄, 겸허한 마음, 늠름한 자태

유통 시기

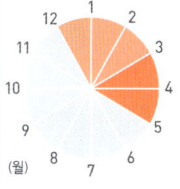

팬지
Pansy

추운 겨울 무렵부터 화단을 밝게 물들이는 팬지는 형형색색의 꽃이 혼합다발 형태로 절화용으로도 유통되고 있어 인기다. 귀엽게 잡힌 주름과 로맨틱한 색채 그리고 봄 분위기 나는 향도 매력적이다. 혼합다발을 그대로 영자 신문이나 왁스 페이퍼 등으로 둘둘 말아 라피아 끈으로 묶어 미니 부케를 만들어 무심한 듯 건네면 기쁜 선물이 될 것 같다. 최근에는 품종 개량으로 광택이 있는 검은색 꽃이나 길이가 30cm 이상 되는 스프레이형도 유통된다.

꽃 색이 조금씩 다른 혼합다발 형태로 유통되는 경우가 많다.

줄기가 가늘고 짧은 종류가 많아 리스 어레인지먼트에도 적합하다.

귀엽게 잡힌 주름과 로맨틱한 색채가 매력! 혼합다발로 미니 부케를 만들자.

Data

식물 분류:
제비꽃과 제비꽃속
원산지: 유럽, 서아시아
일반명:
삼색제비꽃, 호접제비꽃
개화기: 11~4월
유통 길이:
약 15~20cm
꽃 크기: 중륜
꽃말:
순수한 사랑,
확고한 정신, 상념,
사려 깊음, 성실
유통 시기

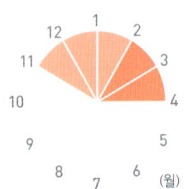

Arrange memo

관상 기간: 3~6일
물올림: 물속 자르기
주의 사항: 줄기가 연해 쉽게 꺾이므로 다룰 때 주의한다.
잘 어울리는 화재:
마거리트(57쪽)
알리움(122쪽)

프로테아
Protea

단단한 꽃잎처럼 보이는 것은 포엽이다. 수많은 꽃이 모여 피는 중앙부를 감싸고 있으며 전체적으로 하나의 꽃처럼 보인다. 원산지인 남아프리카공화국의 국화이기도 한 '킹 프로테아'는 대형 품종으로 강한 인상을 준다. 최근에는 꽃 전체의 크기가 4~5cm 되는 소형 품종도 나와 어레인지먼트하기 쉬워졌다. 잎은 얼마 지나지 않아 검게 변하므로 제거한 후 꽂아도 좋다.

꽃잎처럼 보이는 것은 포엽이다. 윤기가 나는 것이 신선하다.

잎은 쉽게 검게 변하므로 제거한 후 꽂아야 오랫동안 감상할 수 있다.

유약을 바르지 않은 토분에 잎이 달린 상태로 꽂은 후 잎이 검게 변하면 바로 제거하고 다른 그린 화재를 더한다.

킹 프로테아

동양적인 꽃이 주는 강렬한 인상!

Arrange memo
- **관상 기간**: 7~14일
- **물올림**: 물속 자르기
- **주의 사항**: 잎은 검게 변하므로 제거한 후 사용하거나 검게 변하면 제거한다.
- **잘 어울리는 화재**:
  - 레우카덴드론(47쪽)
  - 진저(157쪽)

드라이플라워

어레인지먼트

Data
- **식물 분류**: 프로테아과 프로테아속
- **원산지**: 중앙아프리카, 남아프리카
- **일반명**: 용왕꽃
- **개화기**: 10~12월
- **유통 길이**: 약 50~200cm
- **꽃 크기**: 대륜
- **꽃말**: 자유자재, 호화로운 기대
- **유통 시기**

프리지아
Freesia

완만하게 뻗어 나간 줄기 끝에 귀여운 꽃들이 활 모양을 이루며 달린다. 품종 개량으로 이전보다 꽃송이가 커졌다. 줄기 끝을 향해 봉오리가 차례대로 벌어지므로 개화가 끝난 꽃은 제거한다. 그러면 끝부분의 작은 봉오리까지 꽃을 피울 수 있다. 어레인지먼트는 꽃의 아름다운 라인을 살려 꽂는다.

프리지아라고 하면 달콤하고 산뜻한 향도 특징적인데 품종에 따라서는 향이 거의 없는 것도 있다. 향이 강한 것은 노란색 품종에 많은 듯하다.

꽃은 줄기 끝을 향해 차례대로 핀다.

작은 꽃봉오리가 달린 가지도 어레인지먼트에 사용한다.

꽃의 아름다운 라인을 살려 연출해보자. 독특하게 달콤한 향도 매력적이다.

블루 헤븐

앰배서더

알라딘

Data
- **식물 분류:** 붓꽃과 프리지아속
- **원산지:** 남아프리카
- **일반명:** -
- **개화기:** 3~4월
- **유통 길이:** 약 20~60cm
- **꽃 크기:** 중륜
- **꽃말:** 익살스러움, 천진난만, 순결, 친애, 기대
- **유통 시기:**

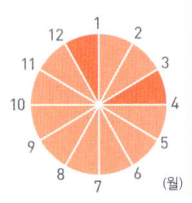

Arrange memo
- **관상 기간:** 5~7일
- **물올림:** 물속 자르기
- **주의 사항:** 개화가 끝난 꽃을 수시로 제거해주면 봉오리 상태인 것도 개화한다.
- **잘 어울리는 화재:**
  - **라넌큘러스**(41쪽)
  - **스위트피**(94쪽)

플란넬 플라워

Flannel flower

꽃 전체가 흰 솜털로 뒤덮여 마치 플란넬 패브릭 같은 질감이 느껴져 붙여진 이름이다. 뒤로 젖혀진 꽃잎처럼 보이는 부분은 포엽이며 부드러운 감촉이 매력적이다. 따스함이 느껴지는 질감은 추운 계절의 어레인지먼트나 부케 등에 안성맞춤이다. 결혼식에 자주 사용된다. 이전에는 대부분 오스트레일리아에서 수입되었으나, 최근 인기가 높아지면서 꽃이 큰 개량 품종도 유통되기 시작했다.

꽃잎처럼 보이는 것은 포엽이다. 플란넬 패브릭 같은 질감이 특징적이다.

줄기와 잎도 흰 솜털로 뒤덮여 있다. 구부러진 줄기는 부드러운 인상을 준다.

플렌넬처럼 부드러운 질감이 매력적이다.

Arrange memo

관상 기간: 약 7일
물올림: 열탕처리
주의 사항: 쉽게 탈수 현상이 나타나므로 수시로 재절단한다.
잘 어울리는 화재:
 램스 이어(249쪽)
 블루스타(82쪽)

드라이플라워

어레인지먼트

플란넬 플라워를 시험관 화기에 꽂는다. 옆에 나란히 꽂은 것은 빨간색 스키미아다.

Data

식물 분류: 산형과 엑티노투스속
원산지: 오스트레일리아
일반명: -
개화기: 5~6월
유통 길이: 약 30~40cm
꽃 크기: 중륜

꽃말
고결

유통 시기

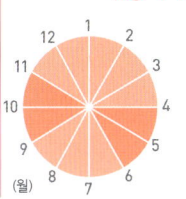

핀쿠션 레우코스페르뭄

Pincushion

'핀쿠션'이란 '바늘꽂이'를 말한다. 꽃의 형태가 바늘꽂이에 바늘이 가득 꽂혀 있는 것 같아 붙여진 이름이다. 꽃잎처럼 보이는 것은 돌출된 수술이다. 마치 바늘처럼 가늘고 광택이 있다.

꽃 부분이 크므로 짧게 꽂아 꽃의 얼굴이 보이도록 연출한다. 본래 열대식물이므로 그린 화재나 동양적인 이미지의 화재와 배합하면 잘 어울린다.

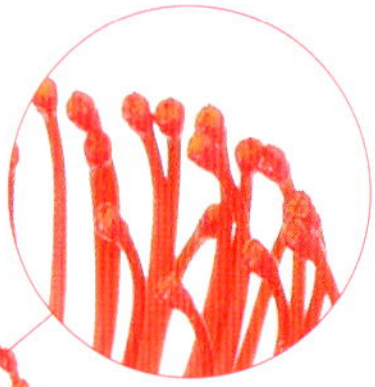

7~8cm 길이로 길게 돌출된 수술이 꽃잎처럼 보인다.

Arrange memo

- **관상 기간:** 7~10일
- **물올림:** 물속 자르기
- **주의 사항:** 쉽게 마르는 편이므로 냉난방기 주변에 두지 않는다.
- **잘 어울리는 화재:**
  - **거베라**(12쪽)
  - **안스리움**(121쪽)

어레인지먼트

핀쿠션과 같은 색 계열의 안스리움을 조합해 남국풍이면서도 세련미 넘치게 연출한 모습이다.

Data

- **식물 분류:** 프로테아과 레우코스페르뭄속
- **원산지:** 남아프리카
- **일반명:** -
- **개화기:** 5~7월
- **유통 길이:** 약 40~60cm
- **꽃 크기:** 대륜
- **꽃말:** 어디에서나 성공을
- **유통 시기:**

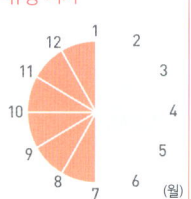

꽃잎처럼 보이는 것은 수술이다. 꽃의 얼굴이 보이도록 짧게 꽂는다.

해바라기 Sunflower

'선플라워'라는 영명대로 태양을 연상시키는 강렬한 인상으로 큰 인기를 얻고 있다. 품종 개량으로 꽃의 크기는 소형부터 대형까지 다양하며, 꽃의 색상도 기존의 노란색을 비롯해 레몬옐로나 크림색, 주황색, 갈색에 가까운 짙은 색상 등이 유통된다. 꽃의 형태도 홑꽃형부터 겹꽃형까지 수많은 품종이 있다. 여름 이미지가 강한 꽃이지만, 절화로는 1년 내내 유통되고 있어 편리하다. 강렬한 인상을 살린 어레인지먼트를 고안해보자.

중심부가 많이 피지 않은 것을 고르면 오랫동안 관상할 수 있다.

줄기에는 솜털이 조밀하게 나 있다.

잎이 쉽게 탄력을 잃으므로 시들어 처진 잎은 즉시 제거한다.

빛깔도 형태도 매우 다양하다. 여름 이미지가 강한 꽃이지만 절화로는 연중 유통된다.

선 리치 오렌지

Arrange memo

관상 기간: 약 5일
물올림: 물속 자르기, 열탕처리
주의 사항: 물을 자주 교체하고 줄기를 자르면 오랫동안 관상할 수 있다.
잘 어울리는 화재:
　리시안서스(52쪽)
　솔리다고(86쪽)

어레인지먼트

2종류의 해바라기(선 리치 오렌지, 프라도 레드)를 섞어 연출한 부케다.

Data

식물 분류: 국화과 해바라기속
원산지: 북아메리카
일반명: 해바라기
개화기: 7~9월
유통 길이: 약 20~150cm
꽃 크기: 중륜 · 대륜

꽃말
숭배, 존경하고 사모함, 당신을 바라보고 있어요

유통 시기

(월)

품종 카탈로그

해바라기 품종 카탈로그

'토호쿠야에'는 꽃 전체가 주황색 꽃잎으로 뒤덮여 있어 씨 부분이 거의 없다.

'레몬 오라'는 자잘한 꽃잎이 중심부까지 빼곡히 차 있고 씨 부분이 적다.

'선 리치 레몬'은 꽃잎이 밝은 레몬색을 띤다.

스프레이형 '애기해바라기'는 튼튼해서 더운 여름철에 유용하다.

어두운 갈색 계열의 해바라기 '프라도 레드'는 가을 색 화재로 환상적인 궁합을 이룬다.

최근 인기 있는 '명화 시리즈'의 일종인 '고흐'는 꽃잎이 특징이다.

헬레니움

Sneeze weed

마치 들꽃 같은 수수한 인상의 꽃이다. 어레인지먼트 요령은 한 대를 그대로 꽂지 말고 줄기를 잘라 나누어서 꽃 한 송이 한 송이가 돋보이도록 꽂는 것이다. 빈 병이나 빈 캔 등에 꾸밈없이 꽂아도 좋다. 꽃잎이 진 후에 남는 가운데 부분만으로도 귀여운 인상을 준다. 이 부분이 경단처럼 둥글고 봉긋해 일본에서는 '단고기쿠'라고 부른다.

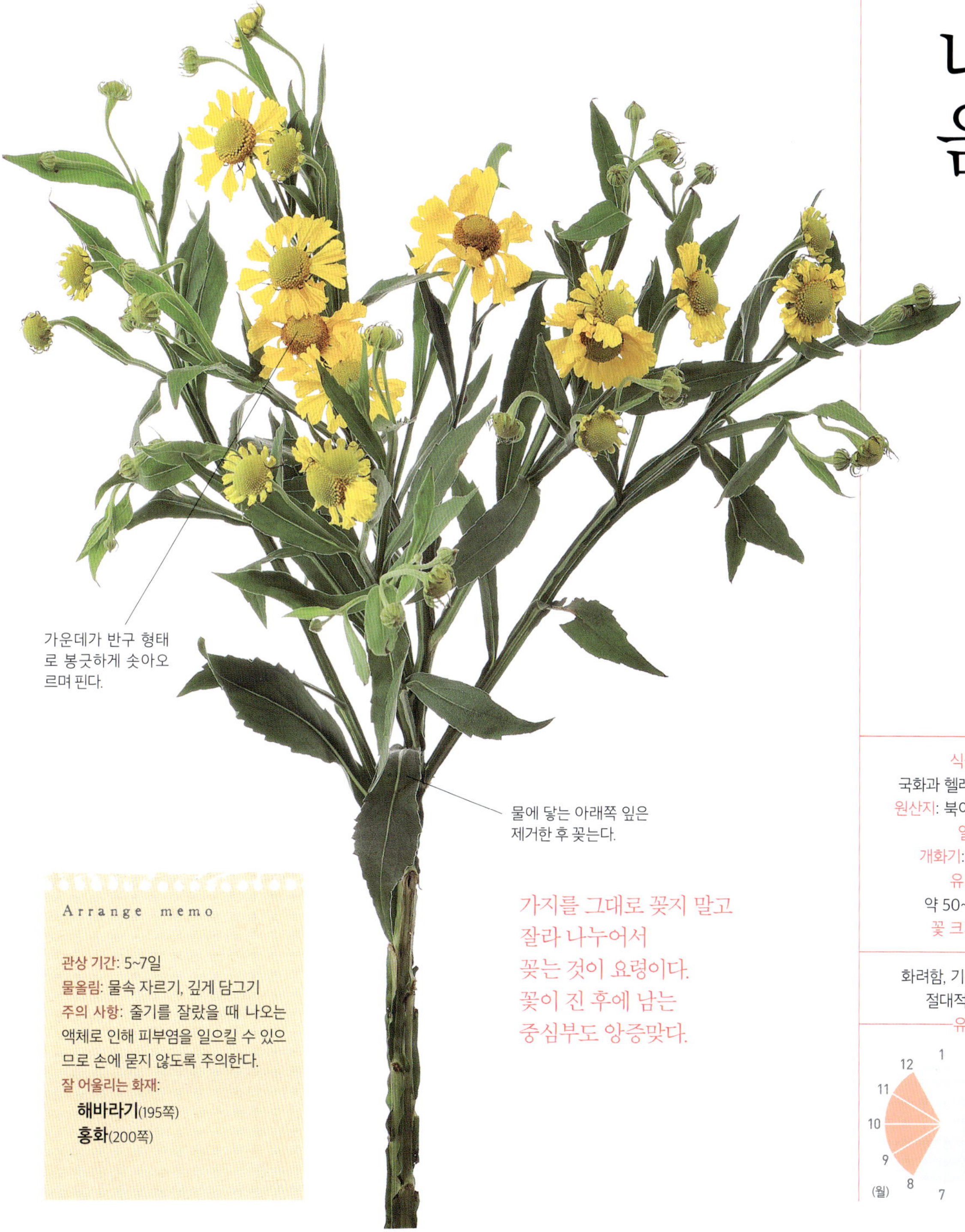

가운데가 반구 형태로 봉긋하게 솟아오르며 핀다.

물에 닿는 아래쪽 잎은 제거한 후 꽂는다.

Arrange memo

관상 기간: 5~7일
물올림: 물속 자르기, 깊게 담그기
주의 사항: 줄기를 잘랐을 때 나오는 액체로 인해 피부염을 일으킬 수 있으므로 손에 묻지 않도록 주의한다.
잘 어울리는 화재:
해바라기(195쪽)
홍화(200쪽)

가지를 그대로 꽂지 말고
잘라 나누어서
꽂는 것이 요령이다.
꽃이 진 후에 남는
중심부도 앙증맞다.

Data
식물 분류: 국화과 헬레니움속
원산지: 북아메리카
일반명: -
개화기: 7~10월
유통 길이: 약 50~100cm
꽃 크기: 중륜

꽃말
화려함, 기분 좋음, 절대적인 사랑

유통 시기

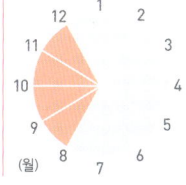

헬리코니아 로브스터 클로

Heliconia, Lobster Claw

꽃도 잎도 열대성 분위기를 풍긴다. 선명한 꽃의 색상과 날카로운 윤곽을 충분히 살린 개성적인 어레인지먼트를 고안해보자. 같은 남국풍 그린 화재를 배합해도 근사하다.
꽃처럼 보이는 부분은 포엽이다. 바닷가재의 발톱처럼 생겨 '로브스터 클로'라고도 부른다. 실제 꽃은 포엽 안에 10개 전후로 달린다.

열대성 이미지를 한껏 살린 개성적인 어레인지먼트를 만들어보자.

배 모양의 포엽 안에 작은 꽃이 달린다.

꽃대는 똑바로 서는 종류와 아래로 처지는 종류가 있다.

Data

- **식물 분류:** 헬리코니아과 헬리코니아속
- **원산지:** 열대아메리카, 남태평양 제도
- **일반명:** -
- **개화기:** 6~10월
- **유통 길이:** 약 50~100cm
- **꽃 크기:** 소륜
- **꽃말:** 각광, 색다른 사람, 주목, 관용이 없음
- **유통 시기**

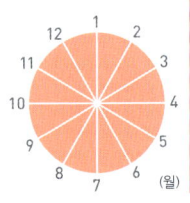

Arrange memo

- 관상 기간: 7~10일
- 물올림: 물속 자르기
- 주의 사항: 고온다습한 환경을 좋아하므로 추운 장소는 피한다.
- 잘 어울리는 화재: **글로리오사**(20쪽) **다알리아**(31쪽)

어레인지먼트

유리 용기에 애기사과를 넣은 다음 헬리코니아 꽃과 잎을 꽂아 고정시킨다.

호접란 팔레놉시스

Moth orchid

이름대로 나비가 나는 듯한 꽃의 자태가 우아하고 아름다워 각종 축하 선물용으로 수요가 많은 꽃이다. 고급 꽃이지만 꽃의 수명이 길어 절화 상태로 오랫동안 즐길 수 있다. 청초한 흰색 외에 사랑스러운 인상을 주는 분홍색이나 크림색, 세련된 갈색, 상큼한 라임그린색 등 색상이 다채롭다. 어레인지먼트에 활용하기 좋은 미니종도 있다.

꽃의 자태가 기품 있고 아름다워 선물용으로 선호한다.

- 물올림을 충분히 해주면 꽃의 수명도 길다.
- 꽃잎이 두껍고 탄력 있는 것을 고른다.
- 절화보존제 등을 사용하면 봉오리를 개화하는 데 도움이 된다.

세느

모모

탄고

아마빌리스

Arrange memo

- 관상 기간: 10~14일
- 물올림: 열탕처리
- 주의 사항: 실온 12℃ 이상 되는 따뜻한 곳에 둔다.
- 잘 어울리는 화재:
  - 글라디올러스(19쪽)
  - 잎새란(263쪽)

Data

- 식물 분류: 난초과 팔레놉시스속
- 원산지: 동남아시아, 남아시아, 대만, 오스트레일리아
- 일반명: -
- 개화기: 4~6월
- 유통 길이: 약 40~80cm
- 꽃 크기: 대륜

꽃말
청순, 화려함, 당신을 사랑합니다, 행복이 날아옴

유통 시기

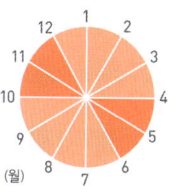

홍화
Bastard saffron

엉겅퀴와 닮은 노란색 공 모양의 꽃이 생동감 있게 피어 꽃이 적어지는 여름철에 애용되는 화재다.
홍화는 예로부터 연지의 원료로 사용했던 꽃이다.
노란색 꽃은 퇴색하면서 서서히 빨갛게 변해가는데 최근에는 색이 변하지 않는 품종도 있다.
어레인지먼트로 즐긴 후에는 그대로 드라이플라워가 된다.

A
B
C
D

꽃은 보통 노란색에서 빨간색으로 변해간다.

잎끝에 가시가 있으므로 다룰 때 주의한다.

꽃이 적어지는 여름철에 유용한 생동감 넘치는 꽃이다.

Data
식물 분류:
국화과 잇꽃속
원산지:
지중해 연안, 서아시아
일반명: 잇꽃, 홍화
개화기: 6~7월
유통 길이:
약 80~100cm
꽃 크기: 중륜
꽃말:
포용력, 열광, 정열, 특별한 사람, 치장
유통 시기

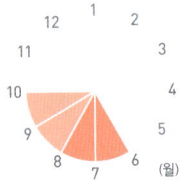

Arrange memo

관상 기간: 3~5일
물올림: 물속 자르기
주의 사항: 잎끝에 가시가 있으므로 다룰 때 주의한다.
잘 어울리는 화재:
 해바라기(195쪽)
 헬레니움(197쪽)

드라이플라워

가지류 편

가는잎조팝나무

Thunberg spirea

활 모양으로 휘어 늘어진 가는 가지에 하얀 꽃이 빽빽이 달려 피는 모습은 마치 눈이 내려 쌓인 버드나무 같다. 동양의 정서를 즐길 수 있는 이른 봄의 화목류로 원예에서도 인기가 있다.
만개한 후에는 꽃이 떨어지기 쉬우므로 다룰 때 주의해야 하며 장식할 장소도 고려한다. 개화가 끝난 후의 새순과 녹색 잎도 아름다워 여름과 가을에 그린 화재로 유통되기도 한다.

활짝 핀 작은 꽃들이 가지를 빽빽이 뒤덮은 모습은 마치 눈이 쌓여 있는 듯하다.

만개한 후에는 꽃이 잇따라 떨어지므로 주의한다.

꽃과 잎은 가지 앞쪽에만 달려 있으므로 가지 모양을 살펴보고 꽂는다.

Data
식물 분류: 장미과 조팝나무속
원산지: 중국, 일본
일반명: 가는잎조팝나무, 능수조팝나무, 분설화
개화기: 3~4월
유통 길이: 약 70~120cm
꽃 크기: 소륜
꽃말: 특히 뛰어남, 애교, 제멋대로 함, 자유
유통 시기

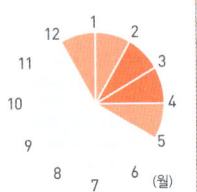

Arrange memo
관상 기간: 7~10일
물올림: 물속 자르기, 줄기 쪼개기
주의 사항: 절단면에 칼집을 넣으면 오랫동안 관상할 수 있다.
잘 어울리는 화재:
  스위트피(94쪽)
  프리지아(192쪽)

개나리

Golden bells

초봄에 유통되는 대표적인 가지류 화재다. 꽃꽂이에서는 주로 이른 봄소식을 표현하는 화재로 사용한다. 은은하고 감미로운 향이 난다. 밝은 노란색의 작은 종 모양 꽃이 아래를 향해 가득 피어 영명은 '골든 벨'이다. 길고 아름다운 가지의 모양을 살려서 꽂으면 역동성을 더할 수 있다. 동양풍뿐 아니라 서양풍 어레인지먼트에도 멋있다. 초봄에 유통되는 모든 화재와 잘 어울려서 유용하다.

봄 햇살처럼 밝은 꽃이다.
길고 아름다운 가지로
역동성을 표현해보자.

가지는 길고 아름답지만, 유연하지 않으므로 다룰 때 주의한다.

잎이 나오기 전에 밝은 노란색의 작은 꽃이 많이 달린다. 꽃봉오리가 4개로 갈라지며 꽃잎이 된다.

Arrange memo

관상 기간: 7~10일
물올림: 물속 자르기, 줄기 쪼개기
주의 사항: 급격한 온도 변화로 인해 꽃이 질 수 있으므로 주의한다.
잘 어울리는 화재:
튤립(180쪽)
가는잎조팝나무(202쪽)

Data

식물 분류: 물푸레나무과 개나리속
원산지: 한국, 일본, 중국
일반명: 개나리
개화기: 3~4월
유통 길이: 약 80~120㎝
꽃 크기: 소륜

꽃말
깊은 정,
희망, 아득한 기억

유통 시기

겨우살이

Mistletoe

너도밤나무나 졸참나무 등의 낙엽광엽수에 반기생하는 식물이다. 숙주가 되는 나무의 가지 끝에 새둥지 같은 푸서리를 만든다. 유럽에서는 성스러운 나무라고 믿으며 부부 화해의 상징으로 여긴다. 이 나무 아래에서 키스를 하면 행복해진다는 전설도 있다. 고무 같은 질감을 가진 줄기에 프로펠러 같은 잎이 달리는 작은 가지는 대중적인 크리스마스 장식 화재다. 흰색이나 성숙되어 빨개진 열매가 달린 작은 가지도 유통된다.

프로펠러처럼 생긴 잎이 앙증맞다! 크리스마스의 상징적인 화재다.

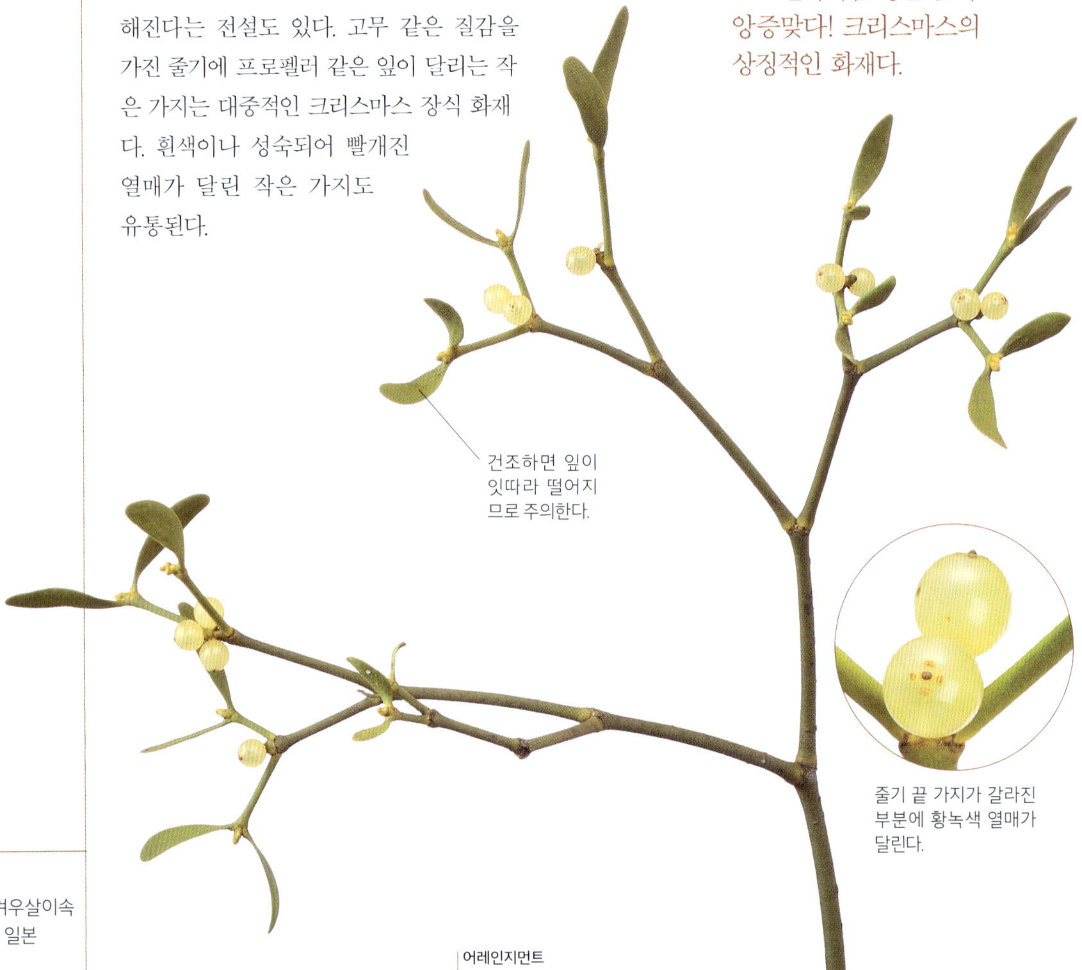

건조하면 잎이
잇따라 떨어지
므로 주의한다.
줄기 끝 가지가 갈라진
부분에 황녹색 열매가
달린다.
물올림을 잘 해주면
1개월 가까이 유지된다.

Data

식물 분류: 겨우살이과 겨우살이속

원산지: 유럽, 일본

일반명: 겨우살이, 겨우사리

유통 길이: 약 30~40cm

꽃 크기: -

꽃말: 곤란을 극복함, 정복

유통 시기

1
2
3
4
5
6
7
8
9
10
11
12
(월)

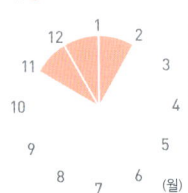

Arrange memo

관상 기간: 21~30일

물올림: 물속 자르기

주의 사항: 건조하면 잎이 쉽게 떨어지므로 분무기로 수시로 적셔준다.

잘 어울리는 화재:

아마릴리스(113쪽)

카네이션(161쪽)

드라이플라워

어레인지먼트

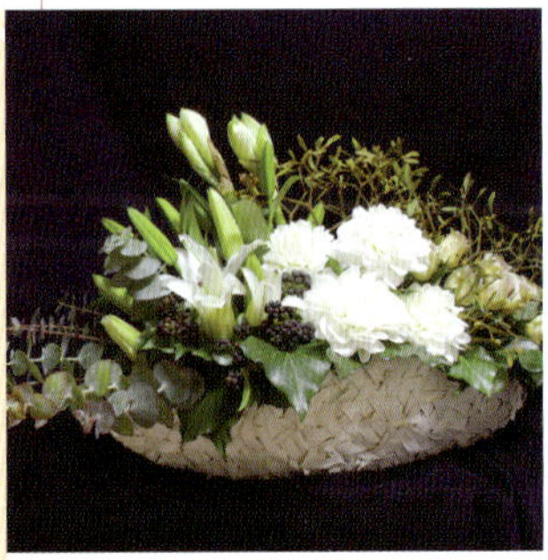

흰색 꽃을 그루핑해 꽂은 어레인지먼트로, 겨우살이의 중간색이 흰색과 녹색을 부드럽게 연결해준다.

공작편백

Hinoki, Japanese cypress

수많은 편백의 변종 중 하나다. 좌우대칭으로 빽빽이 달리는 가지와 잎은 공작의 날개처럼 보인다. 숲을 연상시키는 상쾌한 향도 매력적이다. 푸른 녹색 잎이 달리는 품종 외에 겨울이면 잎이 황금색으로 변하는 '황금공작편백'이 인기 품종이다. 가지가 쉽게 휘어지므로 리스 틀로 사용하기에 좋다. 12월이면 공작편백에 솔방울을 장식한 크리스마스 리스도 자주 등장한다. 그대로 드라이플라워가 된다.

> 공작의 날개처럼 빽빽이 달린 가지와 잎이 아름다우며 숲을 연상시키는 향도 매력적이다.

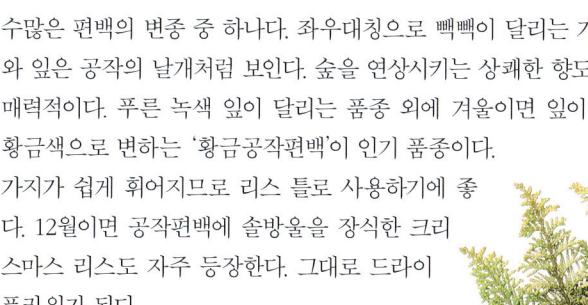

Arrange memo

관상 기간: 14~21일 이상
물올림: 물속 자르기
주의 사항: 가지와 줄기가 무거우므로 적당히 잘라낸 후 사용한다.
잘 어울리는 화재:
스쿠아로사 화백(223쪽)
일본전나무(228쪽)

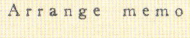

드라이플라워   정유

어레인지먼트

같은 침엽수인 스쿠아로사 화백이나 일본전나무로 크리스마스 리스를 만든다. 잎끝의 밝은색이 돋보인다.

과도하게 빽빽이 달린 가지와 잎은 잘라낸 후 사용한다.

황금공작편백

Data

식물 분류: 측백나무과 편백속
원산지: 일본
일반명: 편백
개화기: 3~4월
유통 길이: 약 50~120cm
꽃 크기: -

꽃말
인내, 슬픔

유통 시기

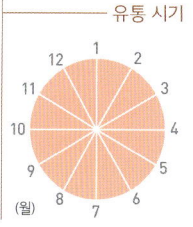

공조팝나무

Reeves Spiraea

흰색의 작은 꽃들이 공을 반으로 나눈 것 같은 반구 형태로 모여 피며 마치 하나의 꽃처럼 보인다. 가는 가지는 꽃의 무게로 휘어져 완만한 활 모양을 그린다. 가지의 흐르는 듯한 라인은 어레인지먼트에서 경쾌한 움직임을 연출한다. 동서양풍 어레인지먼트에 모두 잘 어울린다.

꽃은 물론 알알이 맺힌 작은 봉오리도 귀여운 표정을 연출한다. 푸른 잎은 그린 화재로도 쓸 수 있다. 가을에는 붉게 물든 잎이 유통된다.

개화하기 전 봉오리의 표정도 즐길 수 있다.

꽃이 앞뒤가 있으므로 가지 방향에 주의해 꽂는다.

공처럼 생긴 꽃과 우아한 가지의 라인이 여성스러운 존재감을 자아낸다.

Arrange memo

관상 기간: 7~10일
물올림: 물속 자르기, 깊게 담그기, 줄기 쪼개기
주의 사항: 물올림이 원활하지 않을 때는 절단면에 칼집을 넣는다. 개화한 후에는 꽃잎이 쉽게 떨어지므로 수시로 치운다.
잘 어울리는 화재:
  튤립(180쪽)
  프리지아(192쪽)

Data

식물 분류:
장미과 조팝나무속
원산지: 중국
일반명:
공조팝나무,
깨잎조팝나무
개화기: 4~5월
유통 길이:
약 50~100cm
꽃 크기: 소륜
꽃말
우아함, 품위, 노력, 우정
유통 시기

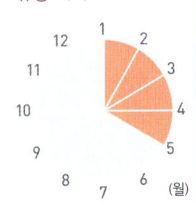

206

구골나무

Chinese holly

가시가 달린 잎의 윤곽이 특징적이다. 붉은 열매가 달리는 것도 있어 크리스마스 어레인지먼트에 흔히 사용된다. 일본에서는 입춘 전날 구골나무의 작은 가지에 정어리나 잔 물고기의 머리를 꽂아 액막이를 하는 풍습이 남아 있는 지역도 있다.

만지면 통증이 느껴질 정도로 날카로운 가시가 있는 것부터 가시가 없는 둥그스름한 잎까지 품종이 다양하다. 노목이 되면 가시가 무뎌지고 잎이 넓어진다.

윤곽이 개성적인 잎은 크리스마스나 봄맞이 어레인지먼트에 제격이다.

잎 가장자리에는 톱니 모양으로 가시가 달려 있어 만지면 아프다.

건조하면 잎이 쉽게 떨어지므로 분무기로 적셔준다.

겹쳐진 잎을 적당히 솎아내면 한층 더 돋보인다.

Arrange memo

- 관상 기간: 7~10일
- 물올림: 물속 자르기
- 주의 사항: 건조하면 잎이 쉽게 떨어지므로 분무기 등으로 수분을 공급한다.
- 잘 어울리는 화재:
  - **백묘국**(253쪽)
  - **버질리아**(74쪽)

드라이플라워

Data

- 식물 분류: 물푸레나무과 목서속
- 원산지: 일본, 대만
- 일반명: 구골나무
- 개화기: 11월
- 유통 길이: 약 30~80cm
- 꽃 크기: 소륜

꽃말
선견지명, 환영, 조심, 강직

유통 시기
(월)

나무딸기

Bramble

윤기가 도는 녹색 잎은 톱니가 있으며 아기 손바닥처럼 형태가 귀엽다. 봄부터 여름까지의 잎은 푸르고 힘이 있어 어레인지먼트에 자연스러운 양감을 더해준다. 가을이 깊어질 즈음에는 단풍이 들어 노란색에서 주황색, 빨간색의 아름다운 그라데이션이 생긴다. 계절감을 연출하는 화재로 유용하게 활용된다.

**톱니가 있는 귀여운 잎!
가을 단풍도 아름답다.**

가을에는 단풍 든 잎이 유통된다.

물속 자르기를 한 후에 깊은 물에 담그거나 절단면을 태운다.

Data
식물 분류: 장미과 산딸기속
원산지: 서아시아, 아프리카, 유럽, 미국
일반명: 나무딸기
개화기: 3~5월
유통 길이: 약 50~100cm
꽃 크기: 소륜
꽃말: 애정, 겸손, 존경받음
유통 시기

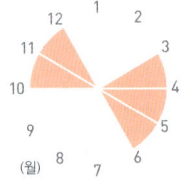

Arrange memo

관상 기간: 14일 전후
물올림: 물속 자르기, 깊게 담그기, 탄화처리
주의 사항: 물올림이 좋지 않으므로 물속 자르기를 한 후, 깊은 물에 담가 두거나 절단면을 태운다.
잘 어울리는 화재:
　다알리아(31쪽)
　리시안서스(52쪽)

압화

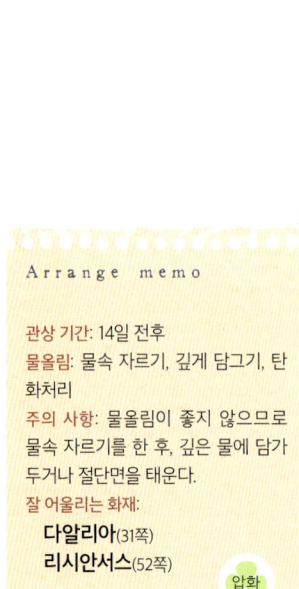

남천

Nandina, Heavenly bamboo

산지에 자생하는 식물이다. 일본에서는 '남천南天'이라는 한자음이 '어려운(難) 사태가 바뀐다(転)'라는 발음과 비슷해 정월이나 축하할 일이 있을 때 길조를 상징하는 나무로 사랑받고 있다. 눈이 많이 내리는 지역에서는 아이들이 빨간 열매는 눈으로, 잎은 귀로 삼아 눈토끼를 만드는 풍습도 있다.

잎의 윤곽이 가늘고 길어 섬세한 인상을 준다. 가을에는 빨갛게 단풍이 들어 무르익은 빨간 열매 주위를 에워싸며 돋보이게 해준다. 붉은 열매가 대중적이지만, 노란색이나 흰색 열매가 달리는 품종도 있다.

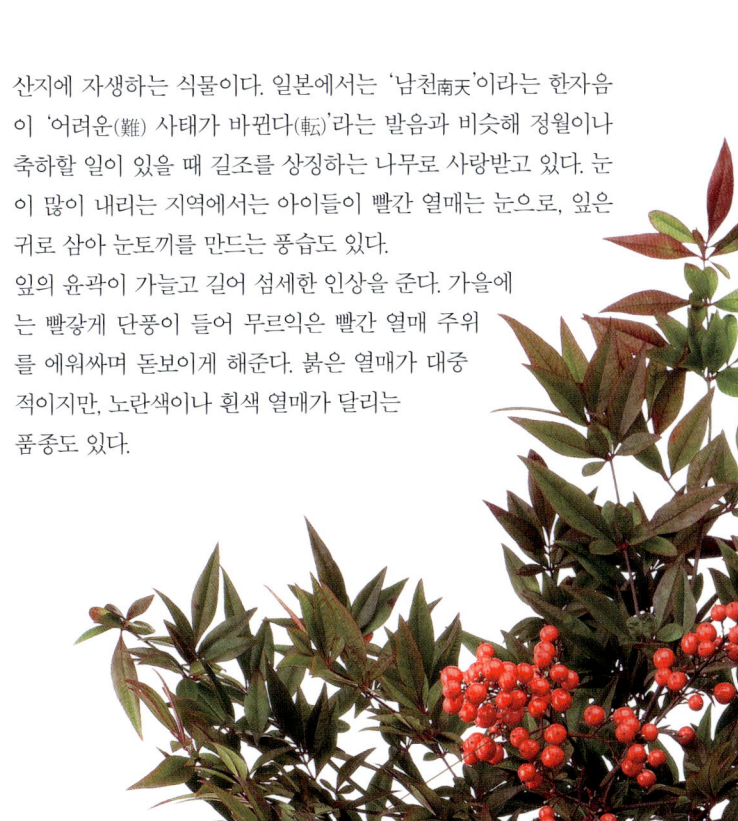

열매가 잇따라 떨어지기 쉬우므로 주의한다.

특히 겨울에는 가지가 말라 쉽게 부러진다.

길조를 상징하는 남천은 붉은 열매와 잎이 어레인지먼트에 색채를 더해준다.

Arrange memo

관상 기간: 약 10일
물올림: 물속 자르기, 줄기 두드리기
주의 사항: 가지는 딱딱하면서도 약하다. 특히 겨울철에는 쉽게 부러지므로 다룰 때 주의한다.
잘 어울리는 화재:
　심비디움(108쪽)
　왕버들(225쪽)

Data

식물 분류: 매자나무과 남천속
원산지: 동남아시아, 일본, 중국
일반명: 남천, 남천죽
개화기: 6~7월
유통 길이: 약 60~100cm
꽃 크기: 소륜

꽃말
내 사랑은 더해만 가요

유통 시기

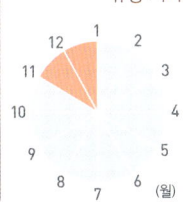

납매

Winter sweet

매서운 추위가 채 가시지도 않은 이른 봄에 귀여운 노란색 꽃이 핀다. 한자로 '蠟梅(납매)'라는 이름대로 노란색 꽃잎은 반투명한 밀랍 같은 질감이다. '梅(매)'라는 글자를 쓰지만, 장미과의 매화나무와는 다른 품종이다. 은은한 향이 있어 어레인지먼트에 이른 봄기운을 불어넣는다.

꽃이 잇따라 떨어지기 쉬우므로 다룰 때 주의한다.

밀랍을 발라놓은 듯한 반투명한 꽃잎이 앙증맞다! 은은한 향이 봄을 알린다.

가지가 쉽게 부러지므로 다룰 때 주의한다.

반투명한 질감은 밀랍 공예 꽃 같다.

Data
식물 분류: 받침꽃과 납매속
원산지: 중국
일반명: 납매
개화기: 2~3월
유통 길이: 약 70~150cm
꽃 크기: 중륜
꽃말: 그윽하고 고상함, 자애심, 자애심이 넘치는 사람
유통 시기

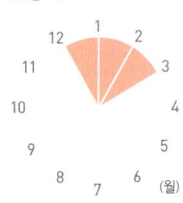

Arrange memo
관상 기간: 약 7일
물올림: 물속 자르기
주의 사항: 가지가 쉽게 부러지므로 주의한다.
잘 어울리는 화재:
소나무(220쪽)
수레국화(89쪽)

가지에 잎은 없고 꽃과 봉오리만 달린다.

예로부터 많은 사랑을 받으며 품종을 개량한 화목류다. 일본에서는 17세기부터 19세기 무렵 절 등에 식재하며 많은 품종이 탄생했다.

풍부한 꽃의 형태와 색상에는 소박하고 정적인 아름다움이 숨어 있다. 동양 꽃꽂이 분야에서 선호하는 화재지만, 유럽에서 개량된 품종에는 장미에도 뒤지지 않을 만큼 호화로운 품종이 있다. 어떤 종류든 가지 형태가 좋은 것을 선택하고 잎을 적당히 제거해 꽃을 돋보이게 꽂는다.

동백나무

Camellia

꽃꽂이용으로 사랑받는 동백나무는 호화로운 품종도 있다.

잎은 젖은 천으로 닦으면 윤기가 난다. 앞면과 뒷면이 다르므로 주의한다.

사랑스러운 꽃봉오리도 돋보이게 꽂는다.

어레인지먼트

Arrange memo

관상 기간: 3~5일
물올림: 물속 자르기, 줄기 쪼개기
주의 사항: 꽃잎이 쉽게 손상되며 꽃목도 쉽게 부러지므로 다룰 때 주의한다.
잘 어울리는 화재:
스프레이 맘(104쪽)
청미래덩굴(241쪽)

세로로 긴 화기에 동백나무 가지를 꽂고 소량의 청미래덩굴(241쪽)을 더한 다음 빨간색으로 악센트를 준다.

Data

식물 분류:
차나무과 동백나무속
원산지:
한국, 일본, 중국
일반명:
동백나무, 동백, 뜰동백나무
개화기: 2~4월
유통 길이:
약 30~150cm
꽃 크기: 중륜·대륜

꽃말
소극적인 사랑, 자만하지 않는 아름다움, 이상적인 애정, 고결한 이성, 멋쟁이

유통 시기

라일락 Lilac

가지 끝에 보라색이나 흰색 꽃이 이삭 모양을 이루며 핀다. 아름다운 꽃의 자태와 독특하면서도 달콤한 향이 인기며 유럽에서는 공원이나 정원 앞에 흔히 식재하는 나무다. 꽃 아래로 무리를 짓듯 달리는 잎이 하트 모양이어서 귀여운 인상을 주는데 잎이 없는 상태로 유통되기도 한다. 절화는 5~6월 무렵에 잎이 달린 상태로 유통되는데, 수입 품종은 꽃과 가지만 있고 잎이 없는 것이 주류다. 홑꽃형 외에 겹꽃형도 있다.

봉긋하게 부푼 이삭 모양의 꽃이 화려하다. 달콤하고 로맨틱한 향도 매력적이다.

가지는 굵고 딱딱해 자르기 어렵다.

끝이 십자 모양으로 갈라진 통 모양의 작은 꽃들이 모여 핀다.

탈수 현상이 나타나기 쉬우므로 절단면에 칼집을 넣은 후 깊은 물에 담가둔다.

흰색 꽃은 청초한 인상을 준다.

Data

식물 분류: 물푸레나무과 수수꽃다리속
원산지: 동유럽
일반명: 서양수수꽃다리
개화기: 4~5월
유통 길이: 약 30~100cm
꽃 크기: 소륜
꽃말: 우정, 추억, 첫사랑의 감동, 사랑이 싹틈, 청춘의 기쁨, 천진난만

유통 시기

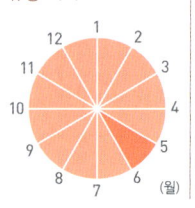

Arrange memo

관상 기간: 3~7일
물올림: 물속 자르기, 탄화처리, 줄기 쪼개기
주의 사항: 절단면에 칼집을 넣어주면 오랫동안 관상할 수 있다.
잘 어울리는 화재:
　스노볼(92쪽)
　카네이션(161쪽)

어레인지먼트

라일락 가지를 잘라서 유리잔에 넣은 다음 입구에 용버들(226쪽)을 둘둘 감는다.

매실나무

Japanese apricot

절화로는 12월 연말부터 2월 사이에 유통된다. 초봄을 맞이하는 신년 꽃꽂이에 쓰이는 화재다. 꽃봉오리 상태로 따뜻한 장소에 장식하면 꽃이 서서히 피면서 향도 즐길 수 있다. 매실나무와 같이 길조를 상징하는 소나무나 죽절초, 같은 시기에 유통되는 수선화 등과 배합하면 좋다.

초봄을 맞이하는 길조를 상징하는 꽃. 서서히 꽃이 피는 모습은 아름다움의 극치다.

꽃잎이 5장이며, 향기로운 꽃이 잎보다 먼저 핀다. 에어컨 등의 바람에 노출되지 않도록 주의한다.

물올림이 나쁜 편은 아니지만, 줄기 쪼개기를 한 후에 꽂으면 좋다.

홍천조

백가하

Arrange memo

관상 기간: 7~10일
물올림: 물속 자르기, 줄기 쪼개기
주의 사항: 건조한 실내에 장식할 때는 분무기로 물을 뿌린다.
잘 어울리는 화재:
 수선화(90쪽)
 소나무(220쪽)
 죽절초(240쪽)

Data

식물 분류: 장미과 벚나무속
원산지: 중국
일반명: 매실나무, 매화나무
개화기: 1~3월
유통 길이: 약 80~120㎝
꽃 크기: 소륜

꽃말
고결한 마음, 불굴의 정신

유통 시기

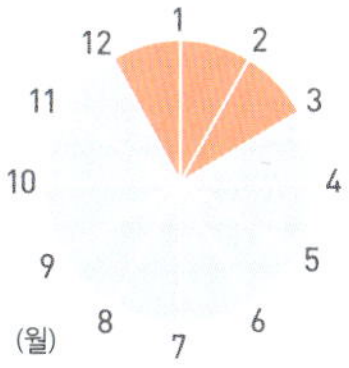

미모사

Mimosa

노랗고 둥글면서도 보송보송한 작은 꽃들이 가지에 가득 피어 로맨틱한 인상을 준다. 봄을 상징하는 꽃으로 세계 각지에서 사랑받고 있으며, 프랑스에서는 미모사 축제가 개최될 정도로 인기가 있다. 많은 품종이 있는데 주로 유통되는 것은 '은엽아카시아'다. 흰빛이 감돌며 탐스럽게 달린 잎이 아름다워 개화가 끝난 후에는 그린 화재로 유통되기도 한다.

봄을 알리는 사랑스러운 작은 꽃들이 가지에 한가득 핀다.

봉오리 상태인 것은 개화가 어려우므로 개화한 꽃이 많은 것을 구매한다.

꽃이 쉽게 떨어지므로 바람에 노출시키지 않는다.

Data
- 식물 분류: 콩과 아카시아속
- 원산지: 오스트레일리아
- 일반명: 은엽아카시아
- 개화기: 1~4월
- 유통 길이: 약 30~100cm
- 꽃 크기: 소륜
- 꽃말: 우정, 감정적
- 유통 시기

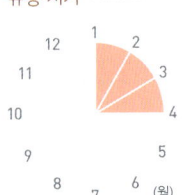

Arrange memo
- 관상 기간: 1~3일
- 물올림: 물속 자르기, 탄화처리, 줄기 두드리기
- 주의 사항: 물올림이 원활하지 못할 때는 절단면을 두드리거나 칼집을 넣는다. 꽃이 쉽게 떨어지므로 바람에 노출시키지 않는다.
- 잘 어울리는 화재: **아이슬란드 포피**(119쪽) **튤립**(180쪽)

드라이플라워 포푸리

어레인지먼트

새파란 하늘 같은 연한 남색 화기에 미모사를 한가득 꽂는다. 볕이 잘 드는 장소가 어울린다.

벚나무

Japanese cherry, Japanese flowering cherry

봄을 상징하며 예로부터 사랑받아온 벚꽃은, 벚꽃 축제를 대표하는 품종인 왕벚나무 외에 절화로 몇 가지 품종이 유통되고 있다. 연말 무렵부터 4월 말 무렵까지 유통된다. 장미 등의 서양화와 배합해 짧게 사용하면 서양풍 어레인지먼트에 잘 어울린다. 봄을 연출하는 화사한 화재로 폭넓게 사용된다.

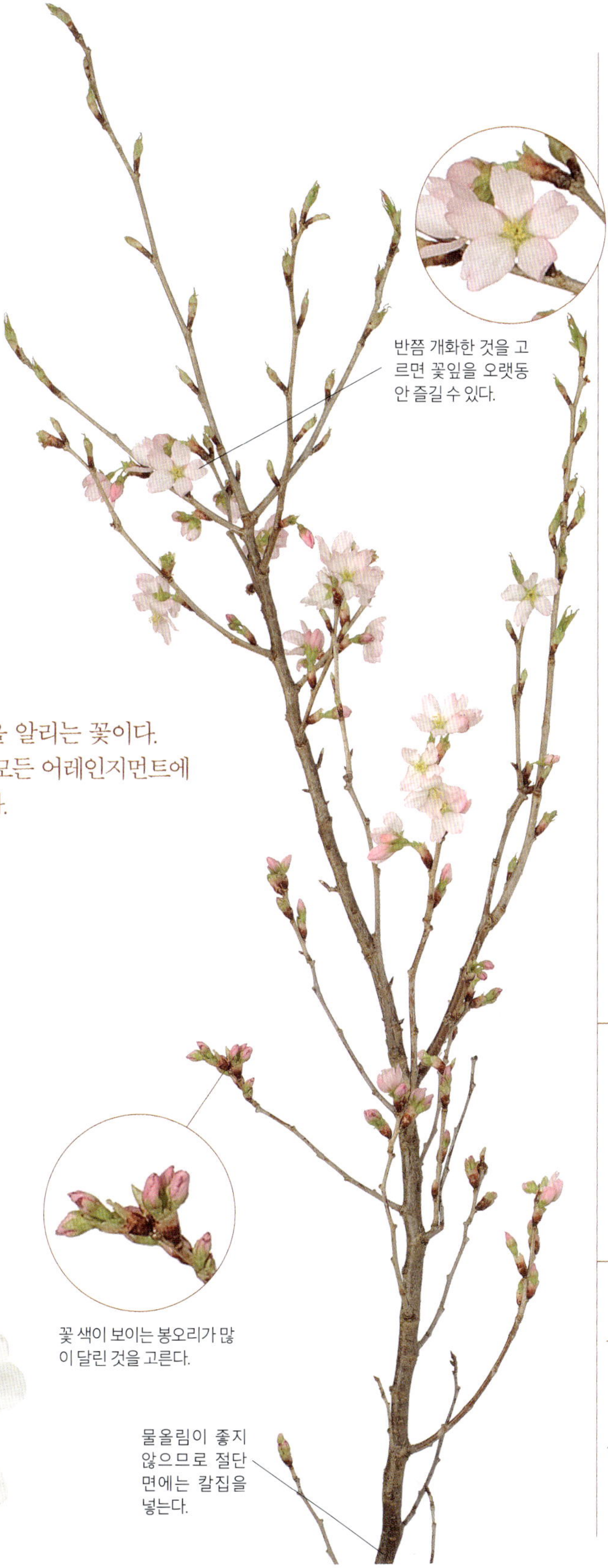
반쯤 개화한 것을 고르면 꽃잎을 오랫동안 즐길 수 있다.
꽃 색이 보이는 봉오리가 많이 달린 것을 고른다.
물올림이 좋지 않으므로 절단면에는 칼집을 넣는다.

봄소식을 알리는 꽃이다. 동서양 모든 어레인지먼트에 제격이다.

Arrange memo

관상 기간: 7~10일
물올림: 물속 자르기, 줄기 쪼개기
주의 사항: 물올림이 좋지 않으므로 절단면에 칼집을 넣는다.
잘 어울리는 화재:
라넌큘러스(41쪽)
스위트피(94쪽)

압화

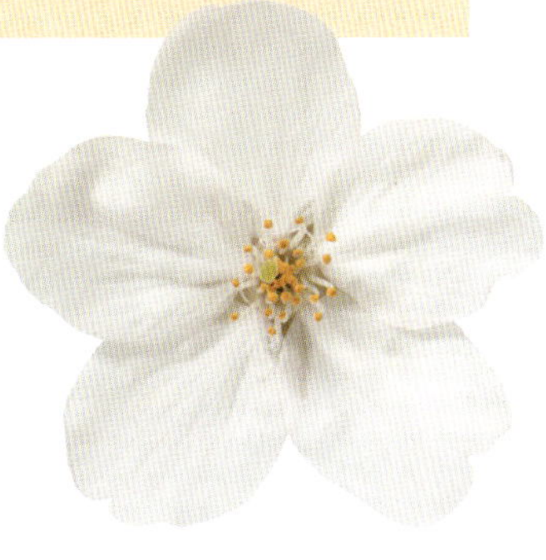

Data

식물 분류: 장미과 벚나무속
원산지: 일본
일반명: 벚나무
개화기: 2~4월
유통 길이: 약 50~150cm
꽃 크기: 소륜 · 중륜

꽃말

순결, 담백, 아름다운 정신, 뛰어난 미인

유통 시기

12
1
2
3
4
5
6
7
8
9
10
11
(월)

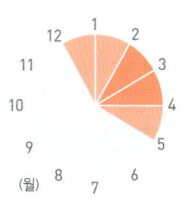

복사나무
Peach

중국이나 일본에서는 예로부터 악귀를 쫓는 힘이 있다고 믿어온 신성한 나무다. 가지가 잘 휘어지지 않으므로 꽃을 꽂을 때는 그대로 사용한다. 무리해서 구부리면 꽃이 떨어지므로 주의한다.

절화보존제를 사용하면 봉오리 개화에 도움이 된다.

겹꽃 품종은 선명한 분홍색을 띤다.

절화용으로 개화를 촉진시킨 것은 꽃이 쉽게 떨어진다.

봉긋하게 부푼 분홍색이 사랑스러운 축제의 꽃!

가지는 잘 휘어지지 않으니 무리하게 구부리지 않는다.

Data
- 식물 분류: 장미과 벚나무속
- 원산지: 중국
- 일반명: 복사나무, 복사, 복숭아나무
- 개화기: 2~4월
- 유통 길이: 약 50~100cm
- 꽃 크기: 소륜·중륜
- 꽃말: 좋은 마음씨, 매력적, 당신에게 푹 빠졌어요, 사랑의 노예
- 유통 시기

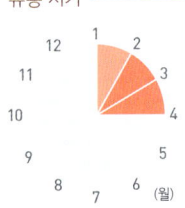

Arrange memo
- 관상 기간: 7~10일
- 물올림: 물속 자르기, 줄기 쪼개기
- 주의 사항: 절단면에 칼집을 넣으면 오랫동안 관상할 수 있다.
- 잘 어울리는 화재:
  스위트피(94쪽)
  유채꽃(139쪽)

산당화

Flowering quince

힘차게 갈라져 나간 가지에 둥근 꽃들이 살포시 핀다. 봄을 채 기다리지 못하고 아직 추운 정월 시즌부터 유통된다.
품종이 다양해 홑꽃형과 겹꽃형, 반겹꽃형도 있다. 꽃의 색상도 흰색과 연홍색, 진홍색, 복합색 등 다양하다. 홍백색 꽃이 한 가지에 달리는 품종도 있어 축하 행사 등에서 선호한다. 꽃의 수명이 길어 물올림을 충분히 하면 봉오리 상태인 것도 개화한다.

살포시 핀 자그마한 꽃이 고급스럽다. 이른 봄에 유통되는 꽃나무다.

Arrange memo

관상 기간: 7~10일
물올림: 물속 자르기, 줄기 쪼개기
주의 사항: 가시가 있으므로 다룰 때 주의한다.
잘 어울리는 화재:
수선화(90쪽)
스프레이 맘(104쪽)

어레인지먼트

따스함이 느껴지는 흰색 도기 컵에 산당화 꽃과 봉오리가 달린 부분을 짧게 잘라 연출한 모습이다.

꽃이 우수수 떨어지기 쉬우므로 다룰 때 주의한다.

가시가 달린 가지도 있으니 다룰 때 주의한다.

Data

식물 분류: 장미과 명자나무속
원산지: 중국
일반명: 산당화, 가시덱이, 명자꽃
개화기: 1~3월
유통 길이: 약 50~100cm
꽃 크기: 소륜·중륜

꽃말
열정, 요정의 반짝임, 선구자, 지도자, 평범

유통 시기

217

산호말채나무

Tartariand dogwood, Siberian dogwood

가을부터 겨울 동안 잎이 떨어지고 나면 가지가 산호처럼 붉게 물든다. 붉은 빛깔 덕분에 크리스마스나 정월 무렵 많이 유통되는 가지류 가운데 하나다.

곧게 뻗은 가지는 높이가 높은 어레인지먼트나 세로 라인을 강조하고 싶을 때 유용하다. 가지는 부드러워 잘 휘어지지만, 쉽게 부러지므로 다룰 때 주의한다. 리스 틀로도 사용할 수 있다.

산호처럼 새빨간 가지는 겨울 어레인지먼트에서 대활약을 펼친다.

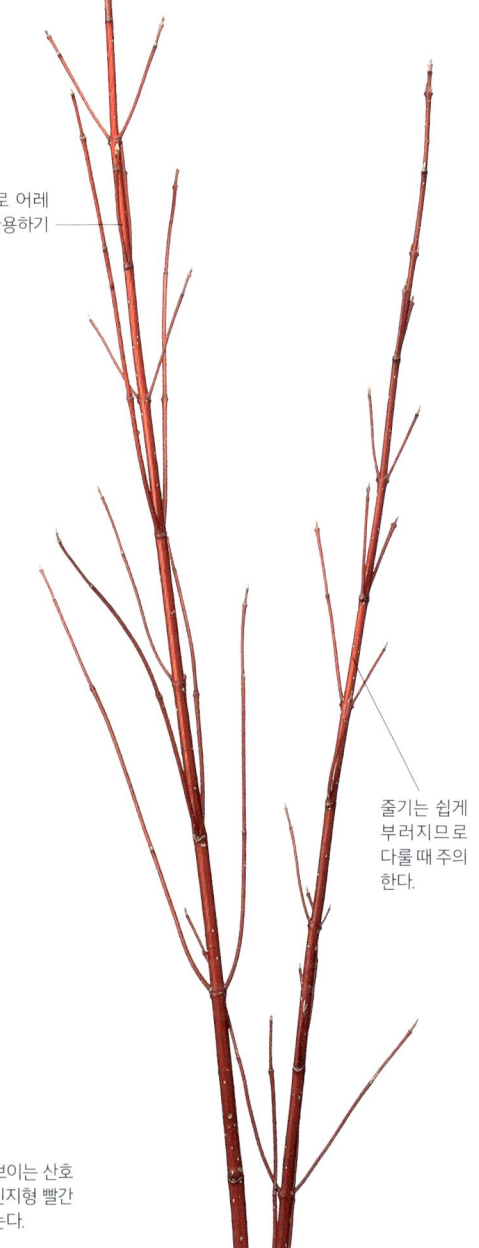

잘 휘어지므로 어레인지먼트에 사용하기 편하다.

줄기는 쉽게 부러지므로 다룰 때 주의한다.

Arrange memo

관상 기간: 7~10일
물올림: 물속 자르기
주의 사항: 잘 휘어지지만 줄기 끝이 쉽게 부러지므로 주의한다.
잘 어울리는 화재:
　일본전나무(228쪽)
　튤립(180쪽)

드라이플라워
어레인지먼트

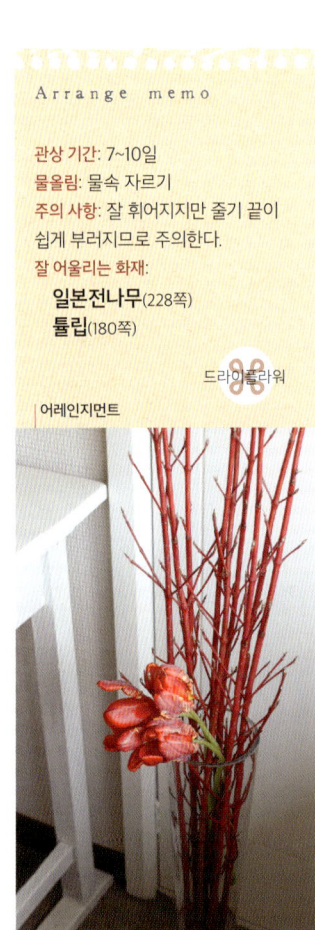

붉은 가지가 돋보이는 산호말채나무를 프린지형 빨간 튤립과 함께 꽂는다.

Data

식물 분류:
층층나무과 층층나무속
원산지:
한국, 일본, 대만, 중국, 시베리아
일반명:
흰말채나무, 붉은말채, 아라사말채나무
개화기: 5~6월
유통 길이:
약 1~1.5m
꽃 크기: 소륜
꽃말
세련됨
유통 시기

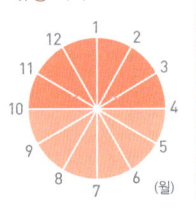

세칸스기 삼나무

Japanese cedar

'세칸스기'는 가지 끝이 흰색을 띠고 있어 눈에 살짝 뒤덮인 것처럼 보여 붙여진 이름이다. 크리스마스 어레인지먼트나 리스 등에 자주 사용된다. 잎은 전체적으로 밝은 녹색이어서 어레인지먼트에 더해주면 밝은 분위기로 완성된다. 다른 그린 화재와 이루는 색상 대비도 흥미롭다.

흰색을 띠는 가지 끝이 설경을 연상시킨다. 크리스마스 어레인지먼트에 잘 어울린다.

흰색을 띠는 가지 끝이 눈에 살짝 뒤덮인 것처럼 보인다.

밝은 녹색 잎이 어레인지먼트를 돋보이게 한다.

Arrange memo

관상 기간: 14일 이상
물올림: 물속 자르기
주의 사항: 가지를 잘라 나눈 다음 어레인지먼트의 빈 공간을 메우는 데도 좋다.
잘 어울리는 화재:
브루니아(80쪽)
스쿠아로사 화백(223쪽)

드라이플라워

Data

식물 분류: 낙우송과 삼나무속
원산지: 일본
일반명: 삼나무 세칸스기
개화기: 3~4월
유통 길이: 약 50~100cm
꽃 크기: -
꽃말
-
유통 시기

소나무
Pine

야산에 자생하는 대표적인 목본식물이다. 1년 내내 푸르른 녹색을 유지해 예로부터 건강과 장수의 상징으로 일상생활 속에서 친숙한 존재다.

하늘을 향해 곧게 뻗은 자태에서 자손 번영과 미래의 발전을 기원하는 마음을 담아, 신년이나 축하 행사 화재로 자주 이용된다. 어레인지먼트에 한 대만 더해도 전체적인 품격이 달라진다. 수명이 긴 것도 매력적이다.

위로 곧게 뻗은 나무 형태는 생명력과 미래를 상징한다. 신년이나 축하 행사에 이용된다.

Arrange memo

- **관상 기간**: 30일 이상
- **물올림**: 물속 자르기
- **주의 사항**: 절단면에서 송진이 나오므로 알코올로 닦아낸다.
- **잘 어울리는 화재**:
  - **국화**(16쪽)
  - **죽절초**(240쪽)

정유

어레인지먼트

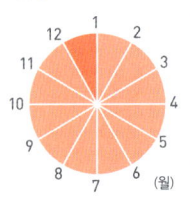

화기와 빔지에 풀을 먹여 말린 금색 끈만 있으면 작은 화재라도 품격 있는 정월 어레인지먼트로 완성할 수 있다.

Data
- 식물 분류: 소나무과 소나무속
- 원산지: 북반구
- 일반명: 소나무
- 개화기: 4월
- 유통 길이: 약 30~100cm
- 꽃 크기: 소륜
- 꽃말: 불로장생, 향상심, 영원한 젊음, 용감, 동정, 자비
- 유통 시기

흘러나온 송진은 알코올로 닦아낸 후 꽂는다.

절단면에서 송진이 나오므로 옷에 묻지 않도록 주의한다.

약송

소나무 품종 카탈로그

'오엽송'은 잎이 5개씩 모여 달린다.

'대왕소나무'는 소나무 중에서도 잎이 가장 길다.

'오큘러스드라코니스' 소나무는 잎 부분에 녹색과 노란색의 얼룩 무늬가 있다.

종류에 따라 잎 모양이 다양하다. 왼쪽부터 약송, 소나무 '오큘러스드라코니스', 오엽송.

어레인지먼트

약송, 크리스마스 부시(174쪽), 청미래덩굴(241쪽), 백묘국(253쪽) 등을 꽂아 신년 어레인지먼트로 연출한 모습이다.

소형화 재스민

Spanish jasmine, Royal jasmine, Catalonian jasmine

5~6월 무렵에 노란색의 작은 꽃이 달린다. 300여 종에 달하는 재스민의 근연종 중 하나며, 화재로도 유통되는 소형화는 학재스민처럼 강한 향은 없다.

꽃이 적은 시기에 진한 녹색 잎이 아름다워 가지류로 활용한다. 가는 가지를 구부려 흐르는 듯한 라인을 만들거나 곧게 세워 직선적인 아름다움을 돋보이게 연출한다. 가지의 아름다움을 활용하자.

흐르는 듯한 가지 라인은 표정이 풍부하고, 짙은 녹색 잎도 아름답다.

줄기를 적당히 제거하면 아름다운 라인이 돋보인다.

가지가 유연해 쉽게 휘어진다.

Data

식물 분류: 물푸레나무과 영춘화속
원산지: 인도
일반명: 소형화
개화기: 5~6월
유통 길이: 약 30~100cm
꽃 크기: 소륜
꽃말: 가련함, 사랑스러움, 우아한 아름다움, 청순, 기쁨

유통 시기

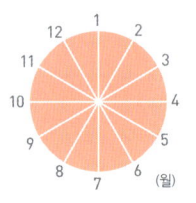
(월)

Arrange memo

관상 기간: 약 14일
물올림: 물속 자르기
주의 사항: 불필요한 잎을 제거한 후 가지의 라인을 돋보이게 한다.
잘 어울리는 화재:
　다알리아(31쪽)
　작약(146쪽)

스쿠아로사 화백

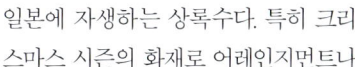

일본에 자생하는 상록수다. 특히 크리스마스 시즌의 화재로 어레인지먼트나 리스 등에 흔히 사용된다. 가는 바늘처럼 생긴 선형 잎은 푸르스름한 녹색을 띤다. 물이 없어도 수명은 길지만, 1개월 정도 지나면 퇴색된다. 오랫동안 즐기고 싶을 때는 녹색으로 착색한 드라이플라워나 프리저브드플라워를 선택하는 것도 좋다.

푸른색이 감도는 녹색이 아름답다. 어레인지먼트나 리스에 사용해 겨울 분위기를 연출해보자.

1개월 정도 지나면 퇴색된다.

잎은 푸른색이 감도는 녹색이다.

Arrange memo

- **관상 기간:** 30일 이상
- **물올림:** 물속 자르기
- **주의 사항:** 리스 등 물이 없는 상태로도 사용할 수 있다.
- **잘 어울리는 화재:**
  - 구골나무(207쪽)
  - 장미(147쪽)

드라이플라워

어레인지먼트

스쿠아로사 화백으로 만든 크리스마스트리 어레인지먼트로, 형태를 맞춰 용기에 넣은 플로랄폼에 꽂는다.

Data

- 식물 분류: 측백나무과 공작편백속
- 원산지: 일본
- 일반명: 비단삼나무
- 개화기: -
- 유통 길이: 약 50~80cm
- 꽃 크기: 소륜
- 꽃말: -

유통 시기

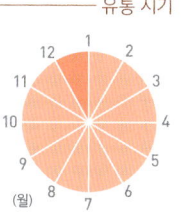

아오모지

May chang, Litsea cubeba

'아오모지'라는 일본명은 줄기가 푸른색이 감도는 녹색이어서 붙여진 이름이다. 겨울의 여운이 채 가시지도 않은 이른 봄, 잎보다 먼저 연노랑색 꽃이 봄소식을 알린다. 작은 열매처럼 생긴 사랑스러운 꽃은 녹색의 가지와 잎과 한데 어우러져 싱싱하고 산뜻한 인상을 준다. 가지와 꽃에서는 레몬 향 같은 향기가 난다. 그래서 가지는 이쑤시개의 원목으로 사용되기도 한다.

봄에 가장 먼저 피는 꽃과 녹색 가지가 산뜻하다. 레몬 향 같은 향기도 매력적이다.

연노랑 꽃이 작게 달린다.

화재 외에 향료로도 사용할 만큼 향이 좋다.

Data
- 식물 분류: 녹나무과 까마귀쪽나무속
- 원산지: 일본
- 일반명: -
- 개화기: 3~4월
- 유통 길이: 약 1~1.5m
- 꽃 크기: 소륜
- 꽃말: -

유통 시기

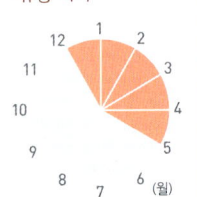

Arrange memo

- 관상 기간: 약 14일
- 물올림: 물속 자르기, 줄기 쪼개기
- 주의 사항: 굵은 것은 줄기 끝에 칼집을 넣으면 물올림이 좋아진다.
- 잘 어울리는 화재: **스프레이 맘**(104쪽) **칼라**(166쪽)

광택이 나면서도 붉은빛을 띠는 겨울눈이 아름다운 갯버들의 근연종이다. 겨울철에 유통되며 정월 어레인지먼트에 자주 등장한다.

출하될 때는 눈이 빨간 껍질에 싸여 있지만, 껍질이 벗겨지면 보송보송한 은백색 솜털이 나온다.

가지가 유연해 쉽게 휘어진다. 곡선미를 살린 역동적인 어레인지먼트에 좋은 화재다.

왕버들

Japanese pussy willow, Red bud pussy wil

광택 나는 빨간색 눈이 아름답다. 겨울 어레인지먼트에 적합하다.

가지는 빨간색 면과 녹색 면이 있는데, 빨간색 면이 보이게 꽂는다.

줄기가 유연해 쉽게 휘어진다.

눈이 빨간색 껍질에 감싸인 상태로 유통되는데, 껍질 안에는 은백색 솜털이 있다.

Arrange memo

관상 기간: 약 14일
물올림: 물속 자르기, 줄기 쪼개기
주의 사항: 굵은 것은 줄기 끝에 칼집을 넣으면 물올림이 좋아진다.
잘 어울리는 화재:
  금어초(22쪽)
  꽃양배추(25쪽)

드라이플라워

Data

식물 분류: 버드나무과 버드나무속
원산지: 일본
일반명: 왕버들, 버드나무
개화기: 2~4월
유통 길이: 약 1~1.5m
눈 크기: 소형

꽃말
강한 인내

유통 시기
(월)

용버들

Hankow willow, Corkscrew willow, Pekin willow

'운용버들雲龍柳'이라는 이름처럼 구름을 뚫고 날아가는 용같이 구불구불하게 굽은 가지가 개성적이다. 그 조형적인 곡선이 생동감 있는 움직임을 연출한다. 가지는 부드러워 쉽게 휘어지므로 리스 틀로 이용해도 좋다. 꽃과 잎이 없는 상태에서 출하되지만, 그대로 물에 담가두면 잎이 나오고 심지어 꽃이 피기도 한다.

가는 가지는 잘 휘어져 다루기 쉽다.

조형적인 가지 모양이 어레인지먼트에 생동감을 준다.

묶거나 구부리는 등 다양한 방법으로 연출할 수 있다.

Arrange memo

관상 기간: 14일 이상
물올림: 물속 자르기
주의 사항: 물이 없어도 사용할 수 있다.
잘 어울리는 화재:
글라디올러스(19쪽)
아마릴리스(113쪽)

드라이플라워

어레인지먼트

체크무늬의 서양풍 용기에 용버들을 수북이 꽂는다.
가지 끝을 한 방향으로 흐르게 꽂으면 깔끔해 보인다.

Data

식물 분류: 버드나무과 버드나무속
원산지: 중국
일반명: 용버들, 운용버들, 고수버들
개화기: 4~5월
유통 길이: 약 1~2m
꽃 크기: 소륜
꽃말: 민첩한 대응
유통 시기

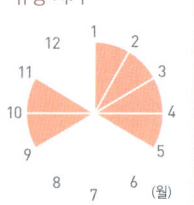

일본고광나무

Mock orange

꽃 모양이나 꽃이 피는 모습이 매화와 비슷하며, 가지는 속이 비어 있다. 초여름에 청초한 흰 꽃이 가지 끝에 많이 달린다. 매화의 꽃잎은 5장인데, 일본고광나무는 4장이다. 감귤류와 비슷한 상큼하고 은은한 향이 난다. 최근에는 분홍색 겹꽃형이나 향이 강한 품종이 나오는 등 종류가 다양해졌다. 동양풍 어레인지먼트에 주로 사용하는 매실나무와는 달리 동서양풍 어레인지먼트에 모두 사용할 수 있다.

매화를 닮은 청초한 꽃. 감귤류 같은 상큼한 향도 즐길 수 있다.

매화와 비슷한 흰 꽃이 핀다. 꽃잎은 4장이며, 꽃에서 향기가 난다.

가지가 쉽게 꺾이므로 다룰 때 주의한다.

잎은 잎맥이 눈에 띄고 문지르면 오이 향이 난다.

Arrange memo

관상 기간: 5~7일
물올림: 열탕처리, 줄기 쪼개기
주의 사항: 물올림이 원활하지 않으면 줄기 밑부분을 십자 모양으로 자른 후에 꽂는다.
잘 어울리는 화재:
수국(87쪽)
클레마티스(175쪽)

Data

식물 분류: 범의귀과 고광나무속
원산지: 중국, 일본 유럽, 북아메리카
일반명: 일본고광나무
개화기: 5~6월
유통 길이: 약 80~120cm
꽃 크기: 중륜

꽃말
기품, 품격, 회상

유통 시기

일본전나무
fir

겨울에도 변함없이 녹색 잎을 유지하는 침엽수다. 소나무(220쪽)의 근연종으로 신선한 가지에서는 상쾌한 향이 난다. 크리스마스트리 나무로도 유명하다. 잔가지는 트리 외에 리스 재료나 어레인지먼트의 그린 화재로 사용해도 크리스마스 분위기를 연출할 수 있다.
건조하면 잎이 떨어지거나 변색되기 쉬우므로 수시로 분무기 등으로 적셔준다.

나무의 향이 향기로운, 크리스마스 시즌을 대표하는 가지류다.

Arrange memo

관상 기간: 30일 이상
물올림: 물속 자르기
주의 사항: 절단면에서 송진이 나오므로 알코올로 닦아낸다. 건조해지지 않도록 수시로 분무기 등으로 적신다.
잘 어울리는 화재:
　스쿠아로사 화백(223쪽)
　아마릴리스(113쪽)

드라이플라워　정유
어레인지먼트

쉽게 휘어지므로 리스로 이용할 수 있다.

건조해지지 않도록 분무기로 적셔주면 오랫동안 관상할 수 있다.

Data
식물 분류: 소나무과 전나무속
원산지: 일본
일반명: 일본전나무
개화기: 4~6월
유통 길이: 약 30~100cm
꽃 크기: -

꽃말
시간, 시기, 진실, 고상함, 승진

유통 시기

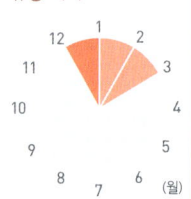

플로랄폼을 준비한 후 가지를 잘라낸 일본전나무와 스쿠아로사 화백, 올리브 열매를 크리스마스풍으로 장식한다.

페룰라투스 등대꽃나무

Doudan-tsutsuji

산에서 자생하는 식물이지만, 정원수로 대중적인 존재다. 가을 단풍을 즐기기 위해 각지의 화단에서 키우는 식물이다. 화재로 널리 유통된다. 새빨갛게 단풍이 드는 시기의 잎도 매력적이지만 싱싱한 녹색을 띠는 새순도 산뜻하다. 화재로 유통되는 것은 일반적으로 꽃이 달려 있지 않지만, 새순이 나올 시기에는 항아리를 뒤집어놓은 듯한 형태의 작고 하얀 꽃이 모여 송이를 이루듯 늘어지며 피기도 한다.

녹색의 새순이 산뜻하다.

Arrange memo

관상 기간: 7~14일
물올림: 물속 자르기, 줄기 쪼개기
주의 사항: 물올림이 원활하지 않을 때는 절단면에 칼집을 넣는다.
잘 어울리는 화재:
맨드라미(61쪽)
백합(71쪽)

가을에는 단풍 든 잎이 유통된다.

봄에는 청초한 꽃들과 새순의 신선한 녹색이, 가을에는 붉게 물든 단풍이 아름답다.

Data
식물 분류: 진달래과 등대꽃나무속
원산지: 일본
일반명: 등대꽃나무
개화기: 3~5월
유통 길이: 약 50~120cm
꽃 크기: 소륜
꽃말: 절제
유통 시기

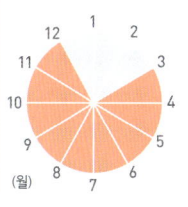

황매화

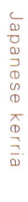

Japanese kerria

'황매화색'이라는 색상명은 이 꽃에서 유래되었다. 늦봄 무렵, 눈길을 사로잡는 밝은 노란색 꽃이 달리는 키가 작은 관목이다. 원종은 홑꽃형이지만 겹꽃형도 있다. 유연하게 길게 뻗은 가지의 라인을 살려서 꽂으면 역동성 있는 어레인지먼트를 만들 수 있다.

밝은 노란색 꽃이 인상적이다. 유연하게 뻗은 가지의 라인을 살려서 꽂아보자.

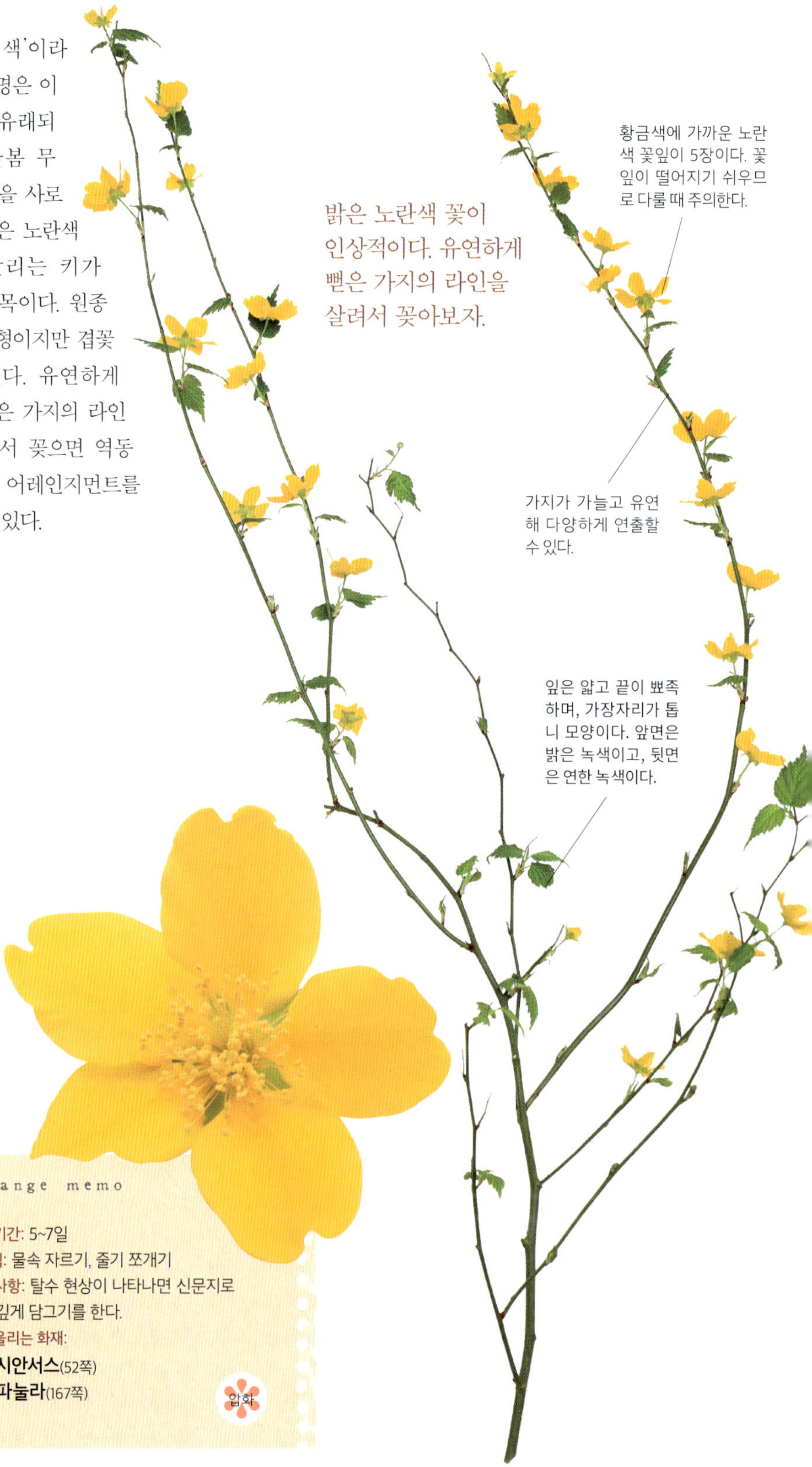

황금색에 가까운 노란색 꽃잎이 5장이다. 꽃잎이 떨어지기 쉬우므로 다룰 때 주의한다.
가지가 가늘고 유연해 다양하게 연출할 수 있다.
잎은 얇고 끝이 뾰족하며, 가장자리가 톱니 모양이다. 앞면은 밝은 녹색이고, 뒷면은 연한 녹색이다.

Data

식물 분류: 장미과 황매화속

원산지: 중국, 일본

일반명: 황매화

개화기: 4~5월

유통 길이: 약 50~100㎝

꽃 크기: 중륜

꽃말

금전운, 기품, 숭고

유통 시기

1
2
3
4
5
6
7
8
9
10
11
12
(월)

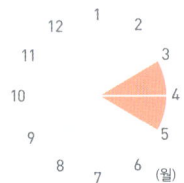

Arrange memo

관상 기간: 5~7일

물올림: 물속 자르기, 줄기 쪼개기

주의 사항: 탈수 현상이 나타나면 신문지로 싸서 깊게 담그기를 한다.

잘 어울리는 화재:

리시안서스(52쪽)

캄파눌라(167쪽)

압화

열매류 편

까치밥나무

Currant, Gooseberry

초여름이면 유통되는 내추럴한 분위기의 열매류다. 루비처럼 투명감 있는 작은 열매가 포도처럼 송이를 이루며 달린다. 덕분에 진귀한 악센트 색이 된다. 톱니가 있는 초록 잎도 청량감이 있으므로 잎을 살려 사용한다. 잎을 조금 솎아내어 안쪽에 달려 있는 열매가 잎 속에 묻히지 않도록 주의한다. 물올림이 좋지 않을 때는 절단면에 십자 모양의 칼집을 넣는 것도 요령이다.

투명감 있는 송이 형태의 열매가 초여름 어레인지먼트에 빛을 발한다.

작고 붉은 열매가 포도처럼 송이 형태를 이루며 달린다.

잎이 펼친 손바닥처럼 생겼다.

잎은 건조해지면 변색되어 떨어지므로 미리 솎아낸다.

Data
- 식물 분류: 범의귀과 까치밥나무속
- 원산지: 유럽
- 일반명: 까치밥나무
- 유통 길이: 약 50~100cm
- 열매 크기: 소형
- 꽃말: 행복이 찾아옴, 예상, 나는 당신을 기쁘게 합니다
- 유통 시기:

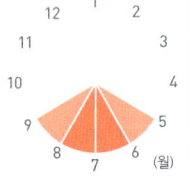

Arrange memo
- 관상 기간: 5~7일
- 물올림: 물속 자르기, 줄기 쪼개기
- 주의 사항: 잎이 많을 때는 약간 솎아내야 물올림이 좋아진다. 물올림이 좋지 않을 때는 절단면에 십자 모양의 칼집을 넣는다.
- 잘 어울리는 화재:
  - **리시안서스**(52쪽)
  - **백합**(71쪽)

노박덩굴

Oriental bittersweet

주렁주렁 달리는 주황색 열매를 관상하는 가을 분위기 나는 화재다. 덩굴성 식물로 유연해 다루기 쉬우므로 둘둘 말아 리스를 만들 때 사용해도 좋다. 그대로 드라이플라워가 된다. 성숙하면 3갈래로 갈라지는 표피 속에서 주황색 열매가 드러나는데, '육질씨껍질'이라고 부른다. 사실 이 안에는 작고 소박한 진짜 열매(씨)가 들어 있다.

주황색 열매와 굽은 덩굴의 표정을 함께 즐길 수 있다.

Arrange memo

관상 기간: 약 14일
물올림: 물속 자르기
주의 사항: 열매가 잇따라 떨어지기 쉬우므로 다룰 때 주의한다.
잘 어울리는 화재:
　용담(137쪽)
　해바라기(195쪽)

드라이플라워

어레인지먼트

성숙되기 전의 녹색 열매가 달린 노박덩굴의 라인을 최대한 살리고 해바라기는 짧게 잘라 아래쪽에 연출한다.

덩굴성 식물이므로 구부러진 라인을 즐길 수 있다.

녹색의 외피가 갈라지면서 주황색 열매가 드러난다.

Data

식물 분류: 노박덩굴과 노박덩굴속
원산지: 한국, 일본
일반명: 노박덩굴
유통 길이: 약 1~1.5m
열매 크기: 소형

꽃말
진실, 강한 운, 개운, 노력, 대기만성

유통 시기
(월) 10, 11

미니 파인애플 애기파인애플

Ornamental ananas

생김새는 과일 파인애플과 꼭 닮았다. 줄기 끝에 크기가 작은 과실이 달린 것이 화재로 유통된다.

아이들도 좋아하므로 생일이나 어린이날 등의 행사 어레인지먼트에 사용하면 좋다. 테이블에 장식만 해놓아도 즐거운 이야기꽃이 필 것 같다.

한 대를 꾸밈없이 빈 캔이나 빈 병 같은 데 꽂아 장식해도 제법 멋스럽다.

열매가 시들기 시작하면 위쪽의 녹색 부분을 잘라내 흙에 심으면 자라기도 한다.

과실이 달린 독특한 모습은 한 대만으로도 존재감이 크다. 아이들도 좋아할 것 같다.

줄기 끝에 달리는 열매는 일반 파인애플의 축소판이다.

건조한 환경에 강하며 그대로 드라이플라워가 된다.

Arrange memo

관상 기간: 약 10일
물올림: 물속 자르기
주의 사항: 잎 가장자리에 가시가 있으므로 다룰 때 주의해야 한다.
잘 어울리는 화재:
러시아 공꽃(46쪽)
레우카덴드론(47쪽)

드라이플라워

어레인지먼트

Data

식물 분류: 파인애플과 아나나스속
원산지: 열대아메리카
일반명: -
유통 길이: 약 30~80cm
열매 크기: 중형·대형

꽃말
완벽한 당신,
완전한 당신

유통 시기

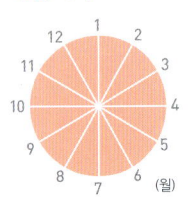

화기로 사용한 것은 화분이다. 플로랄폼을 넣은 후 짧게 자른 미니파인애플을 꽂는다.

산호 파인애플

쥘부채를 펼친 듯한 형태로 달려 붙여진 이름이다. 여름에 주황색 꽃이 피며 꽃이 진 후에 세로로 긴 풍선처럼 생긴 열매가 달린 상태로 유통되는 경우가 많다. 열매를 한데 모아 어레인지먼트에 넣으면 독특한 악센트가 된다. 열매가 벌어진 후 새까만 씨가 달린 상태로 드라이플라워 화재로도 유통된다.

범부채

Blackberry lily

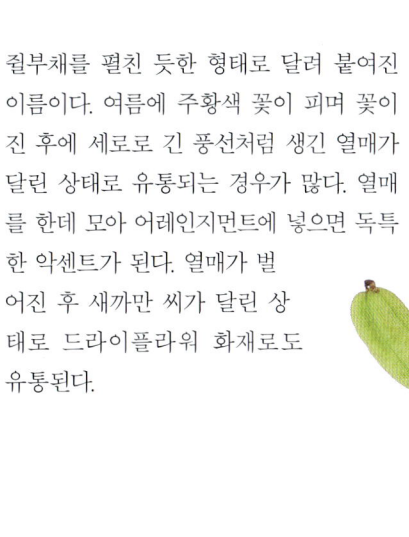

실물 크기!

길이 3cm 정도 되는 열매가 마치 연녹색 풍선 같다.

세로로 긴 풍선처럼 생긴 열매가 독특하다. 한데 모아 어레인지먼트에 넣는다.

잎은 제거하고 열매만 어레인지먼트에 사용한다.

Arrange memo

관상 기간: 5~7일
물올림: 물속 자르기
주의 사항: 줄기를 자르면 나오는 하얀 유액은 피부염을 일으킬 수 있으니 주의한다.
잘 어울리는 화재:
　글라디올러스(19쪽)
　오니소갈룸(132쪽)

드라이플라워

Data

식물 분류: 붓꽃과 범부채속
원산지: 중국, 일본
일반명: 범부채, 사간
유통 길이: 약 50cm
열매 크기: 대형

꽃말
성실, 성의, 개성미

유통 시기
(월) 1~12

블랙베리
Blackberry

내추럴한 이미지로 자리 잡은 인기 베리다. 아직 어린 녹색 열매, 붉게 물든 열매, 성숙되어 검은색이 된 열매의 3단계로 유통된다. 성숙되면서 열매가 떨어지기 쉬우므로 오랫동안 즐기고 싶다면 선명한 녹색 열매를 구매한다. 내추럴한 화기나 바구니 등에 꽂아 야산에서 따온 듯한 분위기를 연출해보자.

초록, 빨강, 검정 3단계로 유통되는 인기 베리!

좁쌀 같은 열매가 특징이다. 녹색에서 빨간색, 검은색으로 변한다.

잎은 탈수 현상이 쉽게 나타나므로 꽂기 전에 제거한다.

줄기에는 가시가 있으므로 다룰 때 주의한다.

Arrange memo

관상 기간: 약 7일
물올림: 물속 자르기
주의 사항: 줄기에 가시가 있으므로 다룰 때 주의한다.
잘 어울리는 화재:
마트리카리아(59쪽)
장미(147쪽)

어레인지먼트

붉게 물든 열매를 새하얀 도기에 넣어 검게 익어가는 모습을 감상해보자.

Data
식물 분류:
장미과 산딸기속
원산지: 북아메리카
일반명: 서양산딸기
유통 길이:
약 50~100cm
열매 크기: 중형
꽃말
타인을 배려하는 마음, 소박한 사랑, 고독
유통 시기

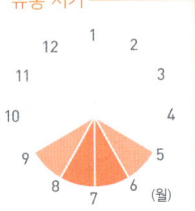

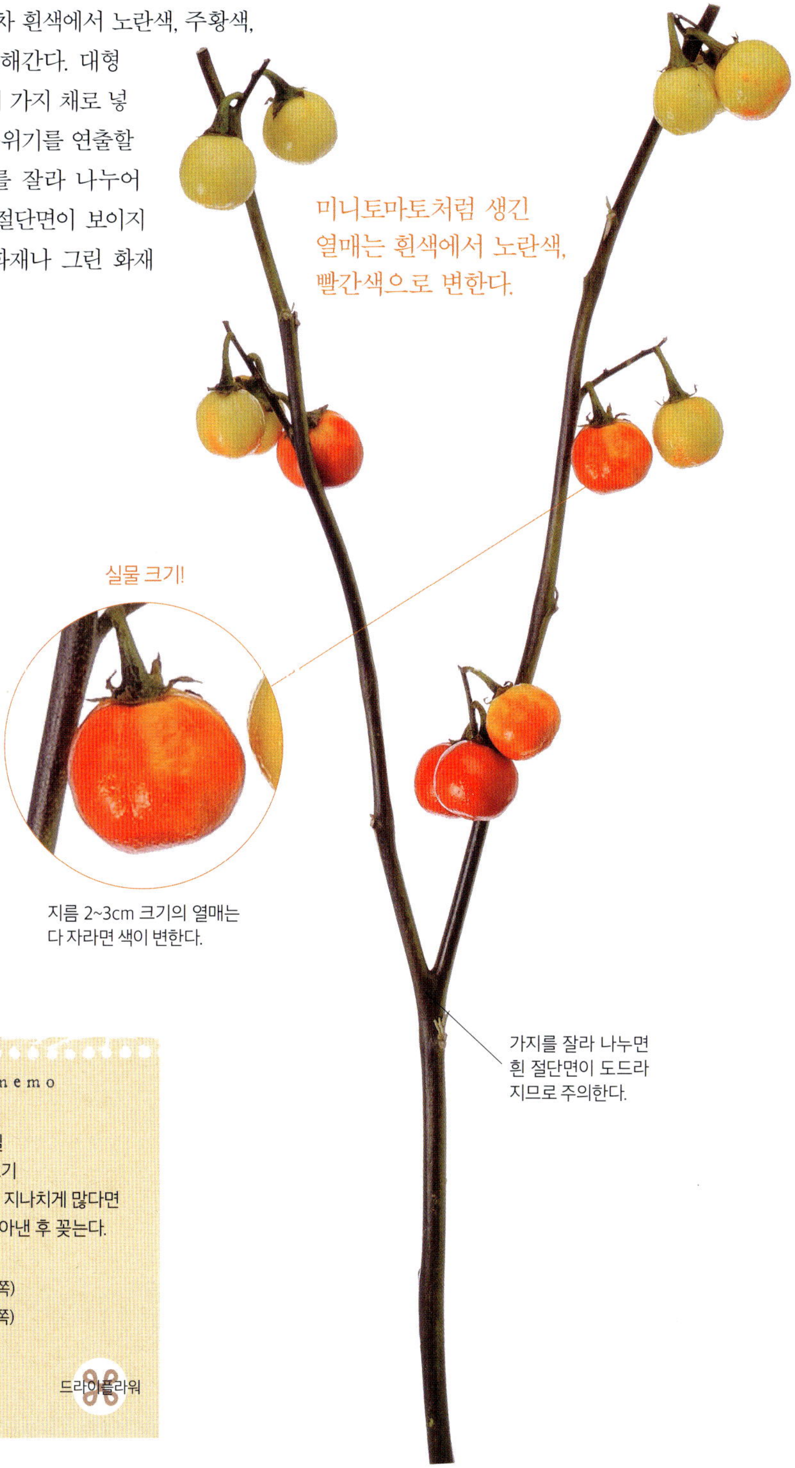

솔라눔 꽃가지

Blue potato bush

과실이 관상용인 가지는 '솔라눔' 혹은 '꽃가지'라는 이름으로 유통된다. 열매의 형태는 가지보다 미니토마토와 비슷하며 성숙하면서 점차 흰색에서 노란색, 주황색, 빨간색으로 변해간다. 대형 어레인지먼트에 가지 채로 넣으면 강렬한 분위기를 연출할 수 있다. 가지를 잘라 나누어서 넣을 때는 절단면이 보이지 않도록 다른 화재나 그린 화재로 가린다.

미니토마토처럼 생긴 열매는 흰색에서 노란색, 빨간색으로 변한다.
실물 크기!
지름 2~3cm 크기의 열매는 다 자라면 색이 변한다.
가지를 잘라 나누면 흰 절단면이 도드라지므로 주의한다.

Arrange memo

관상 기간: 5~10일
물올림: 물속 자르기
주의 사항: 열매가 지나치게 많다면 균형을 맞추어 솎아낸 후 꽂는다.
잘 어울리는 화재:
해바라기(195쪽)
헬레니움(197쪽)

드라이플라워

Data

식물 분류: 가지과 가지속
원산지: 아프리카
일반명: -
유통 길이: 약 1m
열매 크기: 대형

꽃말

익살스러움

유통 시기

1
2
3
4
5
6
7
8
9
10
11
12
(월)

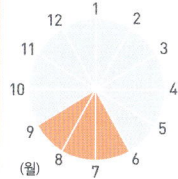

심포리카르포스

Snowberry

가는 가지 끝에 작은 꽃이 피며, 꽃이 지면 열매가 송이 형태를 이루며 달린다. 꽃집에서는 보통 열매가 달린 상태로 유통된다. 흰색과 분홍색 열매 덕분에 달콤하고 부드러운 분위기로 사랑받고 있으며 최근에는 신부 부케용으로 인기가 있다. 부케에 넣을 때는 건조해지면 검게 변하는 잎을 제거한 후 사용하기도 한다. 잎이 적어야 열매의 존재감이 돋보인다.

지름 1cm 크기의 열매는 만져보면 말랑하다.

Arrange memo

관상 기간: 약 10일
물올림: 물속 자르기, 깊게 담그기
주의 사항: 열매는 쉽게 손상되므로 다룰 때 주의한다.
잘 어울리는 화재:
　레이스 플라워(49쪽)
　장미(147쪽)

어레인지먼트

붉은 열매가 달리는 심포리카르포스를 레이스 플라워와 배합해 움직임 있는 어레인지먼트를 연출한다.

Data

식물 분류: 인동과 심포리카르포스속
원산지: 북아메리카
일반명: -
유통 길이: 약 70~80cm
열매 크기: 소형
꽃말: 언제까지나 헌신적으로, 귀여움

유통 시기

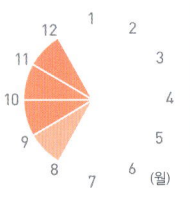

물속 자르기를 한 후 깊은 물에 담가 두면 탈수 현상을 예방할 수 있다.

가지 끝에 달리는 진주처럼 생긴 열매가 결혼식 화재로도 인기 있다.

장미 열매 로즈힙

Rose hip

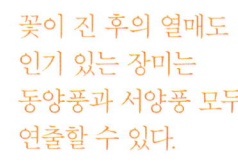

꽃의 여왕이라고도 말할 수 있는 장미는 꽃이 진 후의 열매도 인기가 있다. 녹색 열매부터 성숙된 붉은 열매까지 잎을 제거한 가지 상태로 유통된다.

대표적인 것은 찔레꽃 열매와 글라우카 장미다. 작은 찔레꽃 열매는 여름이 끝날 무렵부터 녹색 열매로 유통되어 어레인지먼트나 부케의 조연으로 사용된다. 가을이면 붉은 열매도 유통된다. 글라우카 장미는 여름을 대표하는 열매류다. 방울처럼 생긴 붉은 열매가 계절감을 연출한다.

꽃이 진 후의 열매도 인기 있는 장미는 동양풍과 서양풍 모두 연출할 수 있다.

Arrange memo

관상 기간: 약 14일
물올림: 줄기 두드리기
주의 사항: 가시가 있는 것은 다룰 때 주의한다.
잘 어울리는 화재:
팜파스(187쪽)
페룰라투스 등대꽃나무(229쪽)

드라이플라워

찔레꽃 열매는 지름 5~6mm 크기로 작으며 붉은 열매 외에도 녹색 열매가 유통된다.

글라우카 장미는 지름 1.5cm 정도의 붉은 열매가 방울이 매달리는 것처럼 달린다.

Data

식물 분류: 장미과 장미속
원산지: 북반구
일반명: 장미 열매
유통 길이: 약 50~100cm
열매 크기: 소형

꽃말
정의감, 성실, 무의식의 미, 슬프고 아름답게

유통 시기

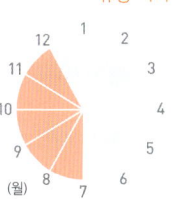

죽절초

Glabrous sarcandra herb

일반적으로 죽절초는 옆으로 퍼지며 자라지만, 절화로 출하하는 것은 줄기가 곧게 뻗도록 한 대 한 대 교정해 육성한다. 이렇게 손이 많이 가므로 가격도 저렴하지 않다. 지나치게 추운 장소가 아니라면 1개월 정도 유지된다. 줄기 끝을 두드리거나 꺾어서 단면적을 넓혀주면 더욱 오랫동안 관상할 수 있다. 동양풍만이 아닌 서양풍 어레인지먼트에도 어울린다.

신년에 없어서는 안 되는 길조를 상징하는 화재다. 서양풍 어레인지먼트에도 사용할 수 있다.

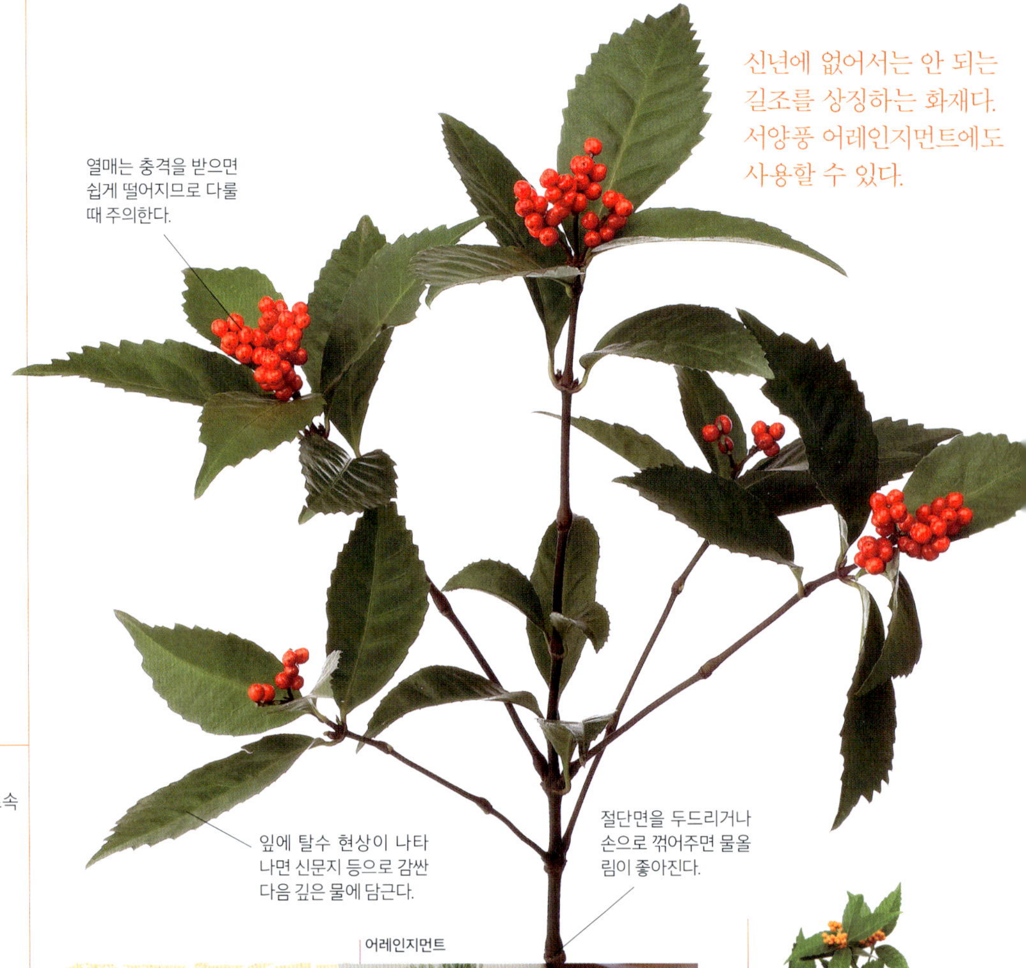
열매는 충격을 받으면 쉽게 떨어지므로 다룰 때 주의한다.
잎에 탈수 현상이 나타나면 신문지 등으로 감싼 다음 깊은 물에 담근다.
절단면을 두드리거나 손으로 꺾어주면 물올림이 좋아진다.

Data

식물 분류: 홀아비꽃대과 죽철초속

원산지: 동남아시아, 인도, 대만, 일본

일반명: 죽절초, 죽절나무

유통 길이: 약 30~60cm

열매 크기: 소형

꽃말: 부유함, 재산

유통 시기

1
2
3
4
5
6
7
8
9
10
11
12
(월)

Arrange memo

관상 기간: 약 30일

물올림: 열탕처리, 줄기 두드리기

주의 사항: 건조한 환경에 약하므로 냉난방기 등에 직접 노출되지 않도록 한다.

잘 어울리는 화재:

- 국화(16쪽)
- 소나무(220쪽)

어레인지먼트

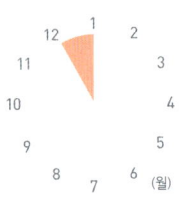

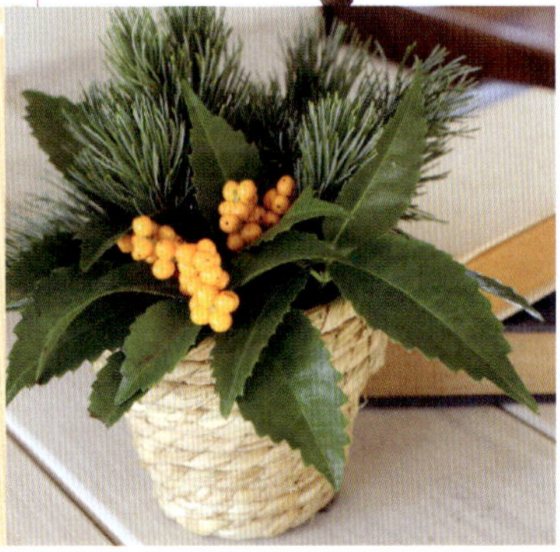

내추럴하고 작은 바구니에 소나무와 죽절초를 꽂는다. 선선한 현관 등에 장식하면 상당히 오래 볼 수 있다.

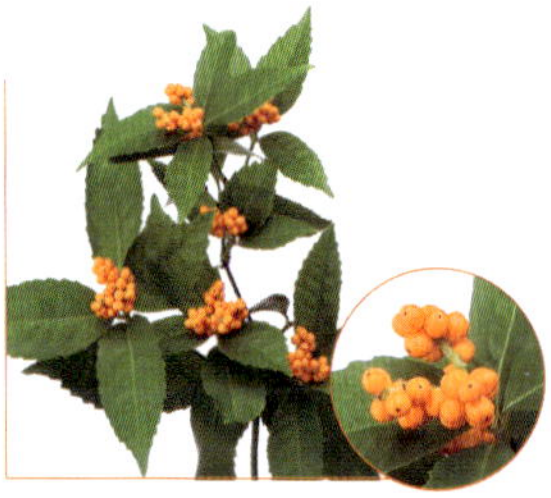

기미노센료

꽃집에서는 '망개'라고 부르는데 청미래덩굴이 정식 명칭이다. 일본에서는 '사루토리이바라'라고도 하는데, 덩굴성 가지에 가시가 있어 야산을 뛰어다니는 원숭이가 잡혀 붙여졌다는 설이 있다. 가지는 마디마다 굽어 꺾여 있으며 분지한 가지 끝에 10여 개의 열매가 방사형으로 모여 달린다. 가을과 겨울에 유통되는 청미래덩굴의 붉은 열매는 크리스마스 리스에 흔히 사용된다. 여름이면 녹색 열매와 잎이 달린 채로 유통된다.

청미래덩굴

Catbrier

덩굴성 가지는 마디마다 굽어 꺾어지면서 자란다.

가지에는 작은 가시가 있으므로 다룰 때 주의한다.

가을과 겨울에 유통되는 붉은 열매는 리스 화재로 훌륭하다.

실물 크기!

지름 5~8mm의 둥근 열매가 방사형으로 달린다.

Arrange memo

관상 기간: 10~14일
물올림: 물속 자르기, 깊게 담그기
주의 사항: 잎이 달린 가지는 쉽게 탈수 현상이 나타나므로 깊은 물에 담가두었다가 사용한다.
잘 어울리는 화재:
산호말채나무(218쪽)
일본전나무(228쪽)

드라이플라워

어레인지먼트

여름이면 유통되는 청미래덩굴의 녹색 열매를 도기 용기에 꽂는다. 둥근 잎도 사랑스럽다.

Data

식물 분류:
백합과 청미래덩굴속
원산지:
중국, 일본, 동아시아
일반명:
청미래덩굴,
망개나무, 명감나무
유통 길이:
약 80~100cm
열매 크기: 중형

꽃말
불굴의 정신, 건강해짐

유통 시기

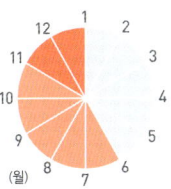

(월)

코니컬 블랙

Conical black

윤이 나고 매실 정도 크기의 새까만 열매가 달리는 관상용 고추의 일종이다. 열매의 색깔은 처음에는 녹색이었다가 검정색으로 급변해 마지막에는 빨간색이나 주황색으로 변해간다. 신비로운 색상 변화가 흥미로운 식물이다.

관상용 고추 종류는 잎을 전부 제거하고 출하하는 것이 일반적이다. 코니컬 블랙도 예외는 아니다.

열매가 줄기 끝에 모여 있어서 한 대만 넣어도 여러 대를 한꺼번에 넣은 것처럼 보여 편리하다.

검고 윤기 도는 열매에서 피망 향 같은 냄새가 난다.

반짝반짝 빛나는 검은 열매가 어레인지먼트에 긴장감을 더한다.

잎은 제거된 상태로 유통된다. 그대로 드라이플라워가 되기도 한다.

Data

- 식물 분류: 가지과 고추속
- 원산지: 열대아프리카
- 일반명: 고추
- 유통 길이: 약 30~50cm
- 열매 크기: 대형
- 꽃말: 옛 친구, 질투, 생명력
- 유통 시기:

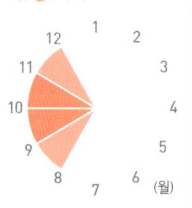

Arrange memo

- 관상 기간: 10~14일
- 물올림: 물속 자르기
- 주의 사항: 어레인지먼트할 때 열매가 잘 보이도록 낮은 위치에 넣는다.
- 잘 어울리는 화재:
  - **오니소갈룸**(132쪽)
  - **칼라**(166쪽)

드라이플라워

백당나무 콤팍툼 · 티누스 분꽃나무

Viburnum opulus 'Compactum'
Viburnum tinus L.

봄에 흰색 꽃이 피며 화재로 유통되는 것은 가을에 출하되는 열매류다. '티누스 분꽃나무'는 메탈릭하게 빛나는 짙은 청보라색 열매가, '백당나무 콤팍툼'은 새빨간 열매가 각각 달린다. 모두 스노볼(92쪽)의 근연종이다.

어레인지먼트나 부케에 넣을 때는 짧게 잘라 열매가 부각되도록 한다. 모두 물올림이 좋은 편이므로 물속 자르기만 해주어도 괜찮다.

잎은 타원형이며 그다지 크지 않다.

짙은 청보라색 열매와 새빨간 열매가 마치 보석 같다.

티누스 분꽃나무의 짙은 청보라색 열매는 지름이 약 1cm다. '파란 진주'라고도 불린다.

Arrange memo

관상 기간: 약 7일
물올림: 물속 자르기
주의 사항: 어레인지먼트 등에 사용할 때는 열매가 부각되도록 짧게 꽂는다.
잘 어울리는 화재:
다알리아(31쪽)
레우카덴드론(47쪽)

드라이플라워

어레인지먼트

하늘색 포트를 화기로 이용해 티누스 분꽃나무와 레우카덴드론을 야생미를 살려 꽂는다.

큰 잎 가장자리에는 톱니가 있다.

백당나무 콤팍툼의 열매는 지름이 약 1cm다. 녹색에서 노란색, 주황색, 빨간색으로 변한다.

Data

식물 분류: 인동과 산분꽃나무속
원산지: 동아시아, 유럽
일반명: -
유통 길이: 약 50cm
열매 크기: 소형

꽃말
나를 봐주세요

유통 시기

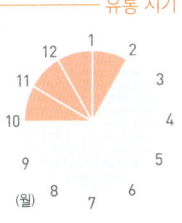

페퍼베리

Pepper tree

향신료로 사용하는 '핑크페퍼'는 이 열매를 말하는 것이다. 아름다운 핑크색 열매는 최근에 화재로 인기가 많다. 대부분 줄기는 생줄기로, 열매는 건조된 상태로 유통되므로 다루기 쉽다. 드라이 리스 등에 작게 나누어서 넣으면 달콤한 분위기를 더할 수 있다. 열매가 무거워 어레인지먼트에 세워서 사용하기는 어려우므로 아래로 늘어지게 넣거나, 짧게 잘라 작게 나누어 사용한다.

아름다운 핑크색은 이 열매만의 독특한 색이다. 달콤한 분위기를 더할 수 있다.

줄기는 부드러운 상태로 유통된다.

아름다운 핑크색 열매가 송이 형태를 이루며 달린다.

열매는 건조된 상태로 유통된다.

Arrange memo

관상 기간: 약 14일
물올림: -
주의 사항: 열매가 떨어지지 않도록 다룰 때 주의한다.
잘 어울리는 화재:
장미(147쪽)
카네이션(161쪽)

드라이플라워
어레인지먼트

Data

식물 분류:
옻나무과 스키누스속
원산지:
남아메리카
일반명: 페루후추나무
유통 길이:
약 20~50cm
열매 크기: 소형
꽃말
빛나는 마음
유통 시기

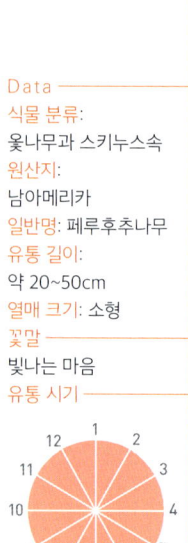

핑크색이나 빨간색 드라이플라워로 리스를 만든 다음 짧게 자른 페퍼베리로 빈 공간을 메운다.

폭스페이스

Nipple fruit

이름처럼 여우 얼굴 같은 색상과 형태의 열매가 대롱대롱 달려 있다. 솔라눔(237쪽)과 마찬가지로 관상용 가지의 근연종이다. 긴 가지 형태로 유통되므로 가을 화재와 배합해 대형 어레인지먼트에 넣으면 돋보이며 핼러윈의 미니호박과 함께 사용해도 좋다. 눈과 코를 그려 넣는 등 재치 있게 꾸미는 방법을 고안해보자.

여우 얼굴처럼 생긴 커다란 열매가 달린다. 핼러윈 어레인지먼트에 잘 어울린다.

7~10cm 길이의 여우 얼굴처럼 생긴 열매가 달린다.

Arrange memo

- 관상 기간: 30일 이상
- 물올림: 물속 자르기
- 주의 사항: 가지가 굵고 무거우므로 단단히 고정해야 한다.
- 잘 어울리는 화재:
  - **나무딸기**(208쪽)
  - **스트렐리치아**(102쪽)

어레인지먼트

노란 열매를 떼어낸 다음 스쿠아로사 화백이나 관상용 호박을 배합해 핼러윈 어레인지먼트를 만든다.

가지가 굵고 무거우므로 그대로 사용할 때는 단단히 고정해야 한다.

Data

- 식물 분류: 가지과 가지속
- 원산지: 중앙·남아프리카, 열대아메리카
- 일반명: 노랑뿔가지
- 유통 길이: 약 1~1.5m
- 열매 크기: 대형

꽃말
가식적인 말, 내 생각

유통 시기

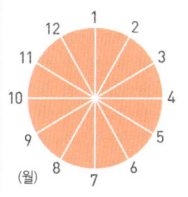

히페리쿰

Tutsan

도토리처럼 생긴 열매 밑에 녹색 꽃받침이 달리는 형태가 특징적이다. 열매는 갈라진 가지 끝에서 위를 향해 달린다.
분홍색이나 크림색, 밝은 녹색 등 파스텔톤의 연한 색부터 빨간색이나 갈색 등 짙은 색까지 종류가 다양하다. 열매의 색은 성숙되면서 미묘하게 그라데이션 형태로 변하기도 한다.
귀여운 분위기가 나는 들꽃과 배합해 내추럴한 어레인지먼트나 부케에 사용한다.

도토리처럼 생긴 열매가 사랑스럽다. 색상의 종류도 다양하다.

- 녹색 꽃받침이 있는 상태로 열매가 성숙된다.
- 큰 잎은 그린 화재로 어레인지먼트에 유용하게 활용된다.
- 습기가 많으면 열매나 잎이 검게 변하므로 주의한다.

Data
식물 분류: 물레나물과 물레나물속
원산지: 북반구를 중심으로 한 온대 지역
일반명: -
유통 길이: 약 30~50cm
열매 크기: 중형
꽃말: 반짝임, 슬픔은 오래가지 않아요
유통 시기:

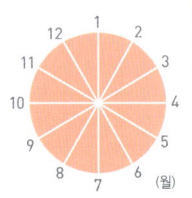
(월)

Arrange memo
관상 기간: 7~14일
물올림: 물속 자르기
주의 사항: 습기가 많으면 열매나 잎이 검게 변하므로 환기가 잘 되는 장소에 장식한다.
잘 어울리는 화재:
알케밀라 몰리스(125쪽)
장미(147쪽)

녹색 열매도 인기가 있다.

그린 편

갤럭스

Beetleweed, Wand plant

Data
식물 분류:
암매과 갈락스속
원산지:
북아메리카 동부
일반명: -
유통 길이:
약 10~20cm
잎 크기: 대형
유통 시기

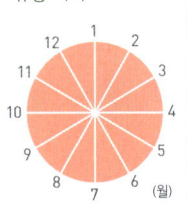

하트 모양의 귀여운 잎은 녹색에 얕은 톱니가 있다. 잎 표면의 광택이 아름다우며 가을에는 구리빛으로 물든 것도 유통된다. 유연해서 말기 쉬우므로 가늘게 말아 사용해도 좋다.

둥근 잎은
쉽게 말 수 있어
활용도 만점!

튼튼하고 물올림이
좋으며 수명도 길다.

Arrange memo

관상 기간: 약 30일
물올림: 물속 자르기
주의 사항: 잎 표면이 오염되면 닦아낸다.
잘 어울리는 화재:
　대부분의 꽃

압화

그린네클리스

String-of-beads senecio

덩굴 형태의 가는 줄기에 육질이 두꺼운 둥근 잎이 목걸이처럼 줄지어 달리는 다육식물이다. 다른 화재나 화기에 감아 두르거나 길게 늘어트리면 어레인지먼트에 재미를 더할 수 있다.

물에 잠긴 부분
은 쉽게 부패하
므로 물을 자주
교체한다.

작은 구슬처럼 둥근 잎이
줄지어 달려 있어
어레인지먼트에 움직임을
만들어준다.

Data
식물 분류:
국화과 금방망이속
원산지: 나미비아
일반명: 녹영
유통 길이:
약 30~60cm
잎 크기: 소형
유통 시기

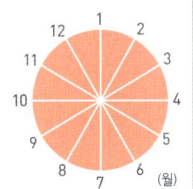

육질이 두꺼운 둥근 잎이
가는 줄기에 줄지어 달린다.

Arrange memo

관상 기간: 7~10일
물올림: 물속 자르기
주의 사항: 물에 잠기면 쉽게 부패하므로 물을 자주 교체한다.
잘 어울리는 화재:
　리시안서스(52쪽)
　장미(147쪽)

화려한 얼룩무늬!
잎의 수명이 길어
관리하기 쉽다.

물에 꽂아두면 뿌리가 자라 화분에 옮겨 심을 수 있다.

드라세나

Dracaena

── Data ──
식물 분류:
백합과 드라세나속
원산지:
열대아시아, 아프리카
일반명: 행운목
유통 길이:
약 30~50cm
잎 크기: 중형·대형
── 유통 시기 ──

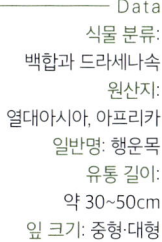

Arrange memo
관상 기간: 약 14일
물올림: 물속 자르기
주의 사항: 잎이 건조해지면 분무기로
물을 뿌린다.
잘 어울리는 화재:
　대부분의 꽃

녹색에 흰색이나 노란색 얼룩무늬가 들어간 것, 가늘고 긴 잎에 빨간색 줄무늬가 들어간 것 등 형태나 색상, 얼룩무늬 등이 다채롭다. 잎의 아름다운 색상이 어레인지먼트에 색채를 더해준다. 튼튼하고 수명이 길다.

램스이어

Lamb's ears

잎이 두툼해서 소량이라도
양감이 생긴다.

허브의 일종으로
보송보송한 감촉이
느껴진다.

── Data ──
식물 분류:
꿀풀과 석잠풀속
원산지: 서아시아
일반명: -
유통 길이:
약 30~50cm
잎 크기: 중형
── 유통 시기 ──

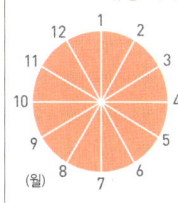

Arrange memo
관상 기간: 5~7일
물올림: 물속 자르기, 열탕처리
주의 사항: 잎이 손상되면 눈에 띄게
되므로 주의한다.
잘 어울리는 화재:
　스모키한 색상의 꽃

드라이플라워　포푸리

이름은 잎의 형태나 촉감이 어린양의 귀를 닮은 데서 유래되었다. 잎 전체가 흰 털로 뒤덮여 있으며 두툼하다. 허브의 일종으로 달콤한 향이 은은하게 감돈다.

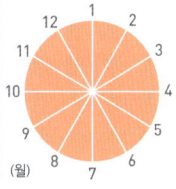

레더펀 루모라고사리

Leatherleaf fern

Data
- 식물 분류: 넉줄고사리과 루모라속
- 원산지: 남반구 지대~온대 지역
- 일반명: -
- 유통 길이: 약 30~100cm
- 잎 크기: 대형
- 유통 시기

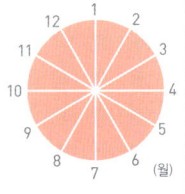

잎 가장자리에 들쭉날쭉한 톱니가 있으며 전체적인 윤곽은 삼각형이다. 가죽 같은 질감과 윤기 도는 짙은 녹색이 특징이다. 물올림이 좋아 관리하기 쉬운 것도 장점이다.

Arrange memo
- 관상 기간: 10~14일
- 물올림: 물속 자르기
- 주의 사항: 잎끝이 쉽게 꺾이므로 다룰 때 주의한다.
- 잘 어울리는 화재:
  - 덴파레(34쪽)
  - 쿠르쿠마(171쪽)

압화

가죽 같은 독특한 질감과 짙은 녹색이 아름답다.

잎끝이 쉽게 꺾이므로 다룰 때 주의한다.

레몬잎

Salal

Data
- 식물 분류: 진달래과 가울테리아속
- 원산지: 북아메리카
- 일반명: -
- 유통 길이: 약 20~30cm
- 잎 크기: 중형
- 유통 시기

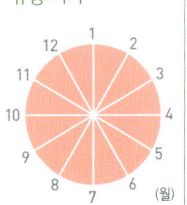

타원형의 둥그스름한 잎은 레몬 과실과 윤곽이 같다. 지그재그로 뻗은 가지 모양이나 어긋나 달린 잎의 자연스러운 움직임이 어레인지먼트에 활용하기 좋아 애용되는 화재다. 물올림이 좋으며 수명도 길다.

Arrange memo
- 관상 기간: 약 14일
- 물올림: 물속 자르기
- 주의 사항: 잎을 1장씩 떼어 사용해도 좋다.
- 잘 어울리는 화재:
  - 대부분의 꽃

드라이플라워

어긋난 잎은 가지를 잘라 나누어서 사용한다.

레몬 모양의 둥그스름한 잎이 귀여우며 가지 모양도 매력적이다.

렉스 베고니아

Rex-begonia

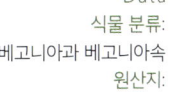

Data
식물 분류: 베고니아과 베고니아속
원산지: 인도, 중국, 일본
일반명: -
유통 길이: 약 10~30cm
잎 크기: 중형·대형

유통 시기

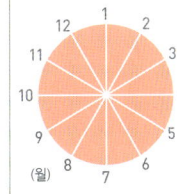

개성이 풍부한 색상과 형태가 다양한 베고니아는 잎을 즐기자!

- 은빛이 감도는 보라색이 독특하다.
- 하트 모양의 가장자리에 짙은 색 테두리가 있다.
- 짙은 갈색에 붉은 무늬가 있다.
- 녹색의 농담 변화가 아름답다.
- 줄기가 붉고 잎 표면에 광택이 있다.

Arrange memo
관상 기간: 7~10일
물올림: 물속 자르기
주의 사항: 추위에 약하므로 따뜻한 장소에 장식한다.
잘 어울리는 화재:
원종 계통의
라케날리아(44쪽)
알스트로메리아(123쪽)

수많은 베고니아 중에서도 아름다운 잎이 돋보여 그린 화재로 인기가 좋다. 범 무늬나 소용돌이치는 듯한 잎 형태 등 개성이 풍부한 무늬와 색상, 형태가 다양하다. 개성이 강한 꽃과 배합한다.

루스쿠스

Butcher's-broom

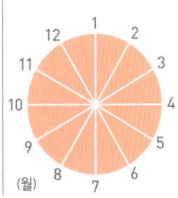

Data
식물 분류: 백합과 루스쿠스속
원산지: 카나리아 제도~ 캅카스 지역
일반명: -
유통 길이: 약 30~50cm
잎 크기: 중형

유통 시기

반들반들한 광택이 있으며 둥그스름한 잎의 형태가 다른 화재와 배합하기 쉬워 인기 있다. 잎으로 보이는 것은 줄기가 변한 것이다. 매우 흡사한 이탈리안 루스쿠스는 잎이 가늘고 길며 다른 종이다.

- 탄탄한 잎은 튼튼해 다루기 쉽다.
- 광택이 있으며 둥그스름한 형태는 활용도가 높다!

Arrange memo
관상 기간: 7~10일
물올림: 물속 자르기
주의 사항: 잘라 나누어서 사용하면 어레인지먼트에 양감이 생긴다.
잘 어울리는 화재:
글라디올러스(19쪽)
오니소갈룸(132쪽)

드라이플라워

맥문동 리리오페 Lilyturf

Data
식물 분류: 백합과 맥문동속
원산지: 중국, 대만, 일본
일반명: 맥문동
유통 길이: 약 30~50cm
잎 크기: 길고 가는 형
유통 시기

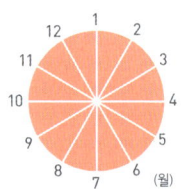

가늘고 긴 잎은 너비가 약 1cm 정도다. 그 자체만으로도 자연스러운 곡선이 아름답지만, 손으로 가볍게 훑으면 동그란 컬을 만들 수 있다. 부드러워서 엮을 수도 있다. 세로 줄무늬가 있는 품종도 있다.

Arrange memo

관상 기간: 7일 전후
물올림: 물속 자르기
주의 사항: 플로랄폼에 꽂을 때는 단단한 아래쪽은 자르지 말고 남겨둔다.
잘 어울리는 화재:
  대부분의 꽃

드라이플라워

플로랄폼에 꽂을 때는 단단한 줄기의 아래쪽을 남겨둔다.

어레인지먼트의 조연으로 활약한다. 리본 같은 컬을 만드는 것도 좋다.

몬스테라 Windowleaf

Data
식물 분류: 천남성과 몬스테라속
원산지: 열대아메리카
일반명: 봉래초
유통 길이: 약 30~60cm
잎 크기: 대형
유통 시기

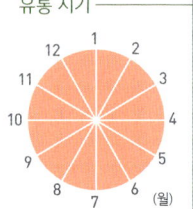

깊게 갈라진 잎이 개성적이다. 꽃을 고정하는 용도로도 좋다.

Arrange memo

관상 기간: 약 5~7일
물올림: 물속 자르기
주의 사항: 잎의 색이 진하고 광택이 있는 것을 고른다.
잘 어울리는 화재:
  스트렐리치아(102쪽)
  헬리코니아(198쪽)

큰 부채와 같은 모양이며, 깊게 갈라져 있다. 잎은 매우 두껍고 진녹색이다. 열대 지방의 분위기가 느껴진다. 잎이 크기 때문에 큰 꽃과 배합한다. 잎의 갈라진 부분이 꽃을 고정해주는 역할도 한다.

민트 Mint

Data
- 식물 분류: 꿀풀과 박하속
- 원산지: 북반구, 남아프리카
- 일반명: 박하
- 유통 길이: 약 10~20cm
- 잎 크기: 중형

유통 시기

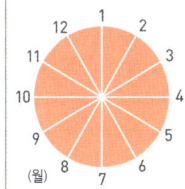

청량감이 넘치는 상쾌한 향이 매력적인 허브!

차나 요리 등에 사용하는 허브로 유명하다. 멘톨이 함유된 청량감 있는 향은 기분 전환 효과도 있다. 많은 품종이 유통되는데 잎의 색상과 형태, 질감 등이 다양하다.

물에 담가두면 뿌리가 나와 분화용으로 사용할 수도 있다.

Arrange memo
- 관상 기간: 5~7일
- 물올림: 물속 자르기
- 주의 사항: 향이 강하므로 향을 좋아하지 않는 사람에게 선물할 때는 특별히 주의한다.
- 잘 어울리는 화재:
  꼬리풀(24쪽)
  윈터 코스모스(138쪽)
  등의 들풀

압화 / 정유

백묘국 더스티밀러 Dustymiller

Data
- 식물 분류: 국화과 금방망이속
- 원산지: 지중해 연안
- 일반명: 백묘국
- 유통 길이: 약 20~50cm
- 잎 크기: 중형

유통 시기

흰 솜털로 뒤덮인 펠트 같은 질감의 잎이 아름다운 상록 다년초다. 은색 식물로 어레인지먼트의 단골 화재다. 육질이 두꺼운 잎이나 레이스처럼 생긴 잎이 달린 품종 등 종류가 다양하다.

은백색의 펠트 같은 촉감이 매력적이다.

잎이나 줄기가 검게 변하지 않은 것을 고른다.

Arrange memo
- 관상 기간: 5~7일
- 물올림: 물속 자르기, 열탕처리
- 주의 사항: 잎이 물에 잠기면 검게 변하기 쉬우므로 주의한다.
- 잘 어울리는 화재:
  스트로베리 캔들(103쪽)
  장미(147쪽)

드라이플라워

베어그라스

Bear grass

Data
식물 분류:
백합과 크세로필룸속
원산지: 북아메리카
일반명: -
유통 길이:
약 50~100cm
잎 크기: 길고 가는 형
유통 시기

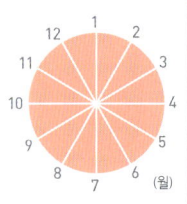

선 모양으로 뻗은 가는 잎의 유연한 라인이 돋보인다.

밑동은 연녹색이며, 줄기 끝으로 갈수록 윤기 도는 진녹색이다.

Arrange memo

관상 기간: 약 30일
물올림: 물속 자르기
주의 사항: 단을 묶어 사용해도 좋다.
잘 어울리는 화재:
　대부분의 꽃

드라이플라워

선 모양으로 뻗은 잎은 단단하고 튼튼하다. 흐르는 듯한 라인을 그대로 살리거나 손으로 가볍게 훑어 곡선을 만들 수도 있다. 어레인지먼트에 움직임을 연출하고자 할 때 유용하다.

사라세니아

Pitcher plant

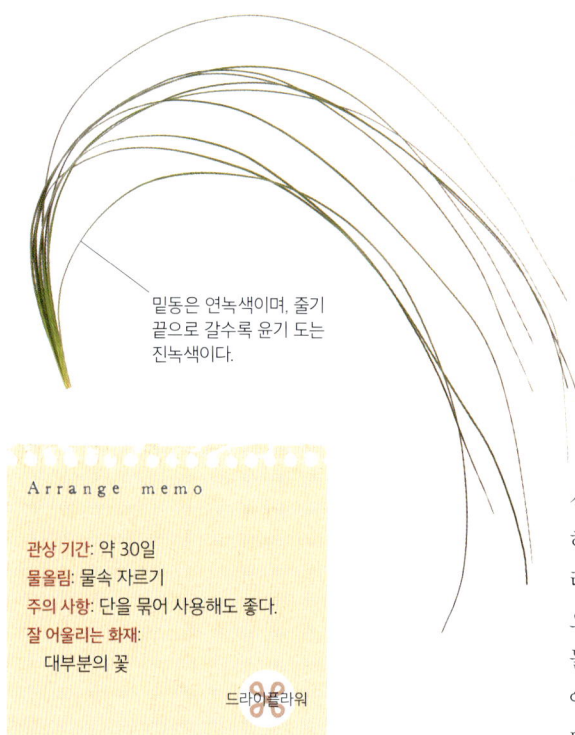

식충식물 특유의 통 모양 잎이 인상적이다.

봄부터 초여름까지 피는 꽃은 잎과 별도로 유통되기도 한다.

Data
식물 분류:
사라세니아과
사라세니아속
원산지: 북아메리카
일반명: 병자초
유통 길이:
약 20~30cm
잎 크기: 중형
유통 시기

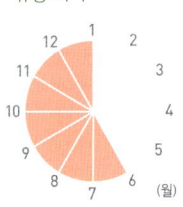

Arrange memo

관상 기간: 약 7~14일
물올림: 물속 자르기
주의 사항: 줄기의 절단면이 무른 편이므로 자주 재절단한다.
잘 어울리는 화재:
　구즈마니아(15쪽)
　맨드라미(61쪽)
　핀쿠션(194쪽)

드라이플라워

작은 벌레를 잡아먹는 식충식물로, 봄가을에 곤충을 유인하는 '벌레잡이잎'이라는 잎이 자란다. 벌레잡이잎은 독특한 통 모양이어서 매우 특이하다. 잎 모양과 그물 무늬가 돋보이는 참신한 어레인지먼트를 만들어보자.

센티드 제라늄 — 허브 제라늄

Scented geranium

잎에서 허브 특유의 상쾌한 향이 나는 것이 특징이다. 레몬 같은 향이 나는 로즈제라늄이나 민트 향과 비슷한 향이 나는 민트제라늄 등이 있다. 일반적인 제라늄에 비해 잎이 여리고 작다.

장미나 민트를 연상시키는 상쾌한 향!

Data
- 식물 분류: 쥐손이풀과 제라늄속
- 원산지: 남아프리카
- 일반명: -
- 유통 길이: 약 10~30cm
- 잎 크기: 중형
- 유통 시기

Arrange memo
- 관상 기간: 5~7일
- 물올림: 물속 자르기
- 주의 사항: 습기에 약하므로 잎이 젖지 않도록 한다.
- 잘 어울리는 화재: 대부분의 꽃

속새

Horsetail, Scouring rush

길게 뻗은 줄기에 가는 대나무처럼 생긴 모양이 독특하다. 다화로 인기가 많으며 일본식 정원에 많이 심어 일본 이미지가 강한 식물이다. 짧게 잘라 다발을 지어 사용하면 서양풍 어레인지먼트에 잘 어울린다.

직선적인 라인이 모던한 공간을 연출한다. 동서양풍에 모두 어울리는 화재다.

줄기에 마디가 뚜렷하다.

줄기 속이 비어 있어 쉽게 구부릴 수 있다.

Data
- 식물 분류: 속새과 속새속
- 원산지: 북반구 온대 지역
- 일반명: 속새
- 유통 길이: 약 30~100cm
- 잎 크기: 길고 가는 형
- 유통 시기

Arrange memo
- 관상 기간: 7~10일
- 물올림: 물속 자르기
- 주의 사항: 구부려서 사용할 때는 마디에서 꺾어 구부린다.
- 잘 어울리는 화재:
  - **국화**(16쪽)
  - **난 종류**
  - 등의 동양적인 꽃
  - **다알리아**(31쪽)

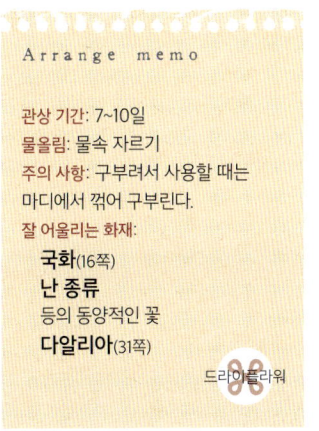

슈가바인
Sugar-vine

Data
- 식물 분류: 포도과 담쟁이덩굴속
- 원산지: 중국, 일본
- 일반명: -
- 유통 길이: 약 30~80cm
- 잎 크기: 중형
- 유통 시기

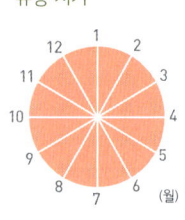

덩굴성 줄기는 유연해서 다루기 쉽다.

잎은 손바닥을 펼친 듯한 모양이다.

손바닥을 펼친 듯한 모양의 작은 잎이 귀엽고 발랄해 보인다. 줄기는 덩굴성이며 유연하고 가볍게 늘어져 내추럴한 이미지를 준다. 어레인지먼트에 더하면 전체적인 분위기가 부드러워진다.

사랑스러운 작은 잎!
내추럴한
어레인지먼트에 좋다.

Arrange memo
- 관상 기간: 7~14일
- 물올림: 물속 자르기
- 주의 사항: 덩굴이 엉키지 않도록 다룰 때 주의한다.
- 잘 어울리는 화재:
  - **아네모네**(111쪽)
  - **툴바기아**(179쪽)

스마일락스
Smilax asparagus

Data
- 식물 분류: 백합과 비짜루속
- 원산지: 남아프리카
- 일반명: -
- 유통 길이: 약 1m
- 잎 크기: 소형
- 유통 시기

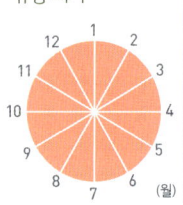

짙은 녹색을 띠는 작은 잎이 수많이 달린다.

흐르는 듯한 줄기의 라인이 아름답다. 결혼식에도 잘 어울린다.

수많은 작은 잎이 달린 줄기의 흐르는 듯한 부드러운 라인이 아름답다. 잎의 짙은 녹색이 산뜻하다. 신부 부케나 테이블 장식화로 친숙한 화재다.

잎이 쉽게 손상되므로 다룰 때 주의한다.

Arrange memo
- 관상 기간: 5~7일
- 물올림: 물속 자르기, 열탕처리
- 주의 사항: 잎이 쉽게 손상되므로 다룰 때 주의한다.
- 잘 어울리는 화재:
  - **리시안서스**(52쪽)
  - **장미**(147쪽)

압화

스모크그라스
Witch grass

줄기의 끝부분이나 마디에 달리는 이삭이 '연기'처럼 보여 유래된 이름이다. 어레인지먼트에 청량감 있는 분위기를 연출해준다. 잎을 적당히 제거해 이삭의 섬세한 모양이 돋보이게 한다.

연기처럼 가볍고 부드럽게 펼쳐지는 이삭이 시원한 인상을 준다.

줄기 속이 비어 있어 쉽게 꺾이므로 주의한다.

이삭은 연기처럼 가볍고 부드럽게 펼쳐진다.

Data
- 식물 분류: 볏과 기장속
- 원산지: 북아메리카
- 일반명: -
- 유통 길이: 약 50~80cm
- 잎 크기: 중형
- 유통 시기

Arrange memo
- 관상 기간: 5~7일
- 물올림: 물속 자르기
- 주의 사항: 줄기가 쉽게 꺾이므로 다룰 때 주의한다.
- 잘 어울리는 화재:
  - **백합**(71쪽)
  - **해바라기**(195쪽)

드라이플라워

스테모나 자포니카
Stemona

밝은 녹색과 세로 방향으로 난 잎맥이 시원한 느낌을 준다. 나선형으로 굽은 줄기 라인도 부드러운 표정을 연출한다. 동양풍 꽃꽂이 화재로 인기가 있으며 내추럴한 분위기는 서양풍에도 적합하다.

윤기 나는 잎의 색상과 나선형으로 굽은 줄기의 라인이 아름답다.

잎을 적당히 솎아내면 구불구불하게 굽은 줄기의 라인이 돋보인다.

잎은 밝은 녹색을 띠며, 잎맥은 세로 방향이다.

Data
- 식물 분류: 백부과 백부속
- 원산지: 중국
- 일반명: 파부초
- 유통 길이: 약 30~80cm
- 잎 크기: 중형
- 유통 시기

Arrange memo
- 관상 기간: 약 7일
- 물올림: 물속 자르기
- 주의 사항: 줄기의 라인을 최대한 살려 연출한다.
- 잘 어울리는 화재:
  - **칼라**(166쪽)
  - **프리지아**(192쪽)

압화

스틸그라스

Blackboy, Grass tree

Data
- 식물 분류: 크산토로이아과 크산토로이아속
- 원산지: 오스트레일리아
- 일반명: -
- 유통 길이: 약 1~2m
- 잎 크기: 길고 가는 형
- 유통 시기

가늘고 긴 잎은 '스틸(강철)'이라는 이름대로 상당히 단단한 편이다. 직선적인 라인을 살려 높이감 있는 어레인지먼트 등에서 활약한다. 가을에는 흰색 꽃이삭도 유통된다.

끝부분이 단단하고 뾰족하므로 다룰 때 주의한다.

강철처럼 단단한 잎의 직선적인 라인이 매력적이다.

Arrange memo
- 관상 기간: 약 21일
- 물올림: 물속 자르기
- 주의 사항: 지나치게 구부리면 부러지기도 한다.
- 잘 어울리는 화재:
  - **백합**(71쪽)
  - **불비네라**(79쪽)

드라이플라워

시계꽃 패션플라워

Passion flower

잎이 불가사리처럼 생겼다.

Data
- 식물 분류: 시계꽃과 시계꽃속
- 원산지: 중앙·남아메리카
- 일반명: 시계꽃, 시계초
- 유통 길이: 약 60~120cm
- 잎 크기: 중형
- 유통 시기

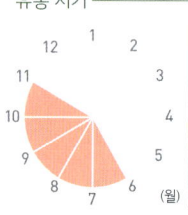

손바닥 모양의 잎과 덩굴의 자유로운 움직임이 내추럴한 인상을 준다.

덩굴손이 주변을 휘감을 수도 있다.

시계 문자판처럼 생긴 꽃이 인상적인 열대식물이다. 꽃은 개화 시기가 짧아 그린 화재로 주로 유통된다. 덩굴성 줄기와 불가사리 모양의 잎이 내추럴한 인상을 준다.

Arrange memo
- 관상 기간: 약 7일
- 물올림: 물속 자르기, 열탕처리
- 주의 사항: 덩굴이 잘 엉키므로 다룰 때 주의한다.
- 잘 어울리는 화재:
  - **수국**(87쪽)
  - **장미**(147쪽)

아레카야자

Areca palm, Butterfly palm

야자 중에서도 잎의 형태가 특히 아름다운 남국의 그린 화재!

열대 분위기가 물씬 풍기는 야자의 근연종이다. 관엽식물로도 친숙한 그린 화재다. 위를 향해 펼쳐지며 길게 뻗은 잎은 우아한 인상을 준다. 역동적인 어레인지먼트에도 적합하다.

수분을 좋아하는 남국 식물이므로 물 공급에 유의한다.

Arrange memo
- 관상 기간: 7~10일
- 물올림: 물속 자르기
- 주의 사항: 탈수 상태가 되면 잎끝이 처지므로 물올림을 충분히 한다.
- 잘 어울리는 화재:
  스트렐리치아(102쪽)
  헬리코니아(198쪽)
  등의 열대성 꽃

Data
- 식물 분류: 야자나무과 딥시스속
- 원산지: 마다가스카르섬
- 일반명: 황야자
- 유통 길이: 약 60~100cm
- 잎 크기: 대형

유통 시기

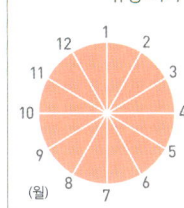

아스파라거스

Asparagus

가는 줄기에 바늘처럼 생긴 잎이 빽빽이 달린 청량감 있는 그린 화재다. 줄기나 잎이 부드러워 쉽게 꺾이는 종류나 잎이 쉽게 떨어지는 종류도 있으므로 유의한다. 덩굴성 종류도 있다.

가는 줄기에 빽빽이 달려 가볍게 펼쳐진 잎이 시원한 분위기를 연출한다.

잎으로 보이는 것은 가지가 변한 '헛잎'이다.

Arrange memo
- 관상 기간: 5~7일
- 물올림: 물속 자르기
- 주의 사항: 잎이 우수수 떨어지는 종류도 있으므로 다룰 때 주의한다.
- 잘 어울리는 화재:
  마트리카리아(59쪽)
  등의 작은 꽃
  칼라(166쪽)
  등의 라인플라워

Data
- 식물 분류: 백합과 비짜루속
- 원산지: 남아프리카
- 일반명: 볏짚두름, 멸대, 열대
- 유통 길이: 약 50~100cm
- 잎 크기: 소형

유통 시기

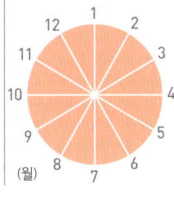

아이비 헤데라

Ivy, English ivy

Data
식물 분류:
두릅나무과 송악속
원산지:
유럽, 북아프리카, 서아시아
일반명: 서양송악
유통 길이:
약 30~60cm
잎 크기: 중형·대형
유통 시기

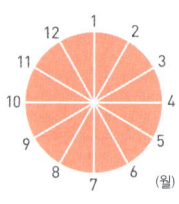

관엽식물로도 인기 있는 화재다. 덩굴성이며 잎의 크기나 색상, 형태, 얼룩무늬 등 종류가 다양하다. 잎의 수명이 긴 것도 장점이다. 탈수 현상이 나타나면 깊은 물에 담가둔다.

수명이 길고 품종이 다양해 인기 좋은 덩굴성 그린 화재!

서리를 맞아 단풍이 든 잎도 유통된다.

1장씩 유통되는 큰 잎도 있다.

Arrange memo

관상 기간: 약 30일
물올림: 물속 자르기, 깊게 담그기
주의 사항: 탈수 현상이 나타났을 때 물에 담가두면 싱싱해진다.
잘 어울리는 화재:
  대부분의 꽃

압화

엄브렐러 펀

Umbrella fern

Data
원산지:
오스트레일리아
일반명: -
유통 길이:
약 50~80cm
잎 크기: 대형
유통 시기

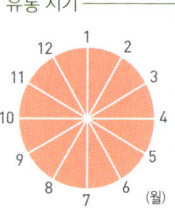

우산 모양으로 펼쳐지는 독특한 잎은 어레인지먼트에 역동감을 더한다.

방사형으로 펼쳐진 잎의 방향이 가지런한 것을 고른다.

Arrange memo

관상 기간: 약 7일
물올림: 물속 자르기
주의 사항: 잎이 오그라들지 않도록 직사광선은 피한다.
잘 어울리는 화재:
  레우카덴드론(47쪽)
  프로테아(191쪽)
  등의 오스트레일리아 원산의 꽃

잎이 우산처럼 방사형으로 펼쳐지며 소형 야자나무처럼 생긴 양치식물의 근연종이다. 길게 뻗은 잎의 라인이 생동감 넘치는 역동적인 이미지를 연출한다. 부케의 밑받침 등으로 활약한다.

엽란

Barroom Plant

잎맥이 세로 방향이다.

잎을 둥글게 말거나 찢어서 사용하면 다른 표정을 즐길 수 있다.

잎의 폭이 넓고 튼튼하며 수명이 길다. 연출하기에 따라 다채로운 표정을 즐길 수 있다.

Data
식물 분류: 백합과 엽란속
원산지: 중국
일반명: 엽란, 옆란풀, 잎난초
유통 길이: 약 30~50cm
잎 크기: 대형
유통 시기

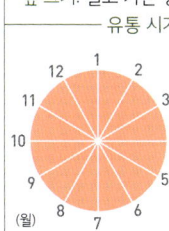

신선하고 생기 있는 진녹색 잎은 유연하고 튼튼하다. 둥글게 말거나 세로로 잎맥을 따라 찢는 등 다양한 방법으로 사용할 수 있다. 흰색이나 크림색 세로 줄무늬, 잎끝에 흰색 얼룩무늬가 있는 종류도 있다.

Arrange memo

관상 기간: 14일 이상
물올림: 물속 자르기
주의 사항: 잎이 건조해지면 젖은 천으로 닦는다.
잘 어울리는 화재:
　대부분의 꽃

오크롤레우카 아이리스

Tall iris

날렵한 잎은 선명한 연두색을 띤다.

잎은 쉽게 꺾이므로 다룰 때 주의한다.

산뜻한 연두색을 띠며 곧게 뻗은 잎은 끝부분까지 날렵하다.

Data
식물 분류: 붓꽃과 붓꽃속
원산지: 터키
일반명: -
유통 길이: 약 80~120cm
잎 크기: 길고 가는 형
유통 시기

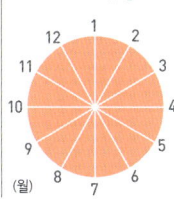

검처럼 날렵한 잎 모양이 특징이다. 선명한 연두색도 산뜻하다. 그린 화재로 쓰는 경우가 많지만, 계절에 따라서는 청보라색이나 흰색, 노란색 꽃이 달린 것이 유통되기도 한다.

Arrange memo

관상 기간: 7~10일
물올림: 물속 자르기
주의 사항: 쉽게 꺾이므로 다룰 때 주의한다
잘 어울리는 화재:
　아이리스(118쪽)
　알리움(122쪽)

울리부시

Woollybush

Data
- 식물 분류: 프로테아과 아데난토스속
- 원산지: 오스트레일리아
- 일반명: -
- 유통 길이: 약 50~60cm
- 열매 크기: 소형
- 유통 시기

가는 바늘 모양의 잎이 흰 털에 뒤덮여 있다.

자연의 멋이 물씬 풍기는 독특한 바늘 모양의 잎! 그대로 드라이플라워가 되기도 한다.

Arrange memo

- 관상 기간: 7~14일
- 물올림: 물속 자르기
- 주의 사항: 꽃이 달려 있는 것은 탈수 현상이 나타나면 쉽게 시든다.
- 잘 어울리는 화재:
  - 세루리아(85쪽)
  - 왁스플라워(135쪽)

드라이플라워

가는 바늘 모양의 잎이 흰 털로 뒤덮여 있으며 야생적인 풍취를 지닌 오스트레일리아 원산의 식물이다. 튼튼하고 수명이 길며 꽃이 달리지 않은 것은 그대로 드라이플라워가 된다.

유칼립투스

Gum tree

Data
- 식물 분류: 도금양과 유카리속
- 원산지: 오스트레일리아
- 일반명: -
- 유통 길이: 약 30~50cm
- 잎 크기: 소형
- 유통 시기

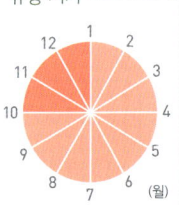

작고 둥근 잎이 마주난다.

개성 있는 잎의 색상과 형태가 어레인지먼트의 표정을 풍부하게 연출한다.

Arrange memo

- 관상 기간: 10~14일
- 물올림: 물속 자르기
- 주의 사항: 호불호가 있을 수 있는 냄새가 나므로 주의한다.
- 잘 어울리는 화재:
  - 대부분의 꽃

드라이플라워 정유

냄새는 호불호가 있을 수 있으니 과도하게 사용하지 않는다.

가는 가지에 달리는 작고 둥근 잎이 매력적이다. 회색이 감도는 은백색 잎의 색상이 독특하다. 가늘고 긴 잎이 달리는 품종도 있다. 잎의 수명이 길며 그대로 드라이플라워가 되기도 한다.

긴 칼 모양의 가늘고 긴 잎은 단단하고 튼튼해서 뉴질랜드 원주민은 이 잎에서 채취한 섬유로 뗏목을 만들었을 정도다. 라인이 선명한 어레인지먼트에 적합하다. 흰색이나 빨간색, 노란색 세로 줄무늬가 있는 품종도 있다.

긴 칼처럼 예리한 잎이 강인한 인상을 준다. 세로 줄무늬가 있는 종류도 있다.

잎맥을 따라 찢거나 꼴 수 있고 심지어 엮을 수도 있다.

잎새란

New Zealand flax

―― Data ――
식물 분류: 백합과 뉴질랜드삼속
원산지: 뉴질랜드
일반명: 무늬뉴질랜드삼, 신서란, 잎새란
유통 길이: 약 1m
잎 크기: 길고 가는 형
―― 유통 시기 ――

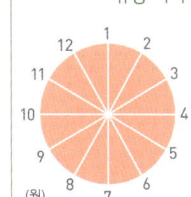

Arrange memo

관상 기간: 7~10일
물올림: 물속 자르기
주의 사항: 예리한 잎에 손을 베이지 않도록 주의한다.
잘 어울리는 화재:
　스토크(100쪽)
　칼라(166쪽)

작은 잎이 줄기의 양쪽으로 촘촘히 가지런하게 나 있는 형태가 아름답다. 다양한 꽃을 돋보이게 하는 그린 화재로 동서양풍에 모두 사용할 수 있다. 장미와 배합하면 진부해 보일 수 있으니 개성적인 꽃과 배합해보자.

동서양풍에 모두 잘 어울리는 인기 있는 그린 화재. 어레인지먼트에 많이 사용하는 화재다.

줄고사리

Nephrolepis cordifolia

―― Data ――
식물 분류: 넉줄고사리과 줄고사리속
원산지: 일본, 열대 지방
일반명: 줄고사리
유통 길이: 약 20~60㎝
잎 크기: 길고 가는 형
―― 유통 시기 ――

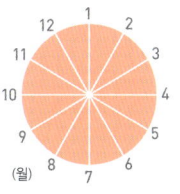

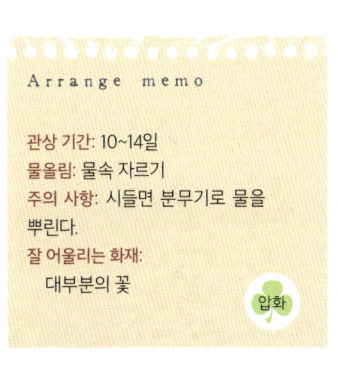

Arrange memo

관상 기간: 10~14일
물올림: 물속 자르기
주의 사항: 시들면 분무기로 물을 뿌린다.
잘 어울리는 화재:
　대부분의 꽃

압화

진황정

King Solomon's seal

Data
식물 분류:
백합과 둥굴레속
원산지: 일본
일반명:
진황정, 대잎둥글레
유통 길이:
약 50~80cm
잎 크기: 중형
유통 시기:

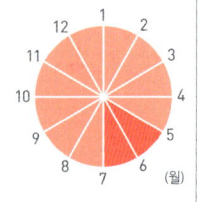
(월)

유연한 줄기와
얼룩무늬 잎이
아름답다.

각지의 초원에 자생하는 식물이다. 활 모양으로 굽은 줄기에 얼룩무늬가 들어간 잎이 달린다. 주로 유통되는 것은 잎의 폭이 넓은 '무늬둥굴레'라는 품종이다. 쉽게 무르므로 습도가 높은 곳은 피한다.

아래쪽 잎부터 누렇게 변색되므로 수시로 제거한다.

흰색 얼룩무늬가 잎끝에 있다.

Arrange memo

관상 기간: 5~7일
물올림: 물속 자르기
주의 사항: 아래쪽 잎부터 누렇게 변하기 시작하므로 수시로 제거한다.
잘 어울리는 화재:
꼬리풀(24쪽)
미야코와스레(67쪽)
등의 동양풍 들풀

압화

케일

Kale, Borecole

Data
식물 분류:
십자화과 배추속
원산지:
지중해 연안
일반명: -
유통 길이:
약 20~30cm
잎 크기: 중형·대형
유통 시기:

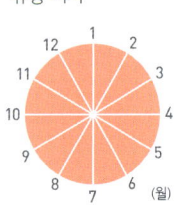
(월)

품종에 따라 색이나 프릴 형태는 각양각색이다.

프릴 형태의 잎이 화려하다. 주목받는 새로운 화재다.

녹즙 원료로 유명하지만, 새로운 화재로 주목을 받고 있다. 잎 가장자리의 오글거리는 프릴이 화려하다. 보라색이나 녹색의 그라데이션이 아름다운 것 등을 어레인지먼트 포인트로 사용한다.

Arrange memo

관상 기간: 14~21일
물올림: 물속 자르기
주의 사항: -
잘 어울리는 화재:
민트(253쪽)
블랙베리(236쪽)

코알라 펀

Koala fern

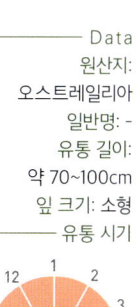

Data
원산지: 오스트레일리아
일반명: -
유통 길이: 약 70~100cm
잎 크기: 소형

유통 시기

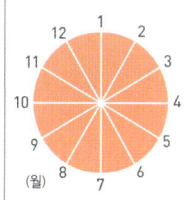

오스트레일리아 해안에서 자라는 식물이다. 이름의 유래는 가는 선 모양의 잎이 코알라 꼬리와 흡사해 붙여졌다. 해안의 모래땅에 자생하므로 건조한 환경에 강한 것이 특징이다.

부드럽고 가는 잎은 마치 코알라의 털 같다.

잎은 부드럽고 가늘다.

줄기에 대나무 같은 갈색 마디가 있다.

Arrange memo

관상 기간: 7~14일
물올림: 물속 자르기
주의 사항: -
잘 어울리는 화재:
　거베라(12쪽)
　알스트로메리아(123쪽)

드라이플라워

코키아

pearl bluebush

세로로 늘씬하게 뻗은 줄기에 다육성 잎이 빽빽이 달린다. 잎은 하얀 솜털을 두르고 있어 흰 눈에 살짝 덮인 것처럼 보여서 크리스마스 어레인지먼트 등에 많이 사용된다.

은백색의 작은 잎은 다육성이다.

은백색 줄기와 잎이 미니어처 리스 같다. 크리스마스에 제격이다.

Data
식물 분류: 명아주과 마이레아나속
원산지: 지중해 연안, 남서아시아, 오스트레일리아
일반명: -
유통 길이: 약 50~60cm
잎 크기: 소형

유통 시기

물올림이 원활하지 않으면 잎이 우수수 떨어진다.

Arrange memo

관상 기간: 14~21일
물올림: 물속 자르기, 열탕처리, 줄기 쪼개기
주의 사항: 절단면에 칼집을 넣으면 물올림이 좋아진다.
잘 어울리는 화재:
　브루니아(80쪽)
　플란넬 플라워(193쪽)

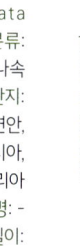

쿠커버러 오시

Philodendron kookaburra

Data
식물 분류:
천남성과 필로덴드론속
원산지:
열대아메리카
일반명: -
유통 길이:
약 30~50cm
잎 크기: 대형
유통 시기

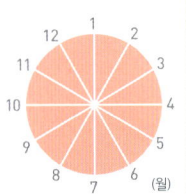

갈라진 잎이 개성적이다.
긴 줄기는 구부려서
사용해도 좋다.

상처가 나면 눈에 띄므로 다룰 때 주의한다.

Arrange memo

관상 기간: 약 14일
물올림: 물속 자르기
주의 사항: 상처가 나면 쉽게 눈에 띄므로 다룰 때 주의한다.
잘 어울리는 화재:
국화(16쪽)
다알리아(31쪽)

잎은 가죽 같은 광택이 나고 두꺼우며 깊게 갈라진 모습이 열대식물 특유의 이국적인 인상을 준다. 줄기는 굵고 긴 것이 특징이다. 줄기를 손으로 가볍게 훑어 구부려서 움직임을 연출할 수 있다.

크리핑 라즈베리

Creeping raspberry

Data
식물 분류:
장미과 산딸기속
원산지: 대만
일반명: -
유통 길이:
약 30~60cm
잎 크기: 소형
유통 시기

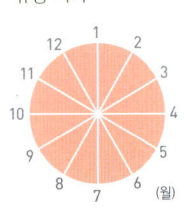

잎 표면에는 오그랑한 주름이 있다.

잎이 무르지 않고 튼튼해 다루기 편하다.

잎 뒷면은 흰 털로 뒤덮여 있다.

잎은 단단하고 튼튼하다.

잎의 형태가 아이비와 비슷한 덩굴성 식물이다. 잎 표면에는 오그랑한 주름이 있으며 뒷면은 흰 털로 뒤덮여 있다. 가을에는 아름답게 단풍이 든 잎도 유통된다.

Arrange memo

관상 기간: 7~14일
물올림: 물속 자르기
주의 사항: 잎의 앞면과 뒷면이 적절히 보이도록 꽂는다.
잘 어울리는 화재:
아게라툼(110쪽)
천일홍(158쪽)

압화

큰고랭이

Softstem bulrush

물가나 늪 등의 습지에 자생하는 식물이다. 위를 향해 곧게 뻗은 줄기 끝에 적갈색의 작은 꽃이 달린다. 왠지 모르게 시원해 보이는 자태 덕분에 초여름 화재로 인기가 많다.

Data
- 식물 분류: 사초과 고랭이속
- 원산지: 일본
- 일반명: 큰고랭이, 큰골
- 유통 길이: 약 1~1.5m
- 잎 크기: 길고 가는 형
- 유통 시기

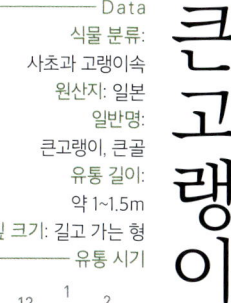

줄기 끝에 적갈색의 작은 꽃이 달린다.

곧게 뻗은 녹색 줄기가 청량감을 준다. 초여름 어레인지먼트 화재로 제격이다.

줄기는 속이 비어 있어 쉽게 구부릴 수 있다.

Arrange memo
- 관상 기간: 약 7일
- 물올림: 물속 자르기
- 주의 사항: 구부려서 사용해도 좋다.
- 잘 어울리는 화재:
  - **글라디올러스**(19쪽)
  - **오니소갈룸**(132쪽)

드라이플라워

수염틸란드시아 틸란드시아 우스네오이데스

Usneoides

물을 공급하지 않아도 공기 중의 수분을 흡수해 자라는 에어플랜트의 근연종이다. 이국적인 은녹색 잎과 부드러운 줄기를 휘감아 부케 등의 포인트로 사용한다.

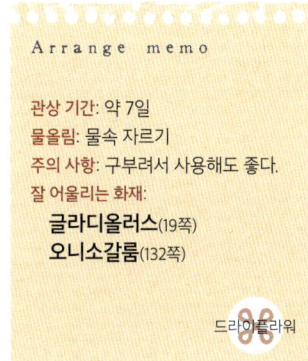

분무기로 적셔주면 아름다운 상태를 유지할 수 있다.

Data
- 식물 분류: 파인애플과 틸란드시아속
- 원산지: 북아메리카 남부, 중남미
- 일반명: -
- 유통 길이: 약 30~50cm
- 잎 크기: 소형
- 유통 시기

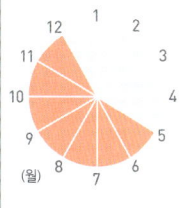

이국적인 자태가 강한 존재감을 드러낸다. 개성적인 어레인지먼트에 좋다.

Arrange memo
- 관상 기간: 30일 이상
- 물올림: -
- 주의 사항: 건조한 환경에 강하지만, 3~4일에 1회 정도 분무기로 적셔준다.
- 잘 어울리는 화재:
  - 스모키한 색상의 꽃
  - **램스 이어**(249쪽) 등의 은색 계열 잎

파초일엽 아스플레니움 Spleenwort

Data
- 식물 분류: 꼬리고사리과 꼬리고사리속
- 원산지: 일본, 대만
- 일반명: 파초일엽
- 유통 길이: 약 80~120cm
- 잎 크기: 대형
- 유통 시기

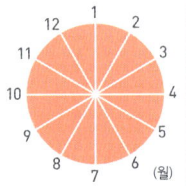

잎은 튼튼하고 수명이 길다.

폭이 넓은 잎을 자유자재로 연출해보자. 물에 담가도 쉽게 부패하지 않는다.

광택이 있는 에메랄드그린색 잎은 파도치는 모습을 연상시킨다. 잎은 쉽게 손상되지 않으며 물에 담가두어도 쉽게 부패하지 않는다. 둘둘 말거나 접어서 꽃 고정용으로 이용하거나 가늘게 찢어 사용하는 등 자유자재로 사용할 수 있다.

Arrange memo
- 관상 기간: 7~14일
- 물올림: 물속 자르기
- 주의 사항: 둥글게 말고, 접고, 찢어서 사용할 수 있다.
- 잘 어울리는 화재: **오니소갈룸**(132쪽) **칼라**(166쪽) 등의 라인플라워

플렉시 그라스 Flexi grass

Data
- 원산지: 오스트레일리아
- 일반명: -
- 유통 길이: 약 80~100cm
- 잎 크기: 길고 가는 형
- 유통 시기

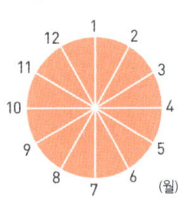

탄성이 있어 꼬는 것도 엮는 것도 자유자재로!

탄성이 있어 다루기 편하므로 말아서 링을 만들 수 있다.

'스틸 그라스'(258쪽)는 쉽게 꺾이며, '베어 그라스'(254쪽)는 곧게 서지 않는 반면 '플렉시 그라스'는 탄성이 매우 좋다. 곧게 세우거나 하나로 모아 꼬거나 엮을 수 있다.

Arrange memo
- 관상 기간: 14~21일
- 물올림: 물속 자르기
- 주의 사항: 끝부분이 뾰족하므로 다룰 때 주의한다.
- 잘 어울리는 화재: 대부분의 꽃

피토스포룸

Kohuhu, Tawhiwhi

잎이 쉽게 떨어지므로 충분히 흔들어 떨어낸 후 사용한다.

가는 가지는 여러 갈래로 갈라지며 부드럽게 굽은 작은 잎들이 많이 달린다. 흰색이나 크림색 테두리나 얼룩무늬가 있는 것도 유통된다. 분무기 등으로 건조해지지 않도록 신경 쓰면 오랫동안 관상할 수 있다.

Data
- 식물 분류: 돈나무과 돈나무속
- 원산지: 뉴질랜드
- 일반명: 얇은잎돈나무
- 유통 길이: 약 30~50cm
- 잎 크기: 중형
- 유통 시기

Arrange memo
- 관상 기간: 약 10일
- 물올림: 물속 자르기
- 주의 사항: 건조한 환경이나 고온에 약하므로 분무기로 수분을 공급해준다. 사용하기 전에 잎을 흔들어 떨어낸다.
- 잘 어울리는 화재: 대부분의 꽃

압화

얼룩무늬 잎이 앙증맞다. 건조해지지 않도록 한다.

필로덴드론

Horsehead philodendron

'쿠커버러'(266쪽)와 동속이지만 한층 더 큰 잎이 달린다. 잎은 두껍고 표면에 반들반들한 광택이 있다. 잎의 크기에 버금가는 커다란 꽃과 배합해 열대 분위기를 연출한다.

강렬한 인상을 주는 커다란 잎! 열대 분위기로 연출해보자.

물올림이 좋으며 비교적 수명이 길다.

Data
- 식물 분류: 천남성과 필로덴드론속
- 원산지: 열대아메리카
- 일반명: -
- 유통 길이: 약 20~100cm
- 잎 크기: 대형
- 유통 시기

Arrange memo
- 관상 기간: 약 7일
- 물올림: 물속 자르기
- 주의 사항: 잎에 묻은 먼지 등은 젖은 천으로 닦아낸다.
- 잘 어울리는 화재: 다알리아(31쪽) 아마릴리스(113쪽)

헬리크리섬

Everlasting, Immortelle

Data
식물 분류:
국화과 헬리크리섬속
원산지: 남아프리카
일반명: -
유통 길이:
약 30~60cm
잎 크기: 소형
유통 시기

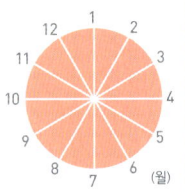

달걀 모양의 작은 잎은 보송보송한 흰 털에 뒤덮여 있어 부드럽다. 구불구불하게 굽은 줄기의 라인은 아름다우며 내추럴한 인상을 준다. 은녹색 외에 라임색 잎이 달리는 종류도 있다.

Arrange memo

관상 기간: 3~5일
물올림: 물속 자르기, 열탕처리
주의 사항: 새순의 끝부분을 자르면 수명 연장에 도움이 된다.
잘 어울리는 화재:
　마트리카리아(59쪽)
　천일홍(158쪽)

달걀 모양의 작은 잎과 줄기의 라인이 내추럴한 인상을 준다.

새순의 끝부분을 잘라주면 수명이 길어진다.

잎이 물에 잠기면 검게 변하므로 미리 제거한다.

호스타

Plantain lily

Data
식물 분류:
백합과 비비추속
원산지: 일본
일반명: -
유통 길이:
약 30~50cm
잎 크기: 중형
유통 시기

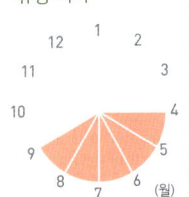

잎맥이 아름다운 그린 화재. 둥근 잎은 모든 화재와 잘 어울린다.

Arrange memo

관상 기간: 7~10일
물올림: 물속 자르기
주의 사항: 잎 표면이 지저분하면 닦아준다.
잘 어울리는 화재:
　안스리움(121쪽)
　칼라(166쪽)

둥근 잎 모양과 완만한 곡선을 이루는 잎맥이 아름다운 그린 화재다. 여름에는 꽃이 피는데 꽃의 수명이 짧아서 절화로는 적합하지 않으므로 잎만 유통된다. 녹색 외에 무늬가 있는 잎이나 노란색 잎이 있다.

꽃과 플라워
어레인지먼트의
기초 지식

lesson I 화재 알고 선택하기

꽃을 장식하기에 앞서 화재의 종류와 특성 등을 알아봅시다. 꽃받침과 잎, 줄기 등에 관해서도 다시 확인해두세요. 화재에 대해 숙지하면 신선하고 목적에 맞는 것을 선택할 수 있습니다.

생화, 드라이플라워, 프리저브드플라워, 아트플라워(조화)를 총칭해 '화재'라고 합니다. 일반적으로 동양 꽃꽂이나 플라워 어레인지먼트에 사용되는 화재는 살아 있는 상태의 '생화'입니다. 꽃이 핀 초화류나 구근화는 '꽃', 나무의 가지 부분을 자른 것을 '가지류', 열매가 달린 상태로 유통되는 것을 '열매류', 잎을 활용하는 화재는 '그린'이라고 부릅니다.

화재의 종류

꽃
꽃이 핀 상태로 유통되는 초화류나 구근화를 가리킨다. 꽃의 색상이나 형태를 즐기며, 어레인지먼트의 주인공이다.

가지류
나무의 가지 부분을 자른 것으로, 꽃이 달린 경우도 있다. 계절감이나 동양적인 감성을 연출할 때 쓴다.

열매류
열매가 달린 상태로 유통되며, 열매의 색이나 형태를 즐긴다. 유통되는 계절이 한정적인 것도 많다.

그린
잎을 활용하는 화재며 잎의 형태나 색상 등이 다채롭다. 어레인지먼트의 조연으로 쓴다.

 화재의 구조와 명칭을 익힌다

꽃의 부위에 관한 전문 용어도 익혀두자. 꽃잎(화판)인 줄 알았던 부분이 꽃받침이나 포엽인 경우도 많다. 안스리움이나 칼라 등은 포엽이 커서 흡사 꽃잎같이 보이는 대표 화재다.

꽃받침
꽃의 가장 바깥쪽 부분이며 보통은 녹색이다. 봉오리일 때는 내부를 감싸 보호한다.

꽃
꽃받침, 꽃잎, 수술, 암술, 꽃이 달리는 짧은 줄기(꽃축)를 총칭한다.

잎
줄기나 가지에 달리며 꽃이나 가지를 지지한다. 보통 잎은 녹색이며 흰색이나 노란색 등 무늬가 있는 것을 '얼룩잎'이라고 한다.

가시
줄기의 표면에 있는 딱딱하고 끝이 뾰족한 돌기를 일컫는다.

꽃술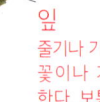
꽃의 중심을 이루는 수술과 암술을 합쳐 '꽃술'이라고 부른다.

화판
일명 꽃잎으로, 색상이나 형태가 다양하고 아름다우며 주요 관상 부위다. 반점이 있는 것도 있다.

줄기
꽃이나 가지를 지지하는 부분으로 '스템 stem'이라고도 한다. 꽃이 달린 줄기는 '꽃줄기'라고 한다.

꽃의 단면

육수꽃차례
막대 모양 부분이 꽃이다. 자세히 보면 작은 꽃들이 모여 피어 있다.

포엽
꽃을 감싸는 얇은 보호엽으로, 포엽이 커서 꽃잎처럼 보이는 것도 있다.

안스리움

입술꽃잎
난과 꽃의 중앙 아래쪽에 1장의 화판이 달려 있다. 자루 모양으로 생긴 것도 있다.

호접란

꽃이 착생하는 기본 형태는 크게 4종류다

줄기나 가지에 꽃이 착생하는 형태나 배열 상태를 '꽃차례'라고 한다. 튤립처럼 줄기 끝에 하나의 꽃이 달리는 형태, 수국처럼 작은 꽃이 모여 한 덩어리로 피는 형태 등 크게 4종류가 있다.

이삭 형태
줄기를 따라 꽃이 세로로 달려 이삭 형태를 이루며 핀다.

밀집 형태
작은 꽃들이 모여 피며 하나의 덩어리로 보인다.

스프레이 형태
줄기에서 좌우로 갈라져 나간 줄기 끝에 꽃이 달린다.

일륜 형태
하나의 줄기 끝에 하나의 꽃만 핀다.

 ## 품종 개량으로 다양한 화형이 나오고 있다

꽃의 화형에는 꽃잎의 장수로 나뉘는 홑꽃형이나 겹꽃형 외에 꽃잎의 형태에 중점을 둔 폼폼형이나 프린지형, 다른 꽃의 형태에 비유한 장미형이나 백합형 등 다양한 화형이 있다. 특히 인기가 많은 튤립이나 장미, 거베라, 국화 등은 품종 개량이 활발해 잇따라 새로운 화형의 꽃이 나오고 있다.

거베라
스파이더형
꽃잎이 가늘고 길며 끝부분이 뾰족한 상태로 핀다.

국화
폼폼형
자잘한 꽃잎이 모여 둥근 공 모양으로 핀다.

라넌큘러스
겹꽃형
꽃잎이 많으며 여러 겹으로 겹쳐 핀다.

리시안서스
장미형
꽃잎이 말린 모양이 장미꽃을 연상시킨다.

마거리트
홑꽃형
꽃잎이 겹쳐지는 부분이 거의 없이 피는 형태로, '싱글'이라고도 부른다.

장미
컵형
장미 등에서 흔히 볼 수 있는 둥근 컵 형태로 사랑스럽다.

코스모스
스트로형
꽃잎이 빨대처럼 둥글게 말린 형태로, 국화 등에 많다.

튤립
백합형
백합처럼 꽃잎의 끝부분이 뾰족하고 바깥쪽으로 젖혀지며 핀다.

튤립
패럿형
톱니가 있는 꽃잎이 앵무새의 날개처럼 생겼다.

튤립
프린지형
꽃잎 가장자리에 프릴처럼 자잘한 톱니가 있다.

🌸 어레인지먼트에서 꽃이 할 역할을 고려한다

플라워 어레인지먼트를 만들 때 주인공이 되는 꽃이나 가지류 등을 '주화재'라고 하며, 주인공을 돋보이게 하는 조연이 되는 꽃, 열매류, 그린 화재 등을 '부화재'라고 한다. 어레인지먼트 초보자는 꽃을 선택할 때 먼저 주화재를 정한 다음 그와 어울리는 부화재를 고르면 실패하지 않는다.

꽃은 어레인지먼트에서의 역할에 따라 4종류로 나뉜다. 주인공으로는 폼플라워나 매스플라워를, 움직임을 주거나 높게 연출하고 싶을 때는 라인플라워를, 꽃과 꽃 사이의 공간을 메울 때는 필러플라워를 선택한다는 것을 기억해두자.

매스플라워

카네이션 / 리시안서스 / 장미

'매스Mass'는 '덩어리'라는 의미다. 꽃잎이 많으며 색상이 강한 인상을 주는 꽃으로 장미, 카네이션, 리시안서스, 라넌큘러스 등이 있다.

폼플라워

안스리움 / 호접란 / 아마릴리스

'폼Form'은 '형태'라는 의미다. 대륜이며 형태가 개성적이고 존재감이 있는 주연급 꽃으로 아마릴리스, 안스리움, 백합, 호접란 등을 들 수 있다.

필러플라워

이브닝 스타 / 안개꽃 / 버플레움

'필러Filler'의 의미는 '채우다'로 부화재로서 어레인지먼트의 빈 공간을 메운다. 이브닝 스타, 안개꽃, 버플레움, 스타티스 등이 대표적이다.

라인플라워

오니소갈룸 / 금어초 / 델피니움

'라인Line'은 '선'이라는 의미로 줄기나 꽃이삭 등의 라인이 특징적인 꽃이다. 오니소갈룸, 금어초, 델피니움, 프리지아 등을 꼽을 수 있다.

꽃집에서 좋은 화재 고르는 방법

이것도 알아두자!

화재를 고를 때는 꽃집에만 맡겨두지 말고 직접 확인하고 꼼꼼히 고른다. 꽃에 상처가 없는지 살펴보는 것은 물론 잎이나 꽃받침의 상태도 잊지 말고 확인한다. 만개한 꽃보다 개화를 시작한 꽃이 오래 즐길 수 있지만, 꽃받침에 단단하게 싸여 있는 작은 봉오리는 개화하지 않고 그대로 지는 경우도 있다.

요즘은 직접 만져보고 고를 수 있는 꽃집도 늘고 있는데 꽃은 예민한 식물이므로 함부로 만지지 않는다. 꽃집 직원에게 문의하거나 꺼내달라고 부탁하는 것이 좋다. 구입 시기는 절화 도매 시장이 문을 여는 월요일부터 토요일까지가 일반적이다. 이 기간 중에 도매 시장을 가보는 것도 좋다.

봉오리
개화를 시작한 봉오리가 달린 것을 고른다. 개화하지 않을 것 같은 단단하고 작은 봉오리가 많은 것은 좋지 않다.

꽃받침
싱싱한 녹색을 띠고 탄력 있게 뻗은 것을 고른다.

꽃잎
탄력 있고 윤기가 있는 것을 고른다. 갈색 얼룩이 있거나, 얇아져 투명하거나, 주름이 있는 것은 좋지 않다.

잎
잎끝까지 탄력 있게 뻗은 것을 고른다. 상처나 주름이 있거나, 색이 선명하지 않은 잎은 신선도가 떨어진다.

줄기
일반적으로 줄기가 긴 것이 상급이다.

거베라나 국화 등은 꽃의 중심부가 단단하고 탄력 있는 것을 고른다.

꽃의 수명이 긴 거베라나 국화 등은 골라서 사지 않으면 오래된 꽃을 구매하게 될 수도 있다. 꽃 중심부의 동그란 부분을 자세히 살피고 만개하지 않은 단단하고 탄력 있는 것을 고른다.

잎과 꽃받침, 꽃봉오리까지 꼼꼼히 확인하자!

lesson 2 도구 다루는 방법

꽃을 꽂을 때 기본적으로 필요한 꽃가위나 편리한 플로리스트 나이프, 꽃을 꽂아 고정하고 물을 공급하는 플로랄폼 등을 자유자재로 다뤄 어레인지먼트 실력을 향상시켜봅시다.

플라워 어레인지먼트에 기본적으로 필요한 도구는 화재를 자르는 전용 꽃가위나 플로리스트 나이프, 꽃장식의 토대가 되는 플로랄폼, 화기 등입니다. 이 도구들을 자유자재로 다룰 수 있게 되면 꽃을 연출하는 실력도 자연스럽게 향상됩니다. 꽃가위는 물을 빨아올리는 줄기가 뭉개지지 않도록 날이 두꺼우며, 힘을 가볍게 주어도 굵은 가지를 자를 수 있습니다. 올바르게 사용하면 꽃의 수명이 달라집니다. 플로리스트 나이프는 가위보다 예리하게 잘리며, 섬세한 작업을 할 때 편리합니다. 화재를 원하는 위치에 고정할 수 있는 플로랄폼의 사용 방법도 숙지해두세요.

❋ 맨 먼저 갖추어야 할 것은 꽃가위로, 검지를 손잡이 밖에 놓은 상태로 잡는다

꽃가위를 고를 때는 먼저 날 부분을 꼼꼼히 확인한다. 힘이 쉽게 가해지도록 날이 두껍고 짧은 것을 고른다. 날 안쪽까지 맞물림이 좋아야 한다는 점도 중요하다. 화재를 자를 때는 날을 사선으로 넣어 날의 안쪽부터 끝부분까지 전체를 사용해 자른다.

Check! 맞물림
맞물림이 좋으며, 얇고 부드러운 화재까지 잘 잘린다.

Check! 날 길이
날이 두껍고 짧으며 5cm 정도가 자르기 편하다.

Check! 손잡이
두껍고 고리가 크며 잡았을 때 안정감이 있다.

꽃가위 다루는 방법

검지를 손잡이 밖에 놓는다
힘이 가장 센 검지를 손잡이 밖에 놓고 잡으면 손에 부담을 주지 않고 힘을 강하게 줄 수 있어 편하다.

가위를 사선으로 넣어 자른다
줄기나 가지를 자를 때 가위를 사선으로 넣어 자르면 단면이 예리하게 잘려 물올림이 좋아진다.

플로리스트 나이프는 올바른 방법으로 잡는 것이 중요하다

플로리스트 나이프는 꽃가위보다 작고 가볍지만 단단한 가지류도 예리하게 잘린다. 나이프를 놓치지 않도록 엄지 외의 네 손가락으로 손잡이를 쥐고, 엄지는 줄기를 받쳐주듯이 놓고 자른다. 이렇게 함으로써 칼을 놓은 지점이 안정되며 힘을 가하기가 편해진다.

Check! 칼날 끝
안쪽으로 구부러진 것은 칼끝에 줄기를 쉽게 걸 수 있어 초보자에게 적합하다.

Check! 칼날 길이
5~7cm 정도의 것을 선택한다. 지나치게 길면 힘이 잘 들어가지 않아 위험하다.

Check! 칼자루
칼날을 접어 넣을 수 있는 것이 휴대하기 편리하고 안전하다.

플로리스트 나이프 다루는 방법

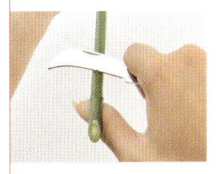

칼이 아니라 줄기를 움직인다
줄기를 자를 때는 줄기에 칼날을 사선 방향으로 대고 엄지로 받쳐준다. 칼은 움직이지 말고 위쪽 줄기를 잡아당긴다.

가시를 제거할 때는 아래쪽에서 위쪽으로
장미 등의 가시를 제거할 때는 칼을 아래쪽에서 위쪽으로 움직여준다. 반대 방향으로 움직이면 손이 미끄러졌을 때 위험하다.

플로랄폼은 자른 후 물을 먹인다

꽃을 고정하고 물을 공급할 수 있는 플로랄폼을 사용하면 꽃을 고정하기 어려운 화기나 물을 넣을 수 없는 바구니 등에도 꽃을 꽂을 수 있다. 사용할 화기의 크기에 맞춰 자른 후 물을 충분히 먹인다. 사용한 후에는 구멍이 생기고 흡수력도 떨어지므로 여러 번 재사용할 수 없다.

플로랄폼 다루는 방법

1 크기 정하기
물을 먹이지 않은 플로랄폼을 화기 입구에 대보고 가볍게 눌러 크기를 잰다.

2 자르기
플로랄폼에 자국이 남은 부분을 잘 드는 칼로 자른다.

3 물 먹이기
물을 넉넉히 채운 다음 플로랄폼을 띄워 흡수한 물의 무게로 가라앉을 때까지 기다린다.

4 모서리 깎기
물을 흡수한 플로랄폼을 화기에 밀어 넣은 후 봉긋한 형태로 모서리를 깎아 다듬는다.

Check! 형태
화기에 맞춰 다용도로 사용할 수 있는 벽돌형을 추천한다. 그 밖에 리스형, 하트형 등도 있다.

Check! 색상
눈에 잘 띄지 않는 녹색이 일반적이다. 플로랄폼 자체를 노출시켜 사용하는 컬러 플로랄폼도 있다.

lesson 3 물올리기

꽃을 꽂기 전에 물을 충분히 흡수시켜주면 꽃의 수명이 달라집니다.
기본적인 '물속 자르기'를 비롯해 각각의 화재에 적합한 방법으로 '물올림'을 해주면 시들기 시작한 꽃도 싱싱하게 생기를 되찾을 수 있어요.

꽃을 장식하기 전에 물을 쉽게 흡수할 수 있는 상태로 만들어 물을 충분히 공급하는 작업을 '물올림'이라고 합니다. 이 작업을 통해 꽃의 수명이 훨씬 길어집니다.
꽃집에 있는 꽃은 보통 물올림이 되어 있지만, 직접 줄기를 잘라 꽃을 경우 다시 물올림을 해주어야 합니다.
줄기를 물에 담근 상태에서 사선으로 자르는 '물속 자르기'는 절단면에 공기막이 생기지 않습니다. 그래서 수압으로 인해 물이 잘 올라가므로 대부분의 꽃에 효과적입니다. '열탕처리'나 '탄화처리'는 뜨거운 물이나 불의 열기로 줄기 속의 공기를 급격히 배출시켜 흡수력을 한층 더 높여줍니다. 물올림이 좋지 않은 가지류에는 '줄기 쪼개기'를 하는 등 각각의 화재에 적합한 방법이 있습니다.
장식해놓은 꽃이 생기를 잃기 시작할 때도 물올림은 효과적입니다. 물을 교체할 때 물올림 작업을 해주면 꽃이 싱싱하게 생기를 되찾게 됩니다.

물올림하기 전에 줄기의 아래쪽 잎과 꽃봉오리를 제거한다

물올림을 하기 전에 불필요한 가지와 잎은 솎아내고, 개화하지 않을 것 같은 단단하고 작은 봉오리를 제거한다. 이 작업을 통해 수분 증산과 에너지 소모를 방지해 수명이 길어진다. 꽃을 꽂았을 때 물에 잠기는 가지와 잎은 쉽게 부패하므로 전부 제거한다.

물에 잠기는 줄기의 아래쪽 잎

물에 잠기는 줄기의 아래쪽 잎은 미리 제거해둔다.

이 정도 위치까지 제거한다.

피지 않을 봉오리

개화하지 않는다! 개화한다!

개화하지 않을 꽃봉오리는 미리 잘라내 개화에 필요한 에너지를 절약한다.

'물속 자르기'는 절단면을 사선으로 예리하게 자른다

줄기를 물에 담근 채로 절단면에서 3~5cm 정도 재절단하는 '물속 자르기'는 물올림의 기본 방법이다. 사선으로 자르면 흡수 면적이 넓어져 더 많은 물을 빨아올릴 수 있다. 물속 자르기를 한 후 2~3초 정도 그대로 물에 담가둔다.

깊은 용기에 물을 채운 후 줄기가 물에 잠긴 상태에서 사선으로 자른다.

꽃대 수가 많을 때는 신문지로 감싼 후 한꺼번에 잘라도 된다.

절단면은 사선으로 길게!

흡수 면적이 넓어져 더 많은 물을 빨아올릴 수 있도록 줄기의 단면은 최대한 길게 자른다.

화재 각각의 특성에 따라 물올림 방법을 달리한다

물속 꺾기   국화·용담 등

국화나 용담 등 줄기가 비교적 굵고 단단한 화재는 '줄기 꺾기'를 한다. 줄기를 물속에 담근 채 절단면에서 5cm 정도의 위치를 손톱 끝으로 꺾어 자른다. 그대로 2~3초 정도 줄기 끝을 물속에 담가둔다.

줄기 쪼개기, 줄기 두드리기   가지류

가지류는 전체적으로 물올림이 좋지 않다. 절단면에 가로세로로 십자 모양의 칼집을 넣는 '줄기 쪼개기'를 한다. 딱딱한 가지는 절단면을 망치로 두드려 짓이기는 '줄기 두드리기'를 해도 된다.

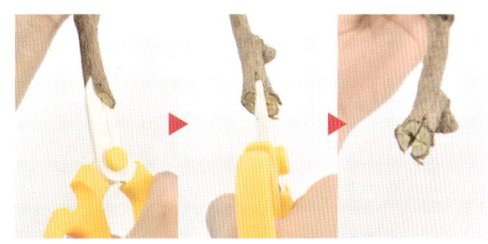

깊게 담그기   잎이 튼튼한 화재

물속 자르기나 물속 꺾기를 해도 생기가 없을 경우에는 깊은 물에 1시간 이상 담가둔다. 수압이 높아져 줄기나 잎으로도 물을 흡수한다. 화재를 신문지로 감싼 후 전체의 절반 이상을 물에 담근다.

열탕처리   쉽게 시드는 들풀 등

꽃이나 잎이 열기에 손상되지 않도록 신문지로 전체를 감싼 후 60~80℃ 정도 되는 뜨거운 물에 줄기의 끝부분만 살짝 담근다. 색이 변하면 깊은 물에 1시간 이상 담가둔 후 열탕처리한 부분을 잘라낸다. 물올림이 좋지 않은 꽃도 싱싱해지는 방법이다.

역분무   잎이 자잘해 쉽게 무르는 화재

자잘한 잎이 조밀하게 달려 있어 쉽게 무르고, 깊게 담그기를 하면 잎이 부패할 우려가 있는 경우에는 잎 뒤쪽에서 물을 뿌려주는 '역분무'가 효과적이다. 줄기를 거꾸로 들고 분무기로 잎에 물을 뿌린다. 이때 꽃에는 물이 닿지 않도록 주의한다.

탄화처리   줄기가 딱딱한 화재

줄기가 딱딱해서 물올림이 좋지 않은 화재는 가스레인지 등으로 줄기 끝이 탄화될 때까지 태운다. 불에 태우는 길이는 1~3cm 정도가 적당하다. 검게 변하면 바로 깊은 물에 1시간 정도 담가두었다가 탄화처리한 부분을 깔끔하게 잘라낸 후 꽃꽂이한다.

lesson 4 플라워 어레인지먼트 만들기

사용할 화재의 물올림이 끝나면 드디어 마음에 드는 화기를 골라 꽃을 꽂을 차례입니다. 꽃가지를 나누는 방법이나 꽃을 고정하는 요령 등을 익힌 후 멋스럽게 장식해보세요.

사용할 화재의 물올림이 끝나면 드디어 화기에 꽂는 등 장식할 차례입니다. 그에 앞서 기본 요령을 익혀두세요.
화기에 꽂을 경우 맨 먼저 알아두어야 할 것이 꽃을 고정하는 요령입니다. 화기의 입구가 넓어 화재를 고정하기 어려운 경우나, 원하는 위치와 각도로 꽃을 고정하는 방법입니다. 꽃꽂이에서 '일자 고정', '십자 고정' 등으로 불리는 가지나 줄기를 이용하는 방법과 플로랄폼이나 침봉 등의 도구를 이용하는 방법이 있습니다. 가지가 갈라진 화재를 효율적으로 잘라 사용하거나, 물올림할 때마다 재절단해 짧아진 화재를 낮은 화기에 다시 꽂는 방법도 어레인지먼트의 실력을 향상시킬 수 있는 요령입니다.

 ### 스프레이 형태의 화재는 가지를 잘라 나누어서 사용한다

스프레이 장미나 리시안서스, 블루레이스 플라워 등 줄기가 여러 갈래로 갈라져 꽃이 많이 달리는 스프레이 형태의 화재는 한 대를 효율적으로 잘라 나누어서 사용하면 꽃대의 수가 적어도 어레인지먼트에 양감을 더할 수 있다. 단, 절단 부위를 신중히 생각해 잘라야 한다.

가지가 갈라진 경우 그대로 꽂으면 빈약해 보인다.

가지가 갈라진 부분에서 곁가지를 자른 다음 원가지도 자른 모습이다. 이렇게 하면 꽃을 꽂을 때 편리하다.

 ### 어레인지먼트의 형태는 장식할 장소에 맞춘다

장식할 장소를 고려한 후 어레인지먼트의 크기나 형태를 정한다. 테이블을 장식한다면 맞은편에 앉은 사람의 얼굴이 가려서 대화에 방해가 되지 않도록 앉았을 때의 시선보다 낮게 꽂는다. 어느 방향에서든 아름답게 보이는 라운드형을 추천한다. 서랍장 위와 같은 곳을 장식할 때는 앞쪽에서 보는 것을 고려해 꽂는다.

어레인지먼트

테이블 위에는 어느 방향에서든 아름답게 보이는 라운드형으로 낮게 꽂는다.

어레인지먼트

서랍장 위에는 가로로 긴 화기를 사용해 모든 꽃들이 앞쪽을 향하도록 꽂는다.

줄기나 가지, 도구 등을 사용해 원하는 위치에 꽃을 고정한다

소량의 화재로도 원하는 위치나 각도로 꽂기 위해서는 꽃을 고정하는 방법을 생각해봐야 한다. 유연하고 속이 차 있으며 절단면이 쉽게 갈라지지 않는 줄기나 가지를 화기의 안쪽 면에 고정한 후 그것을 지지대로 삼아 꽃을 꽂아나가는 것을 '일자 고정'이나 '십자 고정'이라고 한다. 플로랄폼이나 침봉을 사용해 꽃을 고정하는 경우에는 이 도구들이 보이지 않도록 꼼꼼히 가려야 한다.

덩굴 식물로 고정하기

유연하고 가는 덩굴 식물을 둥근 공 모양으로 말아 용기 안에 넣은 후 덩굴 사이에 꽃을 꽂아 고정한다. 자연 화재이므로 외부에서 보여도 거슬리지 않는다.

일자 고정

용기 입구에 정확히 맞는 길이의 가지나 줄기 1개를 걸쳐놓는 방법이다. 입구가 넓은 화기에 소량의 꽃을 꽂을 때 추천한다. 화기 위쪽에 걸쳐놓으면 화재를 쉽게 고정할 수 있다.

플로랄폼으로 고정하기

플로랄폼을 사용하면 사방으로 꽃을 고정할 수 있다. 플로랄폼의 중심을 향해 곧게 꽂되, 줄기 끝을 사선으로 잘라 꽂으면 꽃을 단단히 고정할 수 있다.

십자 고정

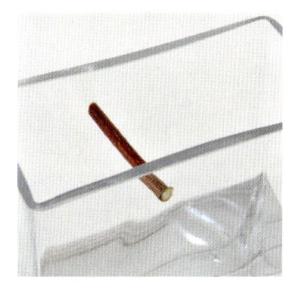

일자 고정용 줄기 2개를 십자로 교차시켜 용기를 4등분한다. 튼튼해서 머리가 무거운 꽃도 쉽게 고정할 수 있으며, 어느 정도 높게 연출할 때도 쉽게 고정할 수 있다.

침봉으로 고정하기

침봉 바늘에 줄기를 수직으로 꽂아 고정하는 방법이다. 각을 주고 싶을 때는 꽂은 줄기를 원하는 방향으로 천천히 기울여준다. 침봉에 꽂히지 않는 가는 줄기는 굵은 줄기에 꽂은 후 침봉에 꽂는 것이 요령이다.

잎으로 고정하기

폭이 넓고 튼튼한 드라세나 잎을 둘둘 말아 테이프로 고정한 후 화기 안에 나란히 넣으면 디자인의 일부가 되기도 하면서 꽃을 고정하는 역할도 한다.

줄기나 잎을 구부리거나 말아서 어레인지먼트에 움직임을 연출한다

화재의 줄기나 잎을 구부리거나 말아서 사용하면 어레인지먼트에 움직임을 연출할 수 있다. 칼라나 튤립, 거베라 등 마디가 없고 곧게 뻗은 줄기는 대개 손으로 구부릴 수 있다. 폭이 넓은 드라세나나 갤럭스 등의 잎이나, 유연하며 가늘고 긴 플렉시 그라스 등도 간단하게 말 수 있으므로 연출 방법을 생각해보자.

칼라나 거베라 등의 줄기를 구부릴 때는 양손의 엄지와 검지 사이에 줄기를 넣어 구부리고자 하는 방향으로 부드럽게 훑듯이 꽃목 아래쪽까지 쓸어준다.

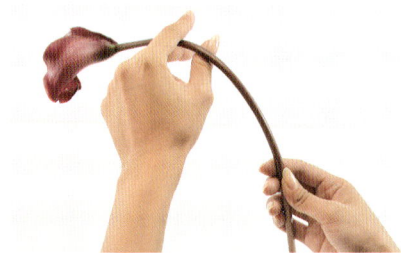

폭이 넓고 튼튼한 드라세나나 엽란 등은 둥글게 말아 어레인지먼트의 가장자리에 사용하거나, 다른 화재를 묶은 줄기 부분에 말아주는 등 다양하게 활용할 수 있어 편리하다.

 ### 화기 이외의 식기나 생활용품을 활용한다

꽃을 꽂을 때 반드시 화기를 사용해야 하는 것은 아니다. 유리잔이나 컵, 포트 등의 식기나 바구니, 상자, 빈 캔, 빈 병 등도 어레인지먼트에 활용해보자. 일반적으로 입구가 오므라진 용기는 소량의 화재라도 균형감 있게 꽂기 쉽고, 나팔 모양의 용기는 꽃이 쉽게 고정되어 자연스럽게 퍼지도록 꽂을 수 있다.

장식한 꽃을 진열할 장소도 고려한다

애써 꽂은 꽃을 오랫동안 관상하기 위해서는 가능한 한 직사광선이나 냉난방기의 바람 등에 노출되지 않도록 하고, 춥지도 덥지도 않은 곳에 진열한다. 열대 지방이 원산지인 안스리움이나 난 등은 온도가 12℃ 이하로 내려가지 않는 곳에 둔다. 햇볕이 잘 들지 않는 현관이나 화장실 등에는 아마릴리스나 히아신스 등 튼튼한 구근식물 꽃을 추천한다.

주방에서 사용하는 유리 재질의 저장용 병도 소박한 꽃을 꽂을 때 좋다.

심플한 접시 위에 작은 유리잔을 얹어 작게 연출한 모습이다.

열대 지방이 원산지인 안스리움은 따뜻한 곳에 놓는다.

이것도 알아두자!

플라워 어레인지먼트 오래 즐기는 방법

장식해놓은 꽃을 하루라도 오래 유지하기 위해서는 평소 관리가 중요하다.

우선 매일 물을 교체해 청결하게 유지하는 것이 기본이다. 화기의 물이 오염되고 줄기의 절단면에 있는 도관(물을 빨아올리는 관)이 막히는 것은 줄기가 부패되어 박테리아가 번식하는 것이 주요 원인이다. 물을 교체할 때는 줄기의 끝부분을 꼼꼼히 씻어 미끄러운 성분을 제거한다.

그다음 신선한 물속에서 줄기를 재절단한다. 도관에 침투한 박테리아를 잘라내 버림과 동시에 줄기에 새로운 단면이 생기므로 신선한 도관으로 물을 흡수하게 된다.

물을 교체하기 전에 화기도 청결하게 닦아야 한다.

기본 | 물은 매일 교체하고, 교체할 때마다 줄기를 재절단한다

장식해놓은 상태에서도 물은 매일 교체한다. 줄기의 미끄러운 성분과 화기도 청결하게 닦는다. 그다음 줄기를 재절단하면 당연히 물올림이 좋아진다. 시들기 시작한 잎과 개화가 끝난 꽃 등을 수시로 제거해주면 관상 기간이 길어진다.

줄기의 미끄러운 성분은 박테리아가 번식했다는 증거다. 물을 교체할 때마다 손으로 꼼꼼히 씻어낸다.

신선한 물속에서 줄기를 재절단한다. 그래도 싱싱해지지 않을 때는 열탕처리나 깊게 담그기를 한다.

응용 | 물에 절화보존제나 표백제, 10원짜리 동전을 넣는다

물을 매일 교체할 수 없을 때는 소모된 영양분을 보충해주기 위한 당분과 물을 살균하는 성분이 함유되어 있는 시판용 절화보존제를 사용하면 물을 교체하지 않아도 된다. 단, 여름철은 제외. 살균하려면 염소계 표백제나 10원짜리 동전을, 영양을 공급하려면 설탕(물 1ℓ에 1티스푼 정도) 등으로도 대체할 수 있다.

절화보존제
물에 적당량을 넣으면 수명이 연장된다. 미생물 번식도 억제시킬 수 있다.

염소계 표백제
주방용이나 세탁용 염소계 표백제를 물 1ℓ에 5~6방울을 넣는다.

10원짜리 동전
물 1ℓ에 10원짜리 동전 2~3개를 넣어두면 구리 성분이 살균 작용을 한다.

lesson 5 꽃 선물하기

어버이날이나 생일, 결혼 축하, 간단한 선물, 문병, 조문 등
언제 어느 누가 받더라도 마음이 따뜻해지는 꽃 선물.
시간, 장소, 상황에 맞게 상대방을 배려하는 꽃을 선물해보세요.

부케나 플라워 어레인지먼트 등의 꽃 선물을 보낼 때 가장 중요한 것은 받는 사람을 생각하고 그 자리의 분위기를 고려해 고르는 것입니다. 생일, 결혼 축하, 출산 축하, 개업 축하, 발표회나 전시회 축하, 고희, 어버이날, 결혼기념일, 송별회, 문병, 조문이나 종교 행사 등 다양한 용도로 꽃을 건네게 됩니다. 받는 사람이 좋아하는 꽃이나 색상 등은 물론 각각의 상황에 적합한 꽃을 선택하도록 주의합니다. 꽃을 건네줄 장소나 꽃을 갖고 돌아갈 경우 등도 고려해야 합니다.

 꽃을 선물할 때는 시간, 장소, 상황이나 예의에 맞도록 한다

꽃을 받는 사람이 기뻐하는 것이 무엇보다 중요하므로 상대방의 취향을 고려한다. 취향을 모를 때는 백합 등 향기가 강한 꽃이나 원색 계열의 진한 색 꽃은 취향이 분명한 편이므로 피하는 편이 무난하다.
축하용일 경우에는 특별히 금지된 꽃은 없지만, 꽃목이 쉽게 떨어지거나 꽃잎이 쉽게 지는 것은 적합하지 않다. 밝고 화려한 꽃을 선물하자.
문병용 꽃은 조문의 이미지가 강한 국화나 흰색, 보라색 꽃은 삼간다. 향이 진하지 않고 그대로 병실에 놓을 수 있는 어레인지먼트가 좋다.
조문이나 종교 의식용 꽃은 흰색이나 보라색이 무난하지만, 지역별로 차이가 있으므로 고인과 가까운 친척들과 미리 상의한다. 장례식의 경우 제단을 장식하는 꽃은 장례식장에서 관리하는 것이 일반적이므로 반드시 사전에 문의를 한 후 준비한다.

check list

□ **상대방의 취향**
- **좋아하는 꽃** 장미나 튤립, 리시안서스 등은 싫어하는 사람이 그다지 없는 꽃이다.
- **좋아하는 색** 모를 경우에는 평소에 자주 입는 옷이나 소지품의 색상 등을 보고 판단한다.
- **좋아하는 취향** 귀여움, 우아함, 발랄함, 개성 등 당사자에게 맞는 분위기로 선택한다.

□ **진열할 장소**
- **자택이나 방** 혼자 사는 경우에는 큰 화기나 꽃가위가 필요 없는 어레인지먼트가 좋다.
- **영업점이나 회사** 그대로 진열해 손질이 번거롭지 않은 어레인지먼트나 화분이 좋다.
- **병실** 자리를 차지하지 않고 향이 진하지 않은 것이 좋다.
- **회의장** 전시회 등에 일정 기간 진열한다면 수명이 긴 꽃을 그대로 진열해놓을 수 있는 어레인지먼트를 한다.

□ **건네줄 장소**
- **자택** 배달할 경우에는 상대방이 집에 있는 날짜와 시간을 확인한 후 준비한다.
- **외부** 그대로 갖고 돌아갈 수 있도록 꽃을 넣을 종이봉투 등도 준비하면 친절해 보인다.
- **레스토랑** 향이 진한 꽃은 삼가고, 계산할 때까지 레스토랑에 맡겨두면 번거롭지 않다.
- **공연장 등** 큰 꽃다발이나 원색 등 강한 색상의 꽃다발을 건네면 돋보인다.

이것도 알아두자!

선물용 꽃다발 만드는 방법

간단하면서도 돋보이는 꽃다발 만드는 방법을 익혀두면 가볍게 선물 등을 건넬 때 유용하다. 정원에 피어 있는 꽃이나 직접 구매한 꽃을 이용해 만들면 특별한 선물이 된다.

중심 꽃 주변에 사선 방향으로 한 대씩 더해가며 나선형으로 다발을 만드는 '스파이럴 부케'는 소량의 화재로도 자연스럽게 풍성한 스타일을 만들 수 있다.

꽃의 색상이 돋보이는 포장지와 리본을 선택한다.

준비물
- 장미…약 15~20대
- 유칼립투스…약 5~7대
- 고무줄…1개
- 화장지나 종이 타월…적당량
- 알루미늄 포일(20×30cm)…2장
- 포장지…약 90×90cm
- 리본(5cm 너비)…약 80cm

1
장미는 아래쪽 잎과 가시를 제거한다. 줄기가 길고 곧은 화재가 만들기 편하다.

2
줄기를 조금씩 각을 주어 포개듯이 장미를 한 대씩 더해간다.

3
장미 3대에 1대 정도의 비율로 유칼립투스를 같은 방법으로 더해준다.

4
다발을 돌려가며 화재를 모두 더해준 후 손으로 잡고 있던 부분을 고무줄로 감는다.

5
고무줄을 3~4번 돌려 감은 후 줄기 한 대에 고무줄을 걸어 고정시킨다.

6
고무줄로 묶은 위치의 아래쪽 줄기를 같은 길이로 자른다.

7
여러 장 겹친 화장지나 종이 타월을 줄기의 절단면 밑쪽에 대준다.

8
줄기의 아래쪽 부분 7~10cm 정도를 감싼 후 그 위에 물을 뿌린다. 이때 물이 떨어질 정도로 흠뻑 적신다.

9
물이 새지 않도록 알루미늄 포일로 감싼다. 1장은 줄기에 말고 또 다른 1장은 밑부분부터 감싼다.

10
알루미늄 포일로 줄기를 감싼 상태다. 물 공급은 이것으로 끝이다.

11
포장지 중앙에 꽃다발을 놓고 절단한 줄기 쪽의 종이를 꽃다발 위로 접어 올린다.

12
포장지의 왼쪽 부분을 꽃다발 위로 접어 올린다.

13
마지막으로 포장지의 나머지 오른쪽 부분을 꽃다발 위로 접어 올린다.

14
감싼 꽃다발을 세워 포장지의 형태를 가다듬은 후 손으로 잡는 부분을 셀로판테이프 등으로 고정한다.

15
리본을 묶어 셀로판테이프를 가리고, 리본은 2번 돌려 감은 후 나비 모양으로 묶는다.

플라워 어레인지먼트나 선물할 때 유용한

색상별·계절별·상황별 추천 화재 일람

색상별

파란색	흰색	노란색	분홍색	빨간색
청결, 상쾌함, 지적, 신뢰	청결, 순수, 청아함, 순결	밝음, 너그러움, 천진난만, 활력	다정함, 귀여움, 꿈, 연애	사랑, 정열, 용기, 화려함
 수국	 아마릴리스	 알스트로메리아	 아스터	 아마릴리스
 에린기움	 알리움	 온시디움	 카네이션	 안스리움
 캄파눌라	 스토크	 칼라	 거베라	 카네이션
 길리아	 세루리아	 금어초	 스위트피	 크리스마스 부시
 델피니움	 덴파레	 수선화	 튤립	 글로리오사
 블루스타	 장미	 유채꽃	 리시안서스	 맨드라미
 수레국화	 부바르디아	 해바라기	 패랭이꽃	 시클라멘
 용담	 마거리트	 프리지아	 네리네	 스트로베리 캔들
 러시아공꽃	 백합	헬레니움 매리골드	 장미  백합	 다알리아  장미
물망초	레이스 플라워			

계절별

봄
파스텔컬러, 화목류 등

아이슬란드 포피	아네모네
튤립	스위트피
라넌큘러스	벚나무
복사나무	미모사

여름
파란색 계열이나 원색 계열의 꽃, 열대식물 등

수국	쿠르쿠마
맨드라미	천일홍
다알리아	꼬리풀
해바라기	러시아 공꽃

가을
들풀, 열매류, 단풍이 든 가지 등

캥거루 포	국화
대상화	코스모스
억새	폭스 페이스
용담	오이풀

겨울
크리스마스나 정월화, 침엽수, 열매류 등

크리스마스로즈	시클라멘
꽃양배추	동백나무
소나무	납매
청미래덩굴	죽절초

상황별

조문
- 리시안서스
- 국화
- 프리지아
- 백합

문병
- 스카비오사
- 리시안서스
- 네리네
- 라넌큘러스

발표회·전시회
- 온시디움
- 글라디올러스
- 작약
- 다알리아

개업 축하
- 아마릴리스
- 에피덴드럼
- 글로리오사
- 덴파레

출산 축하
- 이베리스
- 거베라
- 스위트피
- 블루스타

결혼 축하
- 세루리아
- 장미
- 부바르디아
- 백합

어버이날
- 카네이션
- 패랭이꽃
- 마거리트
- 라일락

생일
- 튤립
- 해바라기
- 거베라
- 장미

HANAYASAN DE NINKI NO 469 SHU KETTEIBAN HANA ZUKAN
© MONCEAU FLEURS 2020
Originally published in Japan in 2020 by SEITO-SHA CO., LTD.TOKYO.
translation rights arranged with SEITO-SHA CO., LTD. TOYKO, through

TOHAN CORPORATION, TOKYO and Botong Agency, SEOUL.

이 책의 한국어판 저작권은 Botong Agency를 통한 저작권자와의 독점 계약으로 한스미디어가 소유합니다.
신 저작권법에 의하여 한국 내에서 보호를 받는 저작물이므로 무단전재와 무단복제를 금합니다.

STAFF
촬영 마츠오카 세이타로, 카메다 류키치
아트 디렉션 이시쿠라 히로유키(regia)
디자인 코이케 카요(regia), 와다 미사키(regia), 이토 나나
플라워 어레인지 나가사카 아츠시(MONCEAU FLEURS), 후쿠시마 케이지(K's club)
집필·편집 나카무라 히로미, 토모나리 쿄코, 미츠도메 레이코(Hitsuji company)
사진 협력(심도 합성 사진) 오사쿠 코이치
화재 협력 Kawasaki Flora Auction Market Co., Ltd
협력 아이지마 마나부(Kawasaki Flora Auction Market Co., Ltd), 오카베 요우코(ysteez)

참고문헌
- 園芸大百科事典(講談社)
- 花の園芸大百科(主婦と生活社)
- 園芸植物大事典(小学館)
- 花図鑑 切花 補強改訂版(草土出版)
- 最新版 花屋さんの「花」図鑑(角川マガジンズ)
- 最新 花屋さんの花図鑑(主婦の友社)
- 花屋さんの花 楽しむ図鑑(池田書店)
- いちばん探しやすい フローリスト花図鑑(世界文化社)
- 誕生花と幸せの花言葉366日(主婦の友社)

꽃집에서 인기 있는 꽃 469 종
꽃도감

1판 1쇄 발행 | 2021년 2월 9일
1판 4쇄 발행 | 2024년 8월 14일

감수 몽소 플뢰르
옮긴이 방현희
펴낸이 김기옥

실용본부장 박재성
편집 실용 2팀 이나리, 장윤선
마케터 이지수
지원 고광현, 김형식

디자인 푸른나무디자인
인쇄·제본 민언프린텍

펴낸곳 한스미디어(한즈미디어(주))
주소 121-839 서울시 마포구 양화로 11길 13(서교동, 강원빌딩 5층)
전화 02-707-0337 | 팩스 02-707-0198 | 홈페이지 www.hansmedia.com
출판신고번호 제 313-2003-227호 | 신고일자 2003년 6월 25일
ISBN 979-11-6007-575-5   13630

책값은 뒤표지에 있습니다.
잘못 만들어진 책은 구매하신 서점에서 교환해 드립니다.

이 책은 《꽃도감》(2016년 5월)을 재편집한 개정증보판입니다.